冶金三维设计(SolidWorks)应用基础

池延斌　王玖宏　杨双平
李小明　刘　江　编著

北　京
冶　金　工　业　出　版　社
2013

内 容 提 要

本书从三维设计方法和理念入手，以迅速掌握 SolidWorks 进行三维设计为目的，介绍了冶金三维设计的理论方法和应用实践。首先概括地阐述了计算机辅助设计的发源、原理、发展历史，以及三维计算机辅助设计的原理、思路及方法；然后按步骤说明了 SolidWorks 三维设计基本功能和操作方法；最后详细介绍了应用 SolidWorks 2011 进行冶金专业典型设备设计过程。

本书可作为高等院校工科学生的教学及辅导用书，也可供冶金机械设计工程技术人员及 SolidWorks 初、中级用户和爱好者参考。

图书在版编目(CIP)数据

冶金三维设计（SolidWorks）应用基础/池延斌等编著．—北京：冶金工业出版社，2013．4

ISBN 978-7-5024-6170-6

Ⅰ．①冶…　Ⅱ．①池…　Ⅲ．①冶金工业—工业设计—计算机辅助设计—应用软件　Ⅳ．①TF-39

中国版本图书馆 CIP 数据核字(2013)第 088905 号

出 版 人　谭学余
地　　址　北京北河沿大街嵩祝院北巷 39 号，邮编 100009
电　　话　(010)64027926　电子信箱　yjcbs@cnmip.com.cn
责任编辑　曾　媛　美术编辑　李　新　版式设计　孙跃红
责任校对　李　娜　责任印制　牛晓波
ISBN 978-7-5024-6170-6
冶金工业出版社出版发行；各地新华书店经销；三河市双峰印刷装订有限公司印刷
2013 年 4 月第 1 版，2013 年 4 月第 1 次印刷
787mm×1092mm　1/16；14 印张；338 千字；213 页
38.00 元

冶金工业出版社投稿电话：(010)64027932　投稿信箱：tougao@cnmip.com.cn
冶金工业出版社发行部　电话：(010)64044283　传真：(010)64027893
冶金书店　地址：北京东四西大街 46 号(100010)　电话：(010)65289081(兼传真)
（本书如有印装质量问题，本社发行部负责退换）

前　言

三维设计也称为三维实体设计，其核心是三维几何造型过程。三维几何造型是在计算机内通过一定的方法（如线框造型、曲面造型、实体造型）形成所设计零件的直观几何模型，该模型是对所设计零件的确切数学描述，具有完整的几何和拓扑定义，是对原物体某种状态的真实模拟。该模型可为后续设计提供丰富的信息，例如部件装配的零件间干涉、运动分析，由模型生成二维图，由模型编制数控加工刀具轨迹，根据模型进行力学、传热、电磁、有限元分析等。

三维设计是在二维设计基础上发展来的CAD，二者有紧密的继承关联，又有在设计方法和理念上的差别。

首先，设计意图的表达形式不同。二维设计利用物体在不同方向的投影视图、局部视图、剖面图等组合成平面图纸，最初是手工绘制，计算机辅助设计发展成熟后，开始在计算机上用二维设计软件（如 AutoCAD、CAXA）绘制，然后通过打印机打印出图纸，结合图纸上的尺寸、公差、技术要求等数据完成对零件的设计表达；三维设计是应用计算机通过三维建模软件（如 SolidWorks）建立设计零件的直观几何模型，在计算机屏幕上旋转、放大缩小演示出来，可以利用快速成型技术，通过三维打印机，“打印”出实体零件。

第二，设计过程不同。二维设计是把思维中的零件转变成投影视图，画在图纸上，遵循画法几何的原理，计算机二维辅助设计（如 AutoCAD、CAXA）绘制是手工绘制的简单替代，同样遵循画法几何原理，其设计过程是选择最合理的投影面、剖切位置和剖切方式来表达零件的几何形状及尺寸公差；三维设计是用三维软件（如 SolidWorks）在计算机中进行零件的三维几何模型建立，通过屏幕模拟模型、虚拟场景，是对零件的确切数学描述，是零件的真实模拟，这个过程是建立在计算机图形学理论基础上的。这个区别可简单概括为，二维绘图，三维建模。

第三，对后续加工制造的指导应用不同。二维图需经过技术人员的解读后指导零件加工，如果是用计算机辅助制造，需要重新编写程序进行加工；三维设计的三维模型可以直接转化为加工刀具轨迹，直接在数控加工中心加工出零件。

本书从三维设计方法和理念入手，以迅速掌握 SolidWorks 进行三维设计为目的，介绍了冶金三维设计的理论方法和应用实践。第 1 章概括地阐述了计算机辅助设计的发源、原理、发展历史，以及三维计算机辅助设计的原理、思路及方法；第 2 ~ 6 章按步骤说明了 SolidWorks 三维设计基本功能和操作方法；第 7 ~ 8 章详细介绍了应用 SolidWorks 2011 进行冶金专业典型设备设计过程。本书可作为冶金三维设计的入门读物，也可供冶金、化工、压力加工、能源等专业研究生和本科生以及冶金工程技术人员参考。

本书由西安建筑科技大学池延斌担任主编，并负责全书的统稿工作。各章的具体编写分工为：第 1、6 章由池延斌编写，第 2 章由杨双平编写，第 3 章由池延斌、汪剑编写，第 4 章由李小明编写，第 5 章由刘江编写，第 7 章由第九冶金建设公司王玖宏编写，第 8 章由池延斌和湖南中南黄金冶炼有限公司何烨编写。本书的出版得到了陕西省冶金物理化学重点学科支持，在编写过程中，还得到了西安建筑科技大学冶金工程学院、冶金工程研究所等领导和同事的鼎力支持，同时对本书所参考的有关文献资料的作者和单位以及冶金同行的科研成果表示诚挚的谢意。

三维设计和 SolidWorks 方面的著作众多，各有特色，本书试图从学科的角度和简单的方法入手，使读者能快速理解三维设计的思想和方法，并能应用于冶金工程设计。有需要每章所用模型电子文件的读者可与 yuanjenny1313@163. com 联系。

由于作者水平有限，书中如有不足之处，请读者批评指正。

编著者
2013 年 2 月

目　录

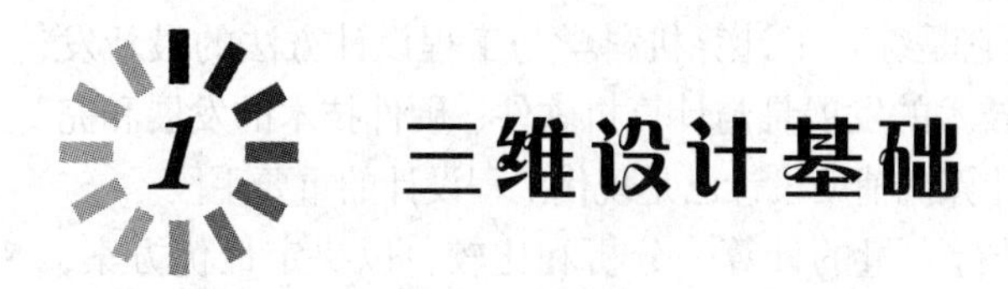

1 三维设计基础

1.1 设计与计算机辅助设计 CAD

1.1.1 设计与创新设计概述

设计是人类社会，尤其是现代社会发展中最基本、最重要的指导生产实践的一种脑力劳动。设计的定义是，一种将预定的需求变成所希望的功能和性能指标，然后应用科学与技术知识转换成有良好经济性的设计结果的过程。

设计活动可以说伴随着人类诞生、进化一直到现在。新石器时代，人类制作石器工具已具有初始的设计活动雏形，之后设计不断发展演变，从狩猎工具、农耕工具、住房、家具等，设计内容和方法越来越复杂，可以说现代物质文明社会是建立在设计活动基础上的，没有设计活动就没有现在物质丰富、繁杂的各种物品。

如现在应用广泛的机械设计，就是根据使用要求来确定产品应具备的功能，构想出产品的工作原理、运动方式、力和能量的传递方式、结构形状以及所使用的材料等事项，并转化为具体的数字化模型、图纸和设计档案等，为后续制造提供依据。设计的结果通过制造转化为产品。

设计是工程建设或产品开发的第一道工序，它将对产品的技术水准和经济性能起到决定性的作用。设计过程一般分为产品规划、方案设计、技术设计和施工设计四个阶段。产品规划阶段的任务是对所设计的产品进行需求调研、市场预测、可行性分析，制定出设计要求和技术参数等。方案设计也称概念设计，主要确定产品的工作原理，将产品的机械系统、液压系统、电控系统等用简图形式表达。技术设计阶段根据方案设计的结果进行产品的总体布置，然后再进行产品的造型设计、装配结构设计，进行各种必要的性能计算与仿真试验。施工设计也称详细设计，完成部件装配图和零件图的详细设计、形成三维数字化模型，生成全部生产图纸，编制设计说明书和使用说明书等技术档案。

设计的本质是革新和创造。强调创新设计，在当前对提升我国企业竞争力，提高我国综合国力，有着特殊的意义。创新设计可分为三种类型：开发设计、变异设计和反求设计。开发设计是指全新的设计，最具原创性和新颖性；变异设计是指在原有产品基础上，针对原有产品的缺点和市场新的要求，从工作原理、机构、结构、参数、尺寸等方面进行变异，开发出基本型产品之外的变型系列产品；反求设计是指对已有的（例如引进）先进产品或设计，进行分析研究、探索其关键技术，在消化、吸收的基础上，开发出同类型的创新产品。

目前，高水平的设计和创新设计都离不开计算机辅助设计，计算机辅助设计是工程师进行设计的最重要工具。

1.1.2 计算机辅助设计 CAD 简介

CAD 是 Computer Aided Design 的缩写，中文译为计算机辅助设计，是利用计算机强有力

的计算功能和高效率的图形处理能力，辅助知识劳动者进行工程和产品的设计与分析，以达到理想的目的或取得创新成果的一种技术。它是综合了计算机科学与工程设计方法的最新发展而形成的一门新兴学科。计算机辅助设计技术的发展是与计算机软件、硬件技术的发展和完善，工程设计方法的革新紧密相关的。采用计算机辅助设计已是现代工程设计的重要手段。

在设计中通常要用计算机对不同方案进行大量的计算、分析和比较，以决定最优方案；各种设计信息，不论是数字的、文字的或图形的，都能存放在计算机里，并能快速地检索；设计人员通常用草图开始设计，将草图变为工作图的繁重工作可以交给计算机完成；由计算机自动产生的设计结果，可以快速作出图形，使设计人员及时对设计作出判断和修改；利用计算机可以进行与图形的编辑、放大、缩小、平移和旋转等有关的图形数据加工工作。

CAD 诞生于20 世纪60 年代,美国麻省理工大学提出了交互式图形学的研究计划,由于当时硬件设施的昂贵,只有美国通用汽车公司和美国波音航空公司使用自行开发的交互式绘图系统。

70 年代，小型计算机费用下降，美国工业界才开始广泛使用交互式绘图系统。

80 年代，由于 PC 机的应用，CAD 得以迅速发展，出现了专门从事 CAD 系统开发的公司。当时 VersaCAD 是专业的 CAD 制作公司，所开发的 CAD 软件功能强大，但由于其价格昂贵，故不能普遍应用。而当时的 Autodesk 公司是一个仅有员工数人的小公司，其开发的 CAD 系统虽然功能有限，但因其可免费拷贝，故在社会得以广泛应用。同时，由于该系统的开放性，该 CAD 软件升级迅速。

设计者很早就开始使用计算机进行计算。有人认为 Ivan Sutherland 于 1963 年在麻省理工学院开发的 Sketchpad 是一个转折点。Sketchpad 的突出特性是它允许设计者用图形方式和计算机交互：设计可以用一枝光笔在阴极射线管屏幕上绘制到计算机里。实际上，这就是图形化用户接口的原型，而这种界面是现代 CAD 不可或缺的特性。

CAD 最早的应用是在汽车制造、航空航天以及电子工业的大公司中。随着计算机变得更便宜，应用范围也逐渐变广。

CAD 的实现技术从那个时候起经过了许多演变。这个领域刚开始的时候主要被用于生成和手绘的图纸相仿的图纸。计算机技术的发展使得计算机在设计活动中得到更有技巧的应用。如今，CAD 已经不仅仅用于绘图和显示，它开始进入设计者的专业知识中更“智能”的部分。

随着计算机科技的日益发展、性能的提升和更便宜的价格，许多公司已采用立体的绘图设计。以往，碍于计算机性能的限制，绘图软件只能停留在平面设计，欠缺真实感，而立体绘图则冲破了这一限制，令设计蓝图更实体化。

1.2 三维设计概述

1.2.1 三维设计概念

计算机辅助设计在机械设计领域中的应用是从二维绘图发展起来的，最初只是替代传统的手工绘图方式。甩图板工程，即所生成的图纸和手工绘制的图纸一样是零件在第一象限（正面、水平面、侧平面）的投影视图，不是设计构思的完整、立体、真实表达，必须经过专业人员解读，按照许多规则进行解释，才能还原设计人员的设计构思。

二维 CAD 严格来说是计算机辅助绘图，与传统手工绘图思路基本相同，三维 CAD 从目前取得的应用成果来看，在设计概念、设计方法、设计思路上完全不同。工程师在设计零件的原始思维及构想是三维的，是包含颜色、材料、形状、强度、尺寸、与相关零件的位置，甚至制造工艺等参数的三维实体，三维 CAD 顺应这个思路，是对零件的完整表达设计过程。三维设计也称为三维实体设计，其核心是三维几何造型过程。三维几何造型是在计算机内通过一定的方法(如线框造型、曲面造型、实体造型)形成所设计零件的直观几何模型，该模型是对所设计零件的确切数学描述，具有完整的几何和拓扑定义，是对原物体某种状态的真实模拟。该模型可为后续设计提供丰富的信息,例如部件装配的零件间干涉、运动分析,由模型生成二维图,由模型编制数控加工刀具轨迹,根据模型进行力学、传热、电磁、有限元分析等。

1.2.2 三维设计软件简介

一般把能够定义、描述、生成几何模型，并能交互进行编辑的软件系统统称为几何造型系统，目前市场上有许多这样的商用软件系统，如 Pro/E（Pro/Engineer）、UG、SolidWorks、CAXA、SolidEdge、Inventor、CATIA 等。

1.2.2.1 SolidWorks

SolidWorks 软件是世界上第一个基于 Windows 开发的三维 CAD 系统。1993 年，SolidWorks 创始人 John Hirschtick 招募了几个工程师，目的很明确，就是开发易于使用的 3D CAD 技术。为此，他们开发出了第一种可在 Windows 平台上运行的 3D CAD 技术，不需要昂贵的硬件和软件即可操作。1995 年推出第一个 SolidWorks ®软件版本，在短短两个月的时间内，该软件就因易于使用而备受推崇，与以往相比，有更多的工程师可以利用 3D CAD 设计出生动优秀的产品。

1997 年，全球产品生命周期技术巨头 Dassault Systèmes S. A.（巴黎欧洲证券：#13065，DSY. PA）购买了 SolidWorks 价值 3.1 亿美元的股份。现今，DS SolidWorks 提供了一套完整的工具集，用于创建、仿真、发布和管理数据，最大程度提高工程资源的创新和生产效率。所有这些解决方案协同工作，可让组织更好、更快、更经济高效地设计出产品。

1.2.2.2 UG

UG 是 Unigraphics 的缩写，这是一个交互式 CAD/CAM（计算机辅助设计与计算机辅助制造）系统，它功能强大，可以轻松实现各种复杂实体及造型的建构。它在诞生之初主要基于工作站，但随着 PC 硬件的发展和个人用户的迅速增长，在 PC 上的应用取得了迅猛的增长，广泛应用于航空航天、汽车、造船、通用机械和电子等工业领域，目前已经成为模具行业三维设计的一个主流设计软件。

1.2.2.3 Pro/Engineer

Pro/Engineer（Pro/E）操作软件是美国参数技术公司（PTC）旗下的 CAD/CAM/CAE 一体化的三维软件。Pro/Engineer 软件以参数化著称，是参数化技术的最早应用者，在目前的三维造型软件领域中占有着重要地位，Pro/Engineer 作为当今世界机械 CAD/CAE/CAM 领域的新标准而得到业界的认可和推广，是现今主流的 CAD/CAM/CAE 软件之一，特别是在国内产品设计领域中占据重要位置。PTC 的系列软件包括了在工业设计和机械设计等方面的多项功能，还包括对大型装配体的管理、功能仿真、制造、产品数据管理等。Pro/E 还提供了目前所能达到的最全面、集成，最紧密的产品开发环境。

1.2.2.4 SolidEdge

SolidEdge 是专门为机械行业设计的普及型主流 CAD 系统，采用 Stream/XP 技术，具有很强的易用性。它在机械设计、曲面造型、塑料模、钣金、焊接、管道及线缆设计方面有独到之处，能明显提高设计者的设计和制图效率，是大型装配设计、工业造型以及制图、网络设计交流的强大工具。SolidEdge 是 EDSPLM 系统的一个分支，具有极佳的可扩展性，能与 UnigraphicsNX 无缝集成。同时内置的 Insight 数据管理功能，将设计与管理融为一体，帮助设计者有序、高效地管理产品数据。

1.2.2.5 CATIA

CATIA 是英文 Computer Aided Tri-dimensional Interface Application 的缩写，是法国 Dassault System 公司旗下的 CAD/CAE/CAM 一体化软件。Dassault System 成立于 1981 年，CATIA 是该公司的产品开发旗舰解决方案，作为 PLM 协同解决方案的一个重要组成部分，它可以帮助制造厂商设计他们未来的产品，并支持从项目前阶段、具体的设计、分析、模拟、组装到维护在内的全部工业设计流程。

CATIA 提供方便的解决方案，迎合所有工业领域的大、中、小型企业需要，从大型的波音 747 飞机、火箭发动机到化妆品的包装盒，几乎涵盖了所有的制造业产品。在世界上有超过 13000 的用户选择了 CATIA。CATIA 源于航空航天业，但其强大的功能已得到各行业的认可，在欧洲汽车业已成为事实上的标准。CATIA 的著名用户包括波音、克莱斯勒、宝马、奔驰等一大批知名企业，其用户群体在世界制造业中具有举足轻重的地位。波音飞机公司使用 CATIA 完成了整个波音 777 的电子装配，创造了业界的一个奇迹，从而也确定了 CATIA 在 CAD/CAE/CAM 行业内的领先地位。

中国飞豹歼击机设计采用 CATIA 软件进行全机三维数字化设计技术，荣获了 2003 年度国家科技进步二等奖。

1.2.2.6 Inventor

Inventor 是美国 Autodesk 公司推出的一款三维可视化实体模拟软件，基于 AutoCAD 平台开发的二维机械制图和详图软件 AutoCAD Mechanical；还加入了用于缆线和束线设计、管道设计及 PCB IDF 文件输入的专业功能模块，并加入了由业界领先的 ANSYS 技术支持的 FEA 功能，可以直接在 Autodesk Inventor 软件中进行应力分析。在此基础上，集成的数据管理软件 Autodesk Vault 用于安全地管理进展中的设计数据。由于 Autodesk Inventor Professional 集所有这些产品于一体，因此提供了一个无风险的二维到三维转换路径，是目前市场上 DWG 兼容性最强的平台。

1.2.2.7 CAXA 实体设计

CAXA 实体设计是北京北航海尔软件有限公司开发的一种三维设计软件，现在公司更名为北京数码大方科技有限公司，2003 年 CAXA 推出了第一个实体设计 V2 版以来，已多次进行了版本升级，CAXA 早在 2003 年就推出了无约束直接建模方式，之后又逐步将直接建模、参数化建模和混合建模融为一体，可称为是一款独一无二地将可视化的自由设计与精确设计手段结合在一起的实体设计软件，使产品设计跨越了传统参数化造型 CAD 软件的限制，支持产品从概念设计至详细设计。

CAXA 已经在近 5000 家企业得到了广泛、深入的应用。作为国产三维 CAD 自主研发和成功应用的一面旗帜，CAXA 实体设计三维 CAD 软件的发展也一直得到国家工信部、科技部等部门的高度重视和关注。

CAXA 实体设计经过多年发展现已改进为一款独一无二地将可视化的自由设计与精确设

计手段结合在一起的实体设计软件，使产品设计跨越了传统参数化造型 CAD 软件的限制，支持产品从概念设计至详细设计，最终生成符合国家标准的二维图纸的全过程。不论是经验丰富的专业人员，还是刚介入设计领域的初学者，都能拥有更多的时间投向产品的创新工程。

1.2.2.8 新洲三维（Solid3000）

新洲三维 Solid3000 软件是国产新一代的三维设计软件，也是从中国本土成长起来的商品化设计软件。自从 2001 年第一个商业版本的新洲三维 Solid2000 软件面世以来，历经多个版本的持续发展。新洲三维 Solid3000 就是在 Solid2000 的基础上，经过架构提升、数百项功能改进后的具有国际先进水平的三维 CAD 软件系统。新洲三维（Solid3000）面向机械结构设计及工业造型领域，支持设计出图全过程，同时提供各种 PLM 集成解决方案。新洲三维（Solid3000）软件在国标化、本地化及个性化服务等方面，较之其他三维 CAD 软件有独特的优势和出色的性能价格比。目前已被广泛应用于航空、航天、船舶、电子、汽车等领域的近千家企业，并成为国家“制造业信息化工程”中推荐的三维 CAD 产品，也是中国机械工程学会机械设计培训的推荐软件。

1.2.3 三维设计软件分类

目前在国际商业市场上较成功的三维设计软件有十套左右，基本都是国际三巨头公司的产品，国内市场除国际三巨头外较成功的只有北京数码大方科技有限公司，这些软件可划分为高端与中端两个层次，各公司三维设计软件分类见表 1-1。

表 1-1 各公司三维设计软件分类

公司名称	高端三维软件	中端三维软件	低端二维软件
Dassault System	CATIA	SolidWorks	
EDS	UG	SolidEdge	
PTC	Pro/E		
Autodesk		Inventor、MDT	AutoCAD
CAXA		CAXA 实体设计	CAXA 电子图版

高端软件主要应用于飞机、汽车行业，产品往往曲面复杂、组装零件数量巨大，软件功能除建模、装配、分析外还具有逆向工程、数控加工、产品数据管理，多用户协同功能，能提供十分全面的工程支持。

大多数工程师熟练应用的设计软件只有一至两套，而且具有很高的忠实度，一般工程师习惯应用了第一套软件后就不容易改换其他软件，所以在开始学习三维设计时，选择一套层次合适、适合自己的软件至关重要。

1.2.4 三维设计与二维设计的区别

三维设计是在二维设计的基础上发展来的 CAD，二者有紧密的继承关联，又有在设计方法和理念上的巨大差别。

第一，在设计意图的表达形式不同。二维设计采用的是不同方向的投影视图、局部视图、剖面图等组合成平面图纸，最初是手工绘制，计算机辅助设计发展成熟后，开始在计算机上用二维设计软件（如 AutoCAD）绘制，然后通过打印机打印出图纸，结合图纸上的尺寸、形位、公差、技术要求等标注完成对零件的设计表达；三维设计是应用计算机通过三维建模软件（如 SolidWorks）建立设计零件的直观几何模型，在计算机屏幕上旋转、放大缩小演示，可以利用快速成型技术，通过三维打印机，“打印”出实体零件。

第二,设计过程不同。二维设计是把思维中的零件转变成投影视图,画在图纸上,遵循画法几何的原理,计算机二维辅助设计(如 AutoCAD、CAXA)绘制是手工绘制的简单替代,同样遵循画法几何原理,其设计过程是选择最合理的投影面、剖切位置和剖切方式来表达零件的几何形状及尺寸公差;三维设计是用三维软件（如 SolidWorks）在计算机进行零件的三维几何模型建立，通过屏幕模拟模型、虚拟场景，是对零件的确切数学描述，是零件的真实模拟，这个过程是建立在计算机图形学理论基础上的。这个区别可简单概括为二维绘图、三维建模。

第三，对后续加工制造的指导应用不同。二维图需经过技术人员的解读指导零件加工，如果是用计算机辅助制造，需要重新编写程序进行加工；三维设计的三维模型可以直接转化为加工刀具轨迹，直接应用数控加工中心加工出零件。

虽然二维设计和三维设计有巨大的不同，但二者又有内在的密切关联。首先，三维设计虽然以三维模型为核心，但现在工业制造体系中大部分工艺仍然是以二维设计图来指导施工及生产制造，所以几乎所有的三维设计系统都有三维模型转换二维图功能，二维设计图转换是三维设计系统的标准功能之一，此时的工程图已不用“画”，而是由三维模型“转”来的。其次，三维设计还是需要一些二维设计思想与方法的，如各种建模特征的草图建立就是投影视图。

1.3 SolidWorks 软件简介

SolidWorks 机械设计软件是基于特征、参数化、实体建模的设计工具，采用 WindowsTM 图形用户界面，易学易用，利用 SolidWorks 可以创建全相关的三维实体模型，设计过程中，实体之间可以存在或不存在约束关系，同时还可以利用自动的或者用户定义的约束关系来体现设计意图。SolidWorks 有如下特点：

（1）基于特征。正如装配体由许多单个独立零件组成的一样，SolidWorks 中的模型是由许多单独的元素组成的。这些元素被称为特征。在进行零件或装配体建模时，SolidWorks 软件使用智能化的、易于理解的几何体（例如凸台、切除、孔、筋、圆角、倒角和拔模等）创建特征，特征创建后可以直接应用于零件中。SolidWorks 中的特征可以分为草图特征和应用特征：

1）草图特征是基于二维草图的特征，通常该草图可以通过拉伸、旋转、扫描或放样转换为实体。

2）应用特征是直接创建于实体模型上的特征，例如圆角和倒角就是这种类型的特征。

（2）参数化。参数化用于创建特征的尺寸与几何关系，可以被记录并保存于设计模型中。这不仅可以使模型能够充分体现设计者的设计意图，而且能够快速简单地修改模型。参数化体现在尺寸与几何的方面表现为：

1）驱动尺寸。驱动尺寸是指创建特征时所用的尺寸，包括与绘制几何体相关的尺寸和与特征自身相关的尺寸。圆柱体凸台特征就是这样一个简单的例子，凸台的直径由草图中圆的直径来控制，凸台的高度由创建特征时拉伸的深度来决定。

2）几何关系。几何关系是指草图几何体之间的平行、相切和同心等关系。以前这类信息是通过特征控制符号在工程图中表示的。通过草图几何关系，SolidWorks 可以在模型设计中完全体现设计意图。

(3) 实体建模。实体模型是 CAD 系统中所使用最完整的几何模型类型，它包含了完整描述模型的边和表面所必需的所有线框和表面信息。除了几何信息外，它还包括把这些几何体关联到一起的拓扑信息。例如，哪些面相交于哪条边（曲线）。这种智能信息使一些操作变得很简单，例如圆角过渡，只需选一条边并指定圆角半径值就可以完成。

(4) 全相关。SolidWorks 模型与它的工程图及参考它的装配体是全相关的。对模型的修改会自动反映到与之相关的工程图和装配体中。同样的，对工程图和装配体的修改也会自动反映在模型中。

(5) 约束。SolidWorks 支持诸如平行、垂直、水平、竖直、同心和重合这样的几何约束关系。此外，还可以使用方程式来创建参数之间的数学关系。通过使用约束和方程式，设计者可以保证设计过程中实现和维持诸如“通孔”或“等半径”之类的设计意图。

(6) 设计意图。设计意图是指关于模型改变后如何表现的规划。例如，用户创建了一个含有不通孔的凸台，当凸台移动时，不通孔也应该随之移动。同样，用户创建了有 6 个等距孔的圆周阵列，当把孔数改为 8 个后，孔之间的角度也会自动地改变。在设计过程中，用什么方法来创建模型，决定于设计人员将如何体现设计意图，以及体现什么样的设计意图。

1.3.1 SolidWorks 软件的用户界面

SolidWorks 用户界面（图 1-1）完全采用 Windows 风格，和其他 Windows 应用程序的操作方法一样，为设计师提供简便的工作界面。SolidWorks 首创的特征管理器，可以将设计过程的步骤记录下来并形成设计树，出现在用户界面的左侧。用户可以点取任一特征进行修改，还可以拖动调整特征树的顺序，以修改零件的形状。

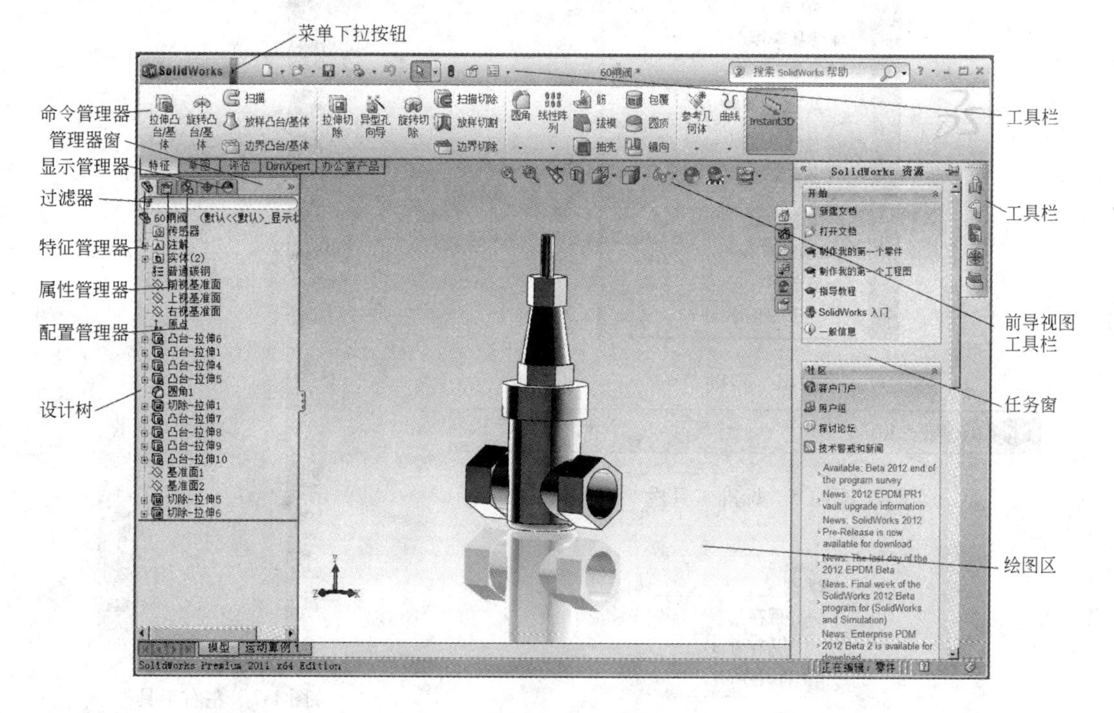

图 1-1 SolidWorks 用户界面

SolidWorks 用户界面具体解释如下：

（1）菜单栏位于界面最上方，正常为隐藏状态，当将鼠标移动到 SolidWorks 徽标上或单击它时，菜单可见。主菜单中包含了几乎所有的 SolidWorks 命令，点击菜单中【图钉】可以固定菜单，以使其始终可见，如图 1-2 所示。菜单被固定时，工具栏将移到右侧。

图 1-2　SolidWorks 菜单

（2）SolidWorks 搜索椭圆区域如图 1-3 所示。

（3）帮助选项的弹出菜单如图 1-4 所示。

（4）界面最上端是标准工具栏，栏中一组是最常用的工具按钮，如图 1-5 所示。

通过单击工具按钮旁边的下移方向键，可以扩展以显示带有附加功能的弹出菜单，可以访问工具栏中的大多数文件菜单命令。例如，保存弹出菜单包括保存、另存为和保存所有，如图 1-6 所示。

（5）左右工具栏，如图 1-7 所示。

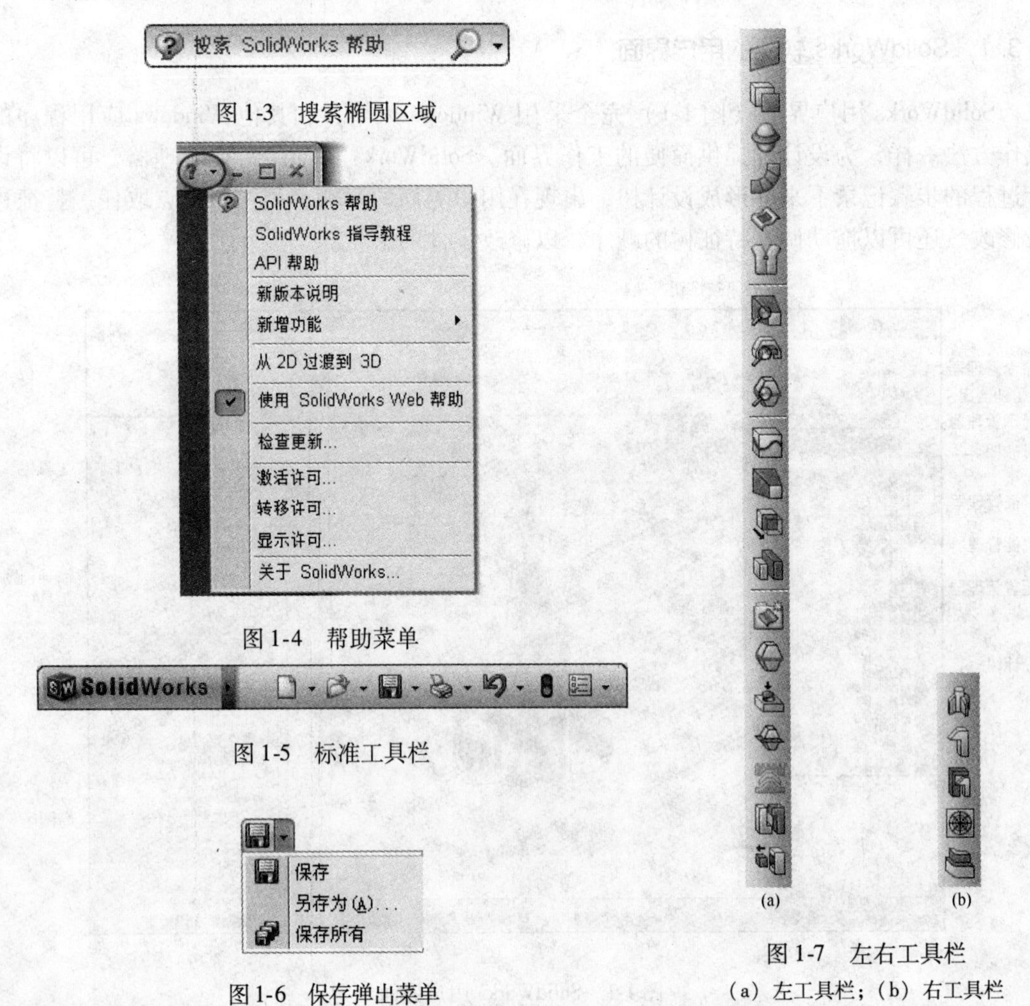

图 1-3　搜索椭圆区域

图 1-4　帮助菜单

图 1-5　标准工具栏

图 1-6　保存弹出菜单

图 1-7　左右工具栏
（a）左工具栏；（b）右工具栏

（6）前导视图工具栏是指每个视窗中的透明工具栏，提供操纵视图所需的所有普通工具，如图 1-8 所示。

图 1-8 前导视图工具栏

（7）命令管理器，如图 1-9 所示。

图 1-9 命令管理器

（8）任务窗，如图 1-10 所示。

（9）设计树，如图 1-11 所示。从 FeatureManager 设计树中选择一个项目，以便编辑基础草图、编辑特征、压缩和解除压缩特征或零部件。

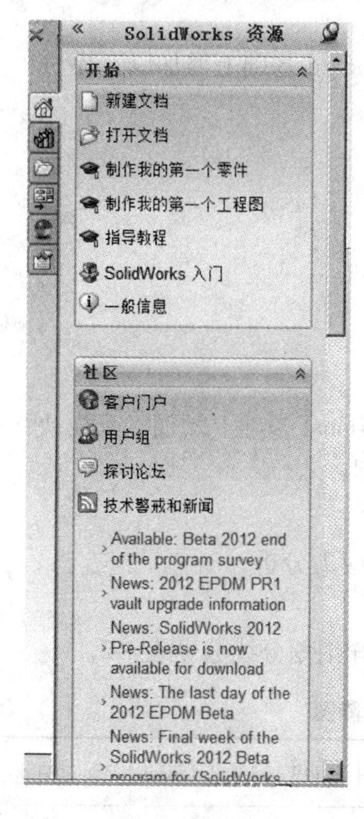

图 1-10 任务窗

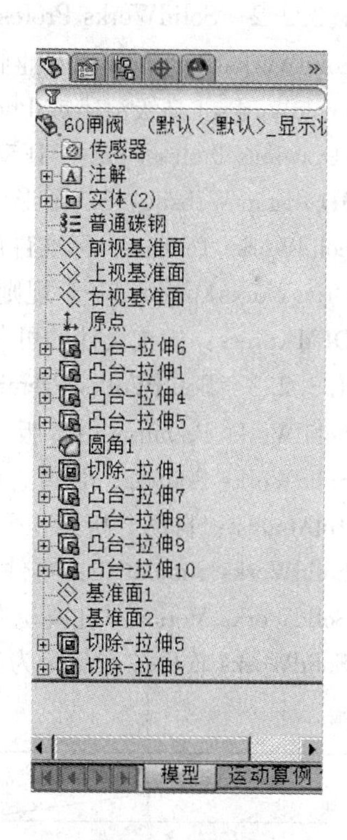

图 1-11 设计树

1.3.2 SolidWorks 软件模块简介

SolidWorks 软件分为 SolidWorks Standard 标准版、SolidWorks Professional 专业版、SolidWorks Premium 白金版，由不同模块组成的同一版本的三种产品。

1.3.2.1 SolidWorks Standard 标准版

SolidWorks Standard 标准版是最基本的版本，由以下模块组成：

Modelling 建模：建模模块是软件最基本的部分，包括 Part Design 零件设计、Assembly Design 装配设计、Large Assembly Managment 大型装配体的管理、Advanced Surface 复杂曲面造型、Sheetmetal Design 钣金设计、Weldment Design 焊件设计、Mold Design 模具设计、Detail Drawings 详细工程图、Data Reuse 数据的再利用；

Data Translation：数据转换；

Direct Edition Import：即时编辑导入数据；

Physical Simulation & Animation：物理模拟与动画仿真；

2D to 3D tools：2D 到 3D 的转换工具；

Design communication：设计交流；

Build-in Stress Analysis：内嵌应力分析（SimulationXpress 机械结构快速分析）；

3D Content Central：在线零部件库；

DriveWorksXpress：自动化设计；

DFMXpress：检查设计的可制造性。

1.3.2.2 SolidWorks Professional 专业版

SolidWorks Professional 专业版是在 SolidWorks Standard 基础上增加以下模块：

PhotoWorks：高级渲染或 PhotoView 360；

eDrawings Professional：3D 动画查看与测量；

3D InstantWebsite：3D 图形即时网上发布；

SolidWorks Toolbox：标准件库；

DriveWorksXpress：基于规则的自动化设计；

DFMXpress：检查设计的可制造性。

1.3.2.3 SolidWorks Premium 白金版

SolidWorks Premium 白金版是在 SolidWorks Professional 基础上增加以下模块：

SolidWorks Routing：管道、布线、线缆的 3D 造型；

TolAnalyst：自动分析累积公差；

SolidWorks Simulation：零件和装配体的静力结构应力分析；

SolidWorks Motion：机械动力学分析。

SolidWorks 软件按产品分为三种产品线，其模块详细划分线分见表 1-2。

表 1-2 3D 设计产品矩阵图

SolidWorks 产品线 / 模块	SolidWorks Premium	SolidWorks Professional	SolidWorks Standard
零件和装配体建模			
3D 实体建模	√	√	√
大型装配体设计功能	√	√	√
高级曲面	√	√	√
钣金	√	√	√
焊件	√	√	√
模具设计	√	√	√

续表 1-2

模块 \ SolidWorks 产品线	SolidWorks Premium	SolidWorks Professional	SolidWorks Standard
读取 PCB 数据生成 3D 零件	√	√	√
直接修改模型	√	√	√
完全 ECAD-MCAD 数据交换	√		
管道/管筒设计	√		
电缆/缆束设计	√		
2D 工程图			
自动生成工程图视图	√	√	√
自动生成工程图视图更新	√	√	√
标注尺寸	√	√	√
注解	√	√	√
材料明细表，切割清单	√	√	√
自动列出孔表、焊接表和管道折弯数据	√	√	√
国际标准支持	√	√	√
工程图控制（比较）	√	√	√
标准检查	√	√	
平展缆束工程图	√		
设计的重用和自动化			
SolidWorks 搜索	√	√	√
设计自动化	√	√	√
配置	√	√	√
设计库	√	√	√
供应商提供的 3D 模型	√	√	√
智能零部件和智能扣件	√	√	√
标准零部件库	√	√	
Task Scheduler	√	√	
动画和渲染			
装配体动画	√	√	√
走查动画/飞越动画	√	√	√
照片级逼真的渲染	√	√	
设计验证和仿真			
碰撞和干涉检查	√	√	√
孔对齐检查	√	√	√
检查可制造性	√	√	√
流体仿真	√	√	√
可持续性	√	√	√
拔模和底切分析	√	√	√
成本估算	√	√	
公差叠加分析	√		
运动学运动仿真	√		
结构验证	√		
协作和共享			
导入/导出	√	√	√
用于快速样机制造的 3D	√	√	√
使用 2D DWG/DXF 数据	√	√	√
在共享时保护设计信息	√	√	√
eDrawings	√	√	√
大型设计审阅	√	√	√

续表 1-2

模块 \ SolidWorks 产品线	SolidWorks Premium	SolidWorks Professional	SolidWorks Standard
eDrawings Professional	√	√	
特征识别	√	√	
数据入库和版本控制	√	√	
导入扫描数据	√		

1.3.3　SolidWorks 基本操作和设置

应用 SolidWorks2011 进行设计时，必须学会软件启动、建立新文件、打开已有文件、保存文件等基本操作。

1.3.3.1　*启动 SolidWorks2011*

启动程序可通过多种方式：

（1）双击桌面快捷方式图标 ；

（2）单击“开始”/“所有程序”/“SolidWorks2011”。启动 SolidWorks2011，SolidWorks2011 主操作窗口出现，如图 1-12 所示。

图 1-12　SolidWorks2011 主操作窗口

1.3.3.2　建立新零件文件

建立新零件文件的方法如下。

（1）单击菜单中【文件】/【新建】命令，或单击标准工具栏上新建按钮【 】；

（2）出现“新建 SolidWorks 文件”对话框，如图 1-13 所示；

（3）单击对话框中【零件】/【确定】图标；

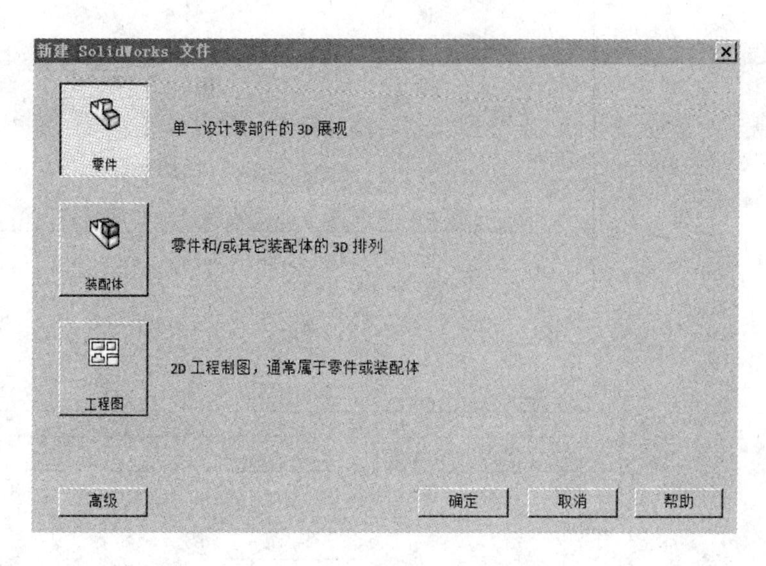

图 1-13 “新建 SolidWorks 文件”对话框

(4) 单击【高级】按钮后从模板选项卡中选择【零件】/【确定】也同样可以新建一个零件，如图 1-14 所示。

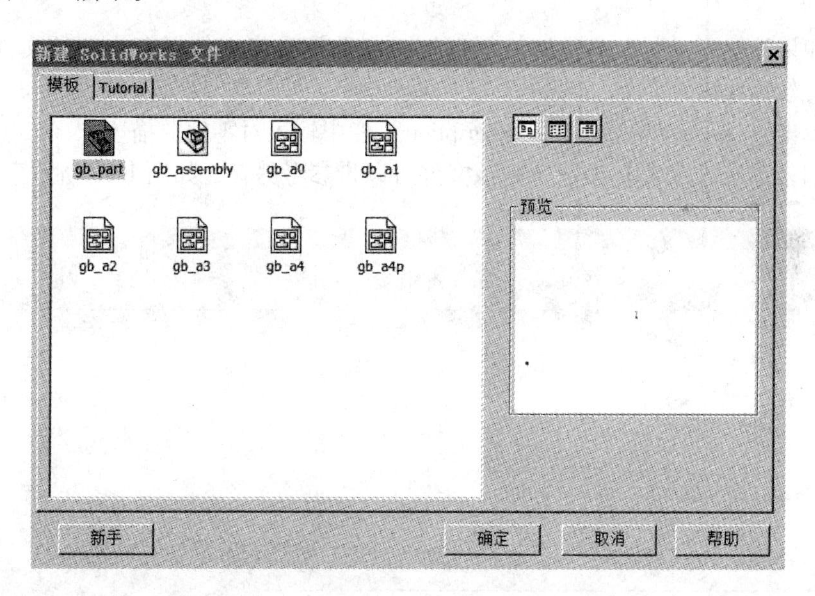

图 1-14 新建 SolidWorks 文件高级功能

1.3.3.3 保存文件

建立文件后应及时保存文件，在零件绘制过程中也应及时存盘，以防止数据丢失。保存文件的步骤如下：

(1) 单击标准工具栏中【 】按钮，或选菜单【文件】/【保存】命令。

(2) 出现“另存为”对话框中选择路径和文件名称，如图 1-15 所示。

(3) 单击【保存】按钮，文件即被保存。

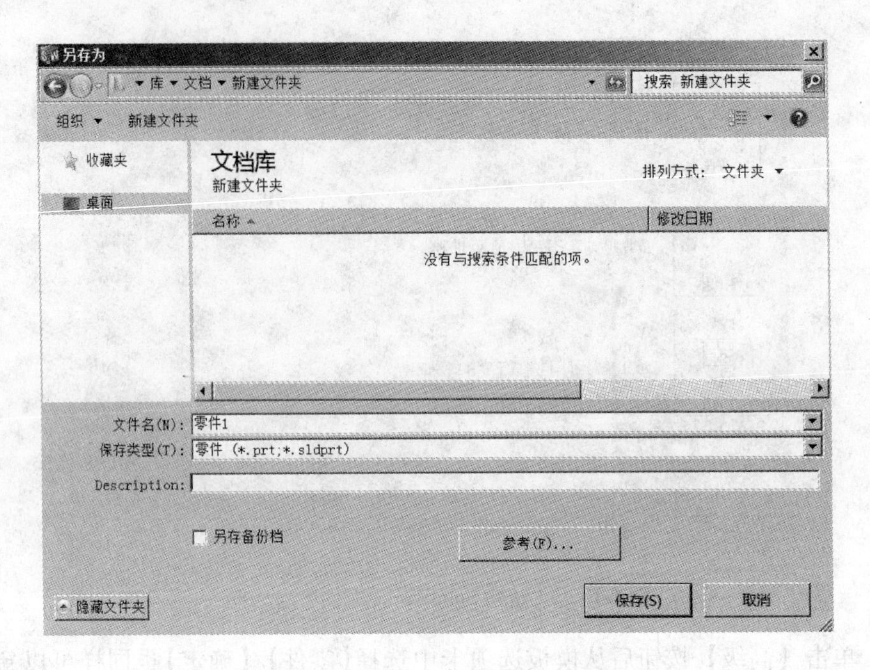

图 1-15　“另存为”对话框

（4）如果选择了【另存备份档】复选框，则系统会将文件保存为新的文件名，而不替换激活状态的名称。

（5）单击“Description：Add a description”栏中输入对零件的描述。

（6）如果单击【参考】按钮，则该文件可以带参考另存，如图 1-16 所示。

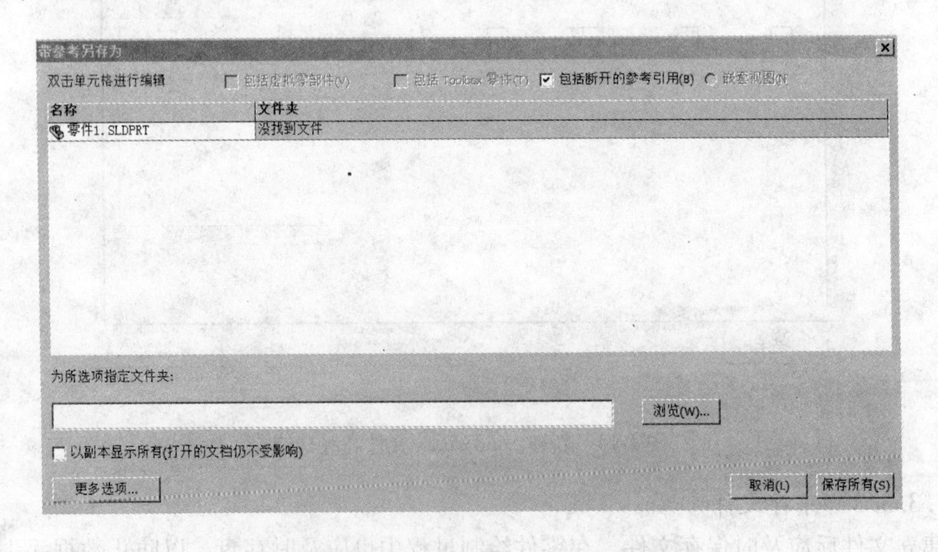

图 1-16　“带参考另存为”对话框

（7）在单元格中单击并键入内容，以更改文件或路径。

（8）双击单元格并浏览至新文件夹。

（9）在文件夹下选择单元格，或通过单击文件夹选择整列，然后在为所选项指定文件夹中，键入新路径或单击浏览。

(10) 单击“查找/替换”(在更多选项下)，并输入需要查找的字词和替换成的字词(例如，将“\samples”更改为“\archive”，以便将文件保存到库存目录下)。如搜索需区分大小写，则单击“大/小写匹配”复选框。

(11) 在名称下选择单元格，或通过单击名称选择整列，然后，选择添加前缀或添加后缀(在更多选项下)，从而将指定文字添加到所选项的开头或结尾。

(12) 在已更改的单元格中，文字将变为绿色，要撤销更改，右键单击单元格并选择撤销更改即可。

(13) 可选择将下列选项项目包含在另存属性中：

包括虚拟零部件；

包括 Toolbox 零件；

包括断开的参考引用；

嵌套视图或平坦视图，根据文件的父/子关系缩进文件名，或将所有名称放置在左边；

以副本保存所有，使用新名称或路径保存文档的副本，并不替换激活的文档，并将继续在原来的文档中工作。

(14) 单击【保存所有】按钮。

1.3.3.4 打开文件

打开已有文件步骤如下：

(1) 单击菜单栏【文件】/【打开】或单击标准工具栏中的【 】按钮，出现“打开”对话框，如图 1-17 所示。

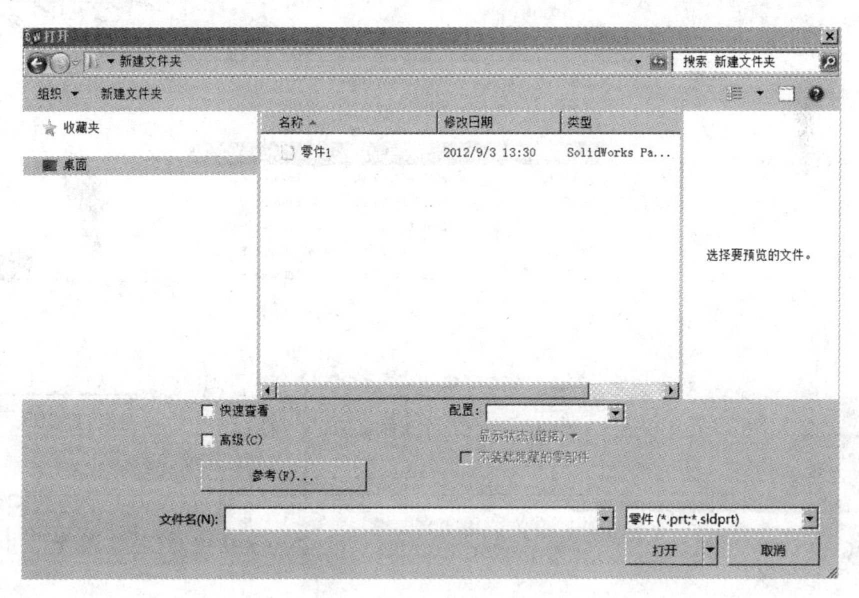

图 1-17 “打开”对话框

(2) 点击对话框右下部“文件格式”下拉箭头，选择要打开的文件类型，对话框中就会分别显示你需要显示的文件类型，如零件文件、装配体文件、工程图文件或其他类型文件，也可以选择所有文件，显示所有类型的文件，如图 1-18 所示。

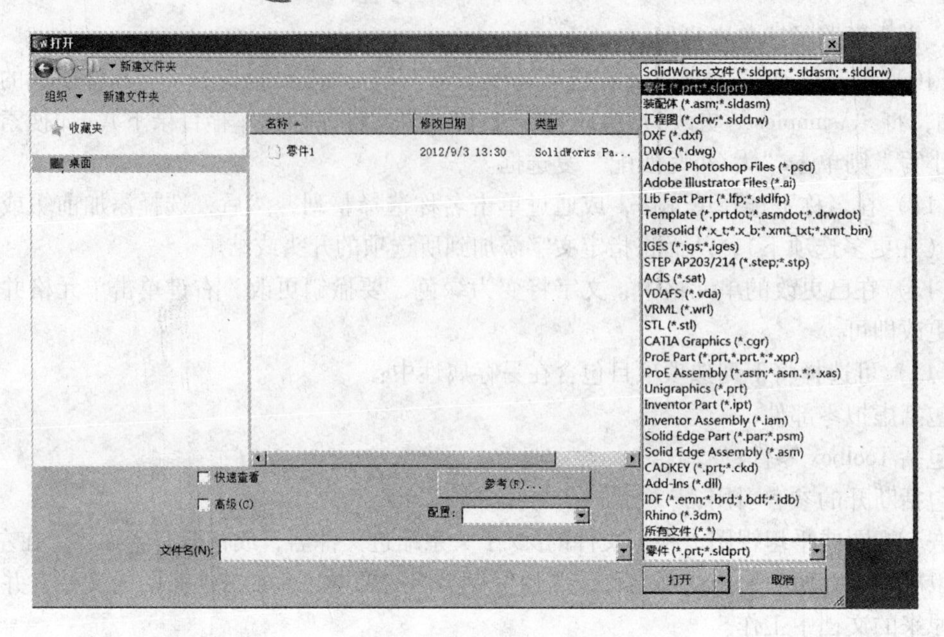

图 1-18 对话框文件类型选择

(3) 在对话框中单击一个文件，右边会显示缩略图，可以浏览对话框中的文件，如图 1-19 所示。

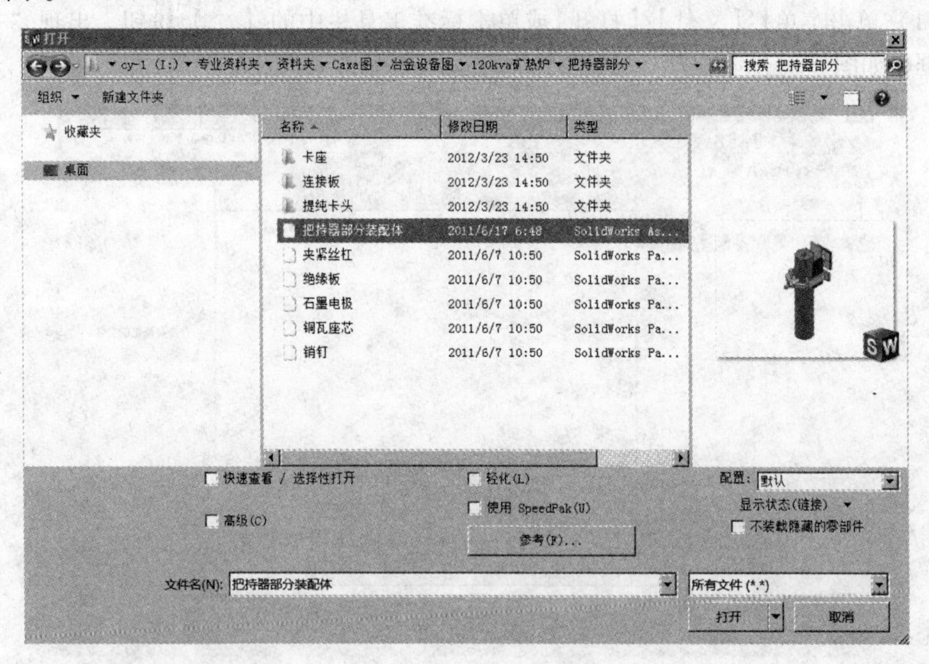

图 1-19 “打开”对话框浏览文件

(4) 打开对话框选项。打开按钮旁边箭头可选择【以只读打开】，在你打开了文件的同时可允许另一用户有文件写入访问权，不能以只读模式保存或更改零件。

(5) 单击【打开】按钮以打开文档。

1.3.3.5 输入/输出格式

从其他应用程序输入文件的步骤如下：

（1）单击标准工具栏中的【打开】按钮，或者选择【文件】/【打开】命令，出现“打开”对话框。

（2）在对话框中为文件类型选择一种格式（例如，DWG（ *. dwg），IDES（ *. igs、 *. iges），STL（ *. stl）等）。

（3）对于输入选项的文件类型，单击选项。在输入“选项”对话框中，指定选项，然后单击确定。

（4）浏览到文件，然后单击打开。

（5）打开所选择的文件。

当从 SolidWorks 应用程序输出文档时，各种文件类型均有选项可用。

将 SolidWorks 文件输出到另一文件类型步骤如下：

（1）选择图形区域中零件的面或曲面、FeatureManager 设计树中实体或曲面实体文件夹中的实体或曲面实体、装配体的零部件。如果不选择任何实体，整个零件或装配体将被输出。

（2）单击【文件】/【另存为】命令。

（3）设定保存类型为某种文件类型，然后单击选项。

（4）为文件类型设定如下的选项：ACIS（ *. sat），DXF/DWG（ *. dxf、 *. dwg），eDrawings（ *. eprt、*. easm、或 *. edrw），IGES（ *. igs），Parasolid（ *. x_t、*. x_b），STEP（ *. step），STL（ *. stl），Tif（ *. tif），VDAFS（ *. vda），VRML（ *. wrl）。

（5）在文件名称方框中输入名称，会自动添加所选格式的扩展名。

（6）单击保存。

1.3.3.6 鼠标的应用

在 SolidWorks 中，鼠标的左键、右键和中键有完全不同的意义：

（1）左键用于选择对象，如几何体、菜单按钮和设计树中的内容。

（2）右键用于激活关联的快捷键菜单。快捷键菜单列表中的内容取决于光标所处的位置，其中也包含常用的命令菜单。

（3）中键用于动态地旋转、平移和缩放零件或装配体，平移工程图。

1.3.3.7 视图操作

在零件建模、装配体操作中需要移动、旋转、缩放模型操作，SolidWorks 提供了丰富的视图操作工具：方法一，单击菜单中【视图】/【显示】和【修改】命令，可以提供几乎所有的视图工具；方法二，在前导视图工具栏中选择工具，这是最常用操作方法；方法三，工具栏中的功能；方法四，右键快捷菜单提供的功能。以下介绍常用工具功能。

：整屏显示功能；

：局部放大功能；

：缩放功能。

视图定向功能如下：

：将模型旋转并缩放到前视方向；

：将模型旋转并缩放到后视方向；

：将模型旋转并缩放到左视方向；

：将模型旋转并缩放到右视方向；

：将模型旋转并缩放到上视方向；

：将模型旋转并缩放到下视方向；

：将模型旋转并缩放到等轴测视图方向；

：将模型旋转并缩放到上下二等角轴测方向；

：将模型旋转并缩放到左右二等角轴测方向；

：将模型旋转并缩放到与所选的基准面、平面或特征正交的方向；

：以单一视图显示窗口；

：以水平上下方式显示双视图；

：以水平左右方式显示双视图；

：显示双视图四视图；

：连接窗口中所有视图以便一起移动或旋转。

还有显示样式功能组，隐藏显示功能组，编辑外观，应用布景，RealView 图形，试图设定。

1.3.3.8 选项

在【工具】菜单中，"选项"对话框允许用户自定义 SolidWorks 的功能，例如绘图标准、个人习惯和工作环境等，如图 1-20 所示。

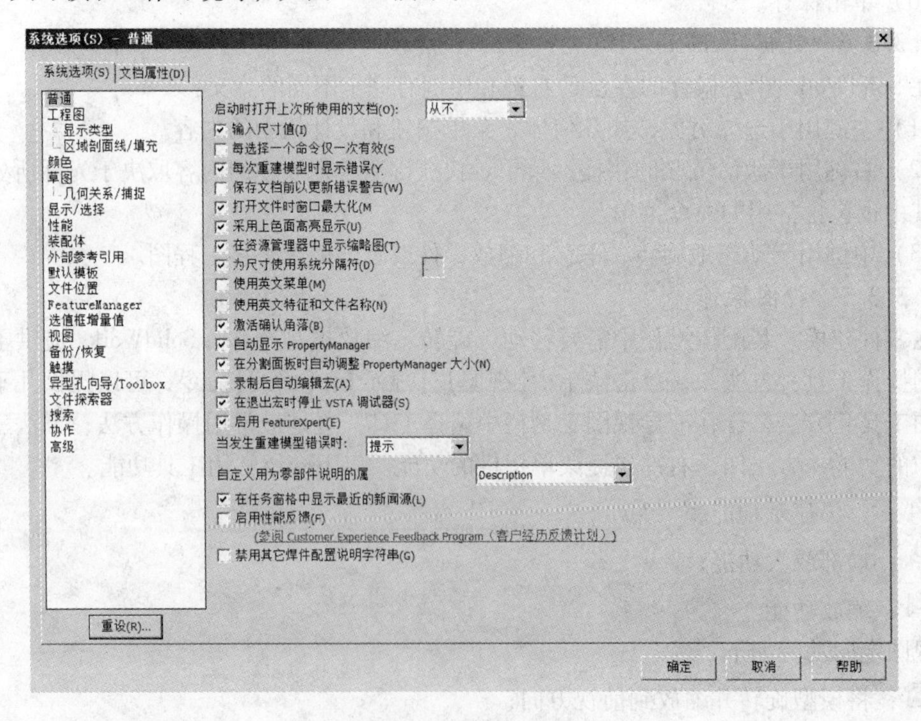

图 1-20 "选项"对话框

用户可以有几个不同层次的设置，分别如下：

（1）系统选项。系统选项用来自定义用户工作环境。在【系统选项】里的选项，一旦被保存后，将影响所有 SolidWorks 文档。系统设置允许用户控制和自定义工作环境。例如，设定个人喜欢的窗口背景颜色。因为是系统设置，相同的零件或装配体在不同用户的计算机上打开，其显示窗口背景颜色也是不相同的。

（2）文档属性。文档属性中的设置更改仅影响当前打开的文件，而不会改变系统默认选项，某些设置可以被应用到每一个文件中。例如，单位、绘制标准和材料属性（密度）都可以随文件一起被保存，并且不会因为文件在不同的系统环境中打开而发生变化。

建议设置如下：

常规——选择【输入尺寸值】和【打开文件时窗口最大化】选项。

草图——不选择【上色时显示基准面】选项。

默认模板——选择【总是使用这些默认的文件模板】选项。

绘制草图

草图是三维造型设计的基础，是三维模型基本特征生成的前提条件。草图是由直线、圆弧、曲线等基本几何元素组成的几何图形，草图有二维草图和三维草图之分，通常 SolidWorks 的模型创建都是从绘制二维草图开始的。

草图是三维设计的基础，必须十分熟练地掌握。

2.1 草图绘制基础

2.1.1 创建草图文件

新建文件：单击菜单中【文件】/【新建】命令，或单击标准工具栏上新建按钮【 新建】，出现“新建 SolidWorks 文件”对话框，单击对话框中【零件】/【确定】按钮，对话框可以在【新手】与【高级】界面切换，如图 2-1 所示。命名文件名，选择路径，保存。

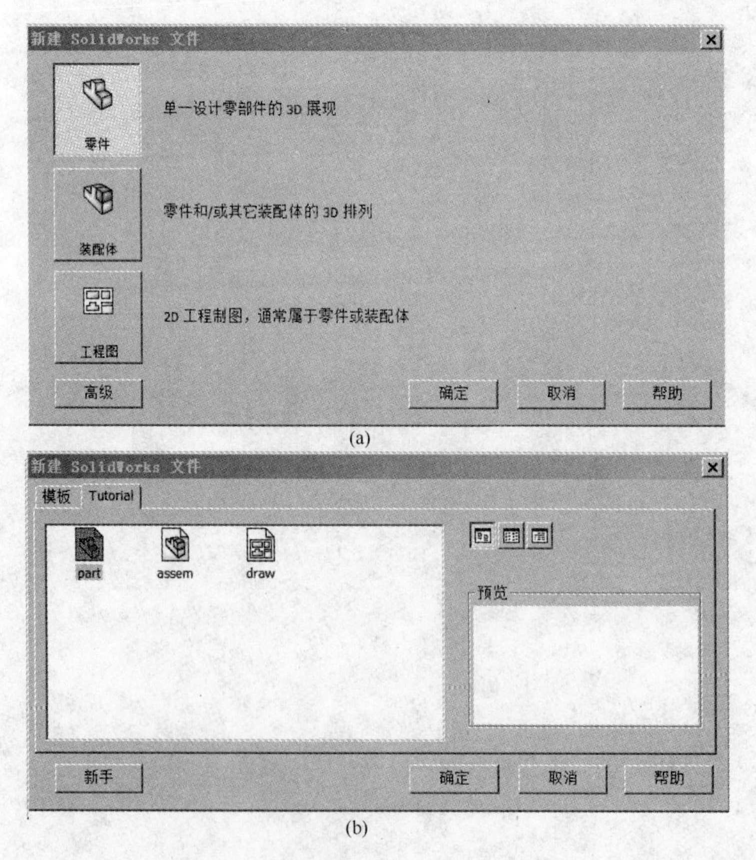

图 2-1 “新建 SolidWorks 文件”对话框

（a）新手界面；（b）高级界面

草图绘制：点选设计树中一基准面，如【前视基准面】/命令管理器中【草图】/【草图绘制】，设计树出现“草图1”，如果草图平面没有正视，鼠标指向此处，右键快捷菜单选【】正视于草图，在绘图区绘制草图，如图2-2所示，绘制完后，点击命令管理器中【草图】/【退出草图】，或绘图区右上角【】退出，完成草图绘制。

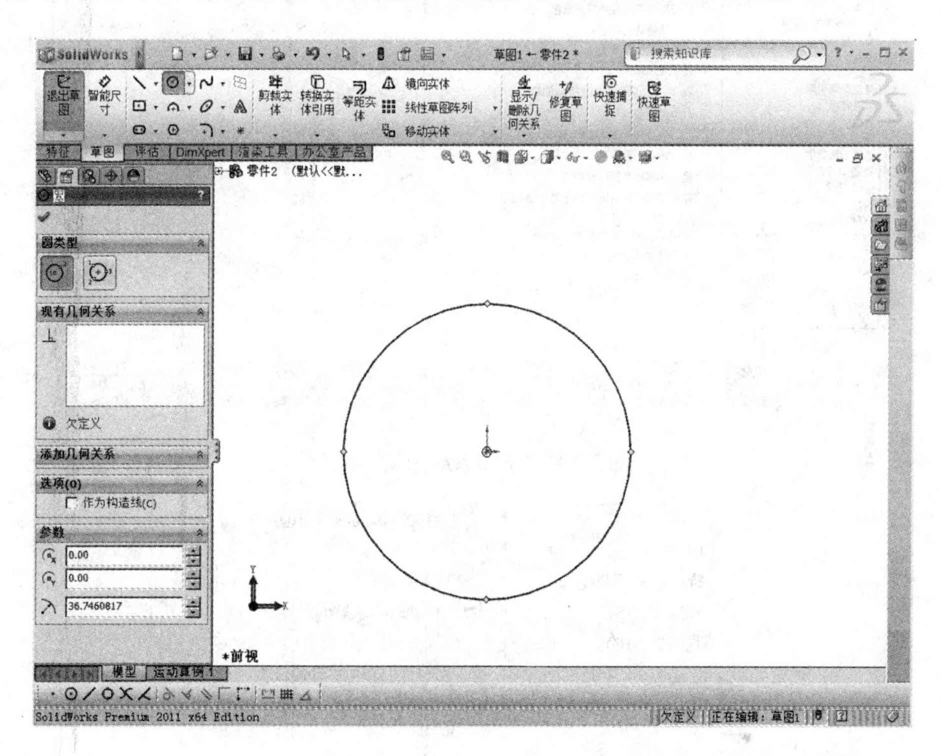

图2-2 草图绘制

2.1.2 系统选项设置

单击菜单中【工具】/【选项】命令，或单击工具栏【 选项】，在弹出的“系统选项”对话框内选择【草图】选项进行设置，如图2-3所示。

单击菜单中【工具】/【草图设定】命令，根据需要勾选菜单中的各选项，如图2-4所示。

2.1.3 草图状态

草图有五种定义状态：欠定义、完全定义、过定义、无解和无效。草图状态是由草图几何体与定义的尺寸之间的几何关系来决定。草图处于无解或无效状态表明草图有错误，必须进行修复。最常见的三种状态分别为：

(1) 欠定义。系统默认欠定义的草图几何体为蓝色，如图2-5(a)所示，草图处于欠定义状态则说明该草图的定义不充分，但是仍然可以用于创建特征。通常在零件的早期设计阶段，并没有足够的信息来完全定义草图。随着设计的深入，草图会得到很多有用的信息，随时为草图添加其他定义。

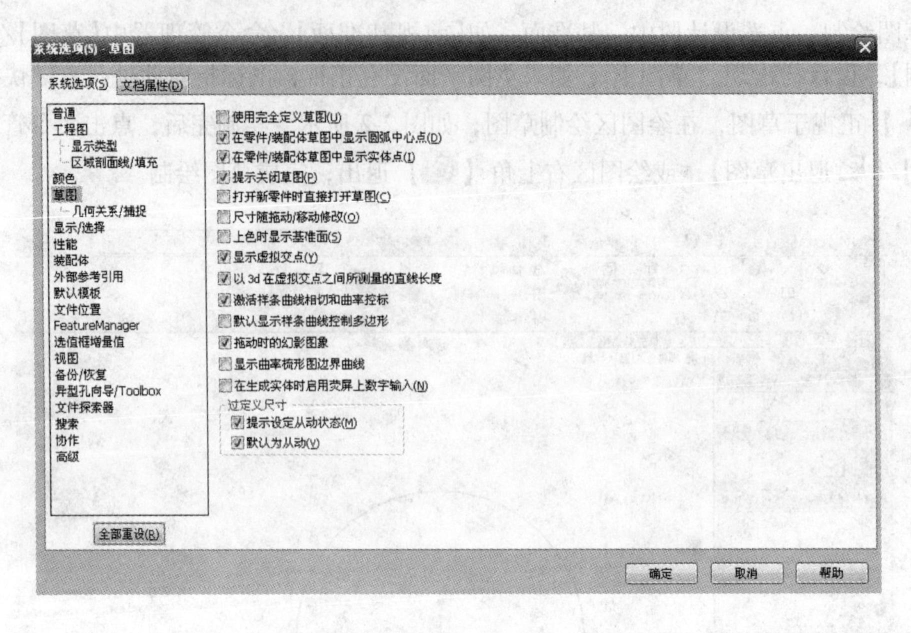

图 2-3 “草图系统选项”设置

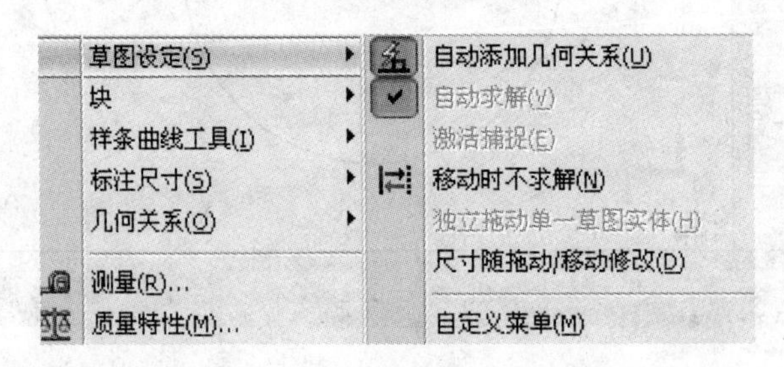

图 2-4 草图设定

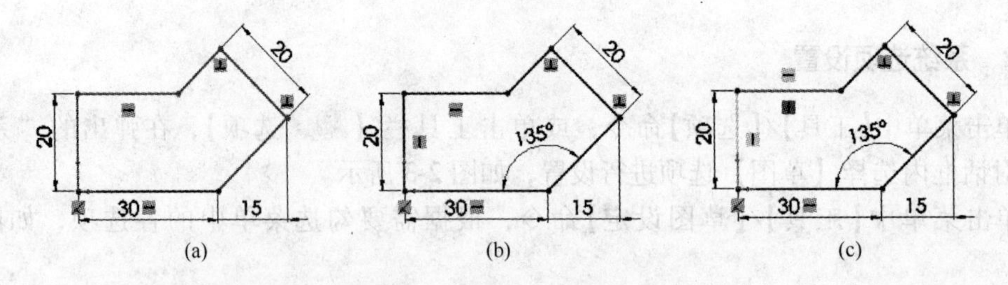

图 2-5 常见的三种草图状态

(a) 欠定义；(b) 完全定义；(c) 过定义

(2) 完全定义。系统默认完全定义的草图几何体为黑色，如图 2-5(b)所示，完全定义的草图其几何体具有完整的信息，一般当零件最终设计完成，需要进行下一步的加工时，零件的每一个草图都应该完全定义。

(3) 过定义。系统默认过定义的草图几何体为红色，如图 2-5(c)所示，表明草图中有重复的尺寸或相互冲突的几何关系，必须修改后才能使用。一般删除多余的尺寸和约束关系即可。

2.1.4 草图绘制规则

绘制草图一般分为以下几种类型，不同的类型都将产生不同的结果，如图 2-6 所示：

（1）单一封闭轮廓：这是最典型的标准草图。

（2）嵌套式封闭轮廓：可以用于创建具有内部被切除的凸台实体。

（3）开环轮廓：可以用于创建壁厚相等的薄壁特征。

（4）自相交轮廓：草图轮廓产生相交，成为多个相连的闭合轮廓。在创建实体的时候如果多个轮廓均被选取，则创建多实体，这是比较高级的建模方法。

（5）多个独立轮廓：草图中包含多个独立的轮廓，用于创建多实体。

（6）未闭合轮廓：草图轮廓没有闭合，在轮廓外有部分线段突出。尽管这种草图也能用于创建特征，但这是一种不好的习惯，工作时最好不要使用这种草图。

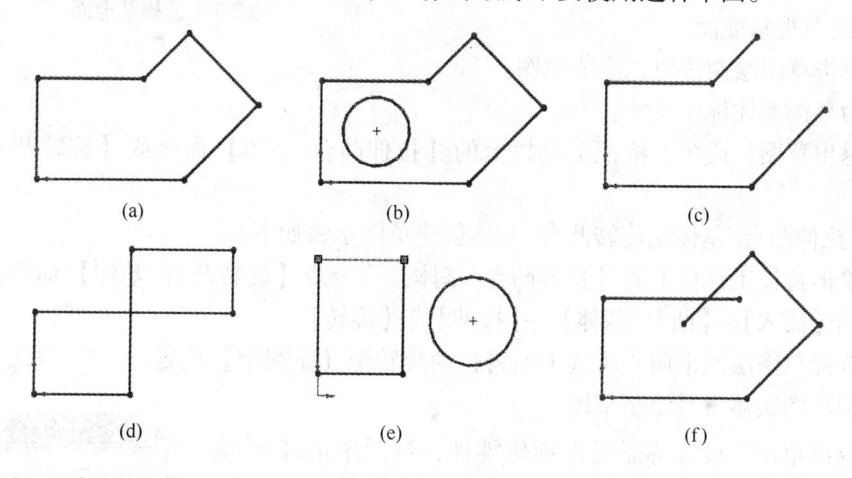

图 2-6 不同的草图类型

（a）单一封闭轮廓；（b）嵌套式封闭轮廓；（c）开环轮廓；
（d）自相交轮廓；（e）多个独立轮廓；（f）未闭合轮廓

2.2 绘制草图的基本步骤

2.2.1 创建草图

创建一个新的零件文件时，首先需要创建草图。用户可在任何默认基准面（前视基准面、上视基准面及右视基准面）上生成草图或生成基准面。

一般创建草图的方式有三种，即草图实体工具（直线、圆等）或草图绘制工具、基准面，以及特征工具栏上的【拉伸凸台/基体】命令或【旋转凸台/基体】命令。具体创建方法如下：

（1）草图实体工具或草图绘制工具创建草图步骤如下：

1）依次单击命令管理器【草图】/【草图绘制】按钮，或单击草图绘制工具栏上的任一草图实体工具，绘图面板上将出现三个基准面：前视基准面、上视基准面及右视基准面，

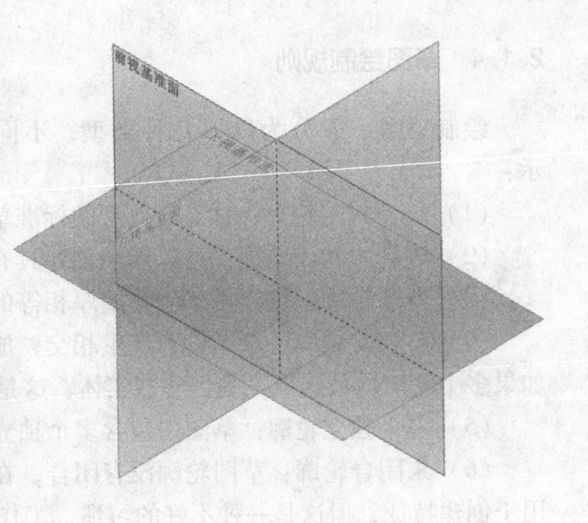

图 2-7 选择基准面

如图 2-7 所示。选择其中之一，则其他两个基准面消失，所选基准面旋转至正视于方向。如果基准面已旋转，点击前导视图工具栏中【】正视于方向，在后续绘图过程中常用这次操作。

2）用草图实体工具绘制草图。

3）为草图实体标注尺寸。

4）退出草图，或单击特征工具栏上的【拉伸凸台/基体】命令或【旋转凸台/基体】命令。

（2）以基准面创建草图步骤如下：

1）单击设计树中的基准面，可选择前视、上视或右视基准面。

2）单击草图绘制按钮，生成草图。

3）为草图实体标注尺寸。

4）退出草图，或单击特征工具栏上的【拉伸凸台/基体】命令或【旋转凸台/基体】命令。

（3）拉伸凸台/基体或旋转凸台/基体创建草图步骤如下：

1）单击特征工具栏上的【拉伸凸台/基体】命令或【旋转凸台/基体】命令。或者依次单击菜单【插入】→【凸台/基体】→【拉伸】或【旋转】。

2）选择草图绘制平面，所选平面将自动旋转至【正视于】位置。

3）用草图实体工具绘制草图。

4）退出草图，设置特征属性创建零件，然后单击【确定】按钮完成特征创建。

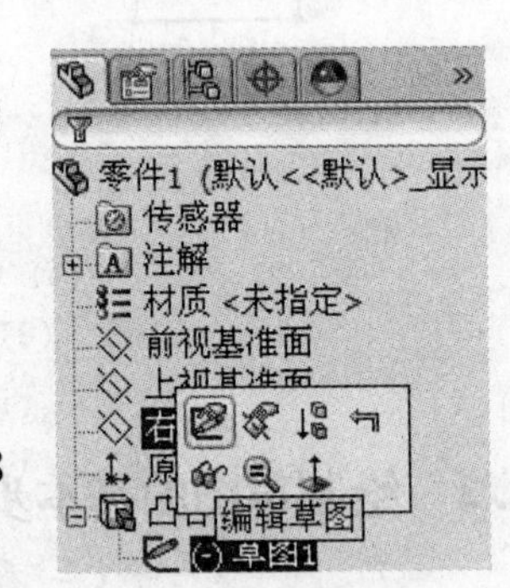

图 2-8 编辑草图

2.2.2 编辑、修改草图

有时需要编辑和修改现有的草图，其方法如下：

（1）单击设计树中的所需编辑和修改的草图，如图 2-8 所示。

（2）选择【编辑草图】按钮，面板上显示所要编辑的草图。使草图旋转至【正视于】位置。

（3）在原有草图上进行编辑和修改，并给草图实体标注尺寸。

（4）退出草图完成编辑和修改。

2.3 草图绘制工具

SolidWorks 提供的绘制草图的工具主要有直线、圆、样条曲线、边角矩形、圆弧、椭圆、直槽口及多边形等。命令管理器中【草图】中的绘图工具如图 2-9 所示，菜单中【工具】/【草图绘制实体】弹出的工具如图 2-10 所示。

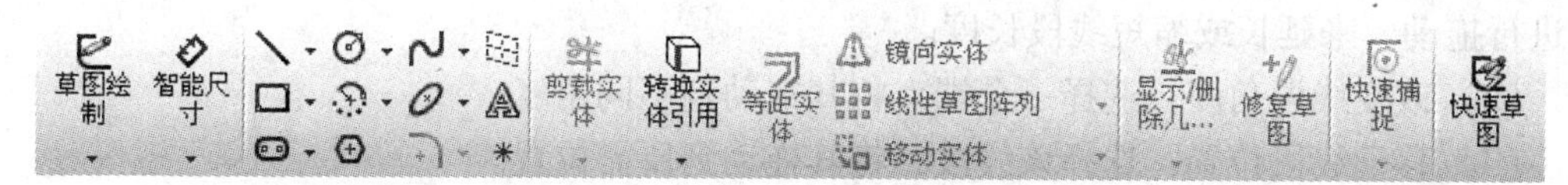

图 2-9　草图绘制工具

2.3.1　直线

绘制直线的方法如下：

（1）单击草图绘制工具栏里的直线按钮，可以选择不同类型的直线：实线和中心线。

（2）在绘图区域指定直线的起点和终点，或者通过拖动鼠标来绘制直线。

（3）鼠标单击选中直线段，出现“线条属性”对话框，在对话框内可以修改线段参数，包括线段长度和角度，起点和终点坐标等，如图 2-11 所示。

（4）退出草图，或单击特征工具栏上的【拉伸凸台/基体】命令或【旋转凸台/基体】命令。

也可以拖动修改直线，其方法如下：

（1）改变线段长度：选择线段的一个端

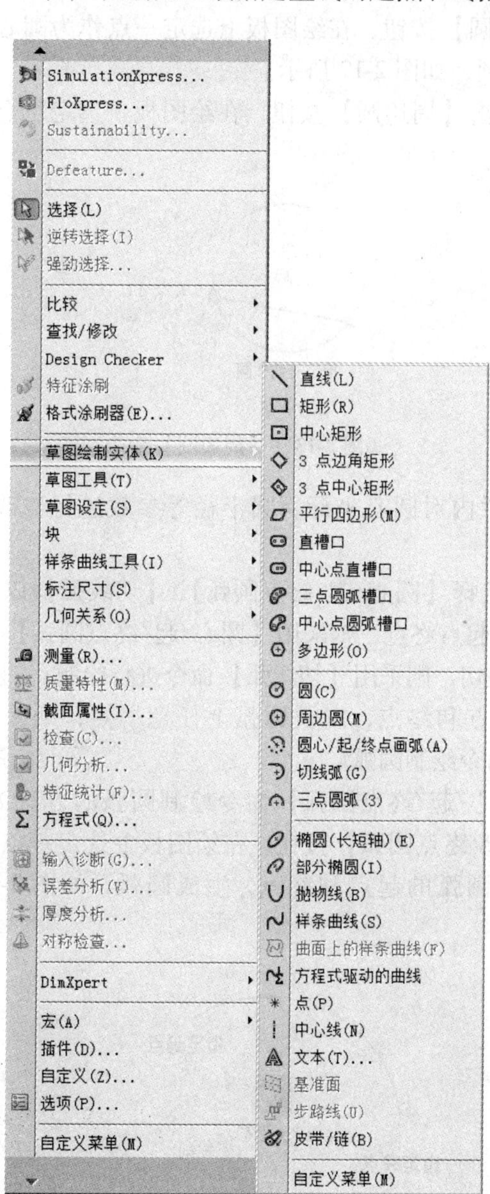

图 2-10　草图绘制实体工具

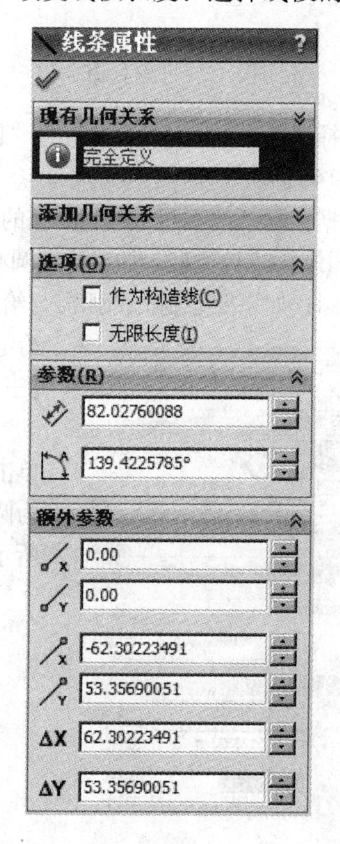

图 2-11　“线条属性”管理器对话框

点进行拖动，来延长或缩短线段长度。

（2）改变线段角度：选择一个端点将其拖动到不同角度。

（3）移动线段位置：选择该线段，将其拖动到所需位置。

（4）也可通过修改“线条”属性栏内的参数对线段进行修改。

2.3.2 圆和圆弧

根据实际条件不同，绘制圆的时候可以选择【圆】和【周边圆】两种类型。如果给定圆心和半径，则采用【圆】命令绘制圆；如果给定圆周上的不在一条直线上的三点，则采用【周边圆】命令进行绘制。

采用【圆】命令绘制圆的方法为：单击【圆】按钮，在绘图板上选定一点作为圆心，指定另一点，以两点之间的距离作为半径生成圆，如图 2-12 所示。

采用【周边圆】命令绘制圆的方法为：单击【周边圆】按钮，在绘图板上选定三点，作为圆周上的点生成圆，如图 2-13 所示。

图 2-12 【圆】命令　　图 2-13 【周边圆】命令

选择已生成的圆，在左侧的“圆”属性栏内对圆心坐标、圆半径等参数进行修改，如图 2-14 所示。

根据实际条件不同，绘制圆弧的时候可以选择【圆心/起/终点圆弧】、【切线弧】以及【三点圆弧】三种类型。如果给定圆心和圆弧的起点终点，则采用【圆心/起/终点圆弧】命令绘制圆；如果要绘制的圆弧需与给定的直线相切，则采用【切线弧】命令进行绘制；如果给定圆弧的起点和终点，以及圆弧上任意一点，则采用【三点圆弧】命令绘制圆弧。

采用【圆心/起/终点圆弧】命令绘制圆弧的方法为：单击【圆心/起/终点圆弧】按钮，在绘图板上选定一点作为圆心，指定圆弧的起点和终点，生成圆弧，如图 2-15 所示。

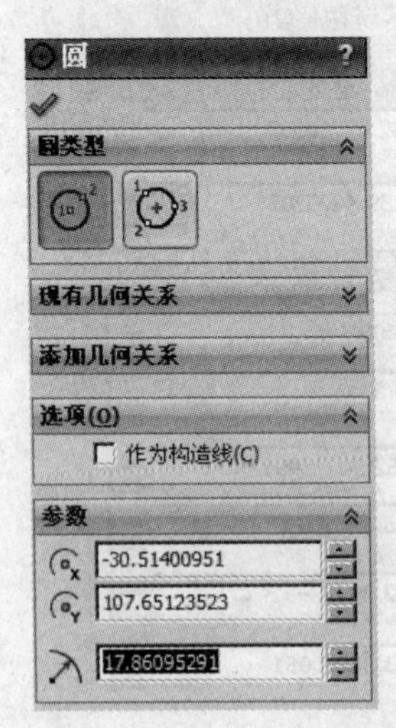

图 2-14 “圆”属性栏管理器对话框

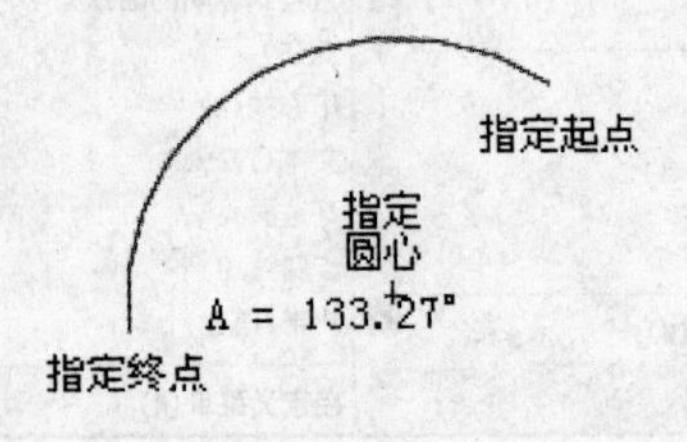

图 2-15 【圆心/起/终点圆弧】命令

采用【切线弧】命令绘制圆弧的方法为：单击【切线弧】按钮，选定需与圆弧相切的线段、圆弧或样条曲线，以其端点作为切点和圆弧起点，然后拖动鼠标绘制所需形状，指定圆弧终点，生成与线段相切的圆弧，如图2-16所示。

采用【三点圆弧】命令绘制圆弧的方法为：单击【三点圆弧】按钮，指定圆弧的起点和终点，然后拖动鼠标选择所需形状或半径，单击生成圆弧，如图2-17所示。

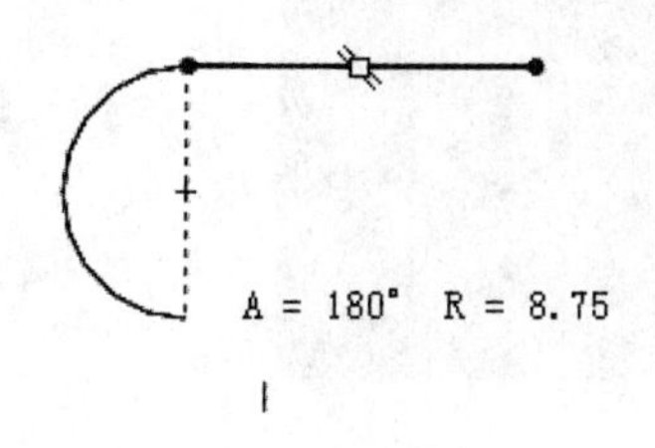

图2-16 【切线弧】命令

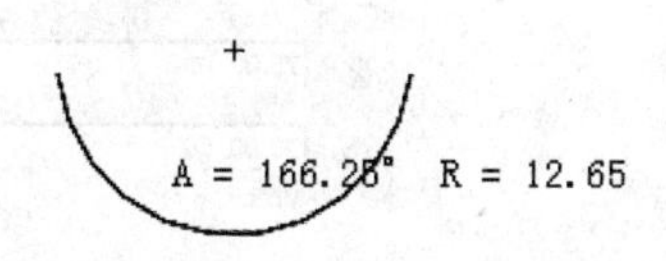

图2-17 【三点圆弧】命令

通常，圆弧从起点到终点的绘制方向为逆时针。

所生成的圆弧均可通过更改“圆弧”属性栏内的参数进行修改。

2.3.3 样条曲线

在草图上绘制样条曲线时，先点击样条曲线按钮，然后选择曲线起点，拖动鼠标依次单击多点绘制曲线。双击完成样条曲线。选中已经绘制的样条曲线，可以在左侧的“样条曲线”属性栏里进行修改编辑，如图2-18所示。

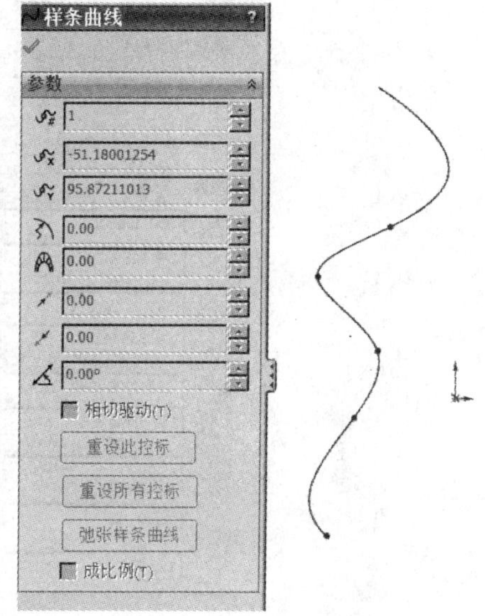

图2-18 样条曲线

2.3.4 椭圆和抛物线

绘制椭圆的方法如下：

（1）单击【椭圆】按钮。

（2）选取绘图板内的某一点O，作为椭圆中心。

（3）选取绘图板内的另一点A，线段OA作为长轴。

（4）选取绘图板内的另一点B，则线段OB垂直于OA方向上的长度为椭圆短轴，在绘图板上形成椭圆。

（5）在左侧的“椭圆”属性栏内对各参数进行修改调整，椭圆绘制完成，如图2-19所示。

也可以绘制部分椭圆：单击【部分椭圆】按钮，先按照如上步骤绘制椭圆，然后绕圆周拖动鼠标来确定椭圆所需要的部分，单击完成部分椭圆的绘制，如图2-20所示。修改左侧部分属性栏内的相关参数（中心点、起点、终点坐标、长轴半径、短轴半径、角度），对部分椭圆进行调整。

抛物线的绘制方法如下：

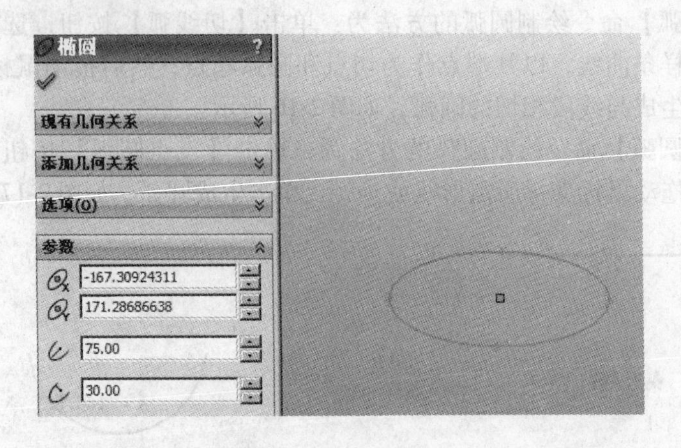

图 2-19　椭圆的绘制

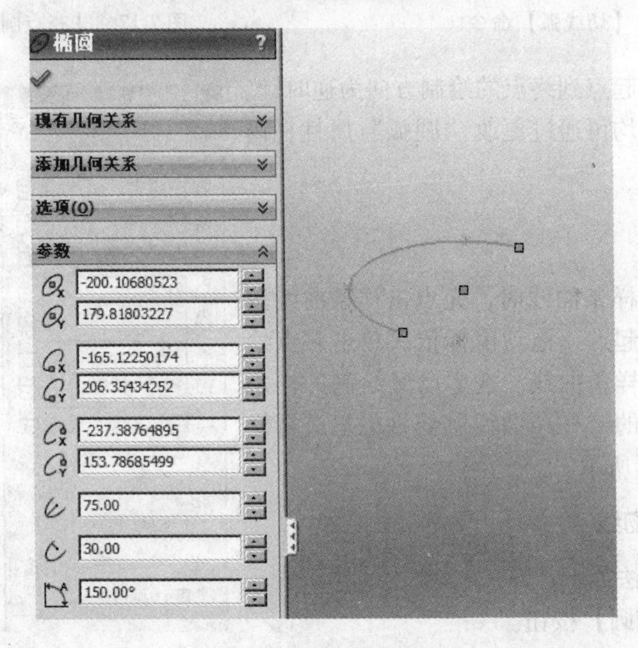

图 2-20　部分椭圆的绘制

（1）单击【抛物线】按钮。

（2）单击一点作为抛物线的焦点，拖动鼠标，确定抛物线的大小和开口方向。

（3）单击一点作为抛物线的起点，拖动鼠标，确定抛物线的终点，绘制抛物线。

（4）选中抛物线，在左侧的“抛物线”属性栏里修改抛物线的焦点、极点（顶点）、起点和终点的坐标，完成对抛物线的修改，如图 2-21 所示。

2.3.5　矩形和多边形

绘制矩形有多种方法，可以使用边角矩形、中心矩形、三点边角矩形、三点中心矩形和平行四边形命令。

边角矩形命令是通过选定矩形的两个对角来绘制矩形。

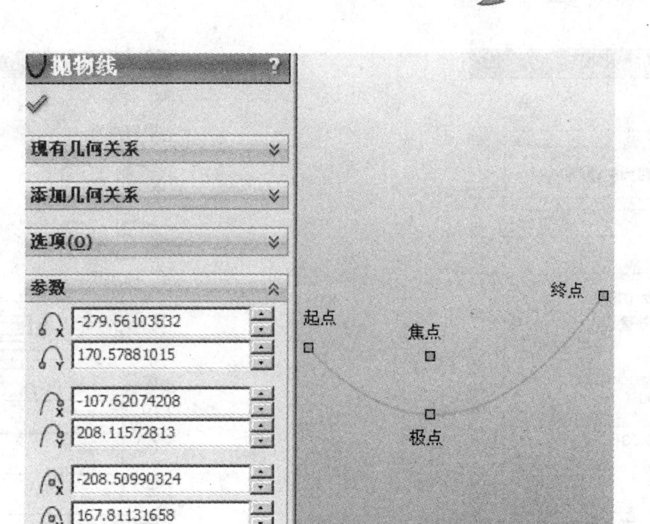

图 2-21 抛物线的绘制

中心矩形命令是通过给定矩形的中心和一个角来绘制矩形。

若矩形的一条边已经确定，则用三点边角矩形命令，只需确定另一个角即可。

若矩形的中心点已经确定，则用三点中心矩形命令，再指定一条边的终点和一个端点。

绘制平行四边形的方法如下：

(1) 单击【平行四边形】按钮。

(2) 在绘图板上指定第一个边角，并拖动鼠标，单击确定第一条边线的长度和角度。

(3) 继续拖动鼠标，单击确定其临边的长度和角度，则绘制出一个平行四边形。

(4) 修改已经绘制的平行四边形的相关参数和几何关系。

绘制多边形的方法如下：

(1) 单击【多边形】按钮。

(2) 根据需要在左侧属性栏中设定多边形边数，设定内切圆（或外接圆）的圆心和半径，如图 2-22 所示。

(3) 以选定点作为多边形内切圆（或外接圆）的圆心，在绘图板中拖动鼠标，绘制出多边形，并在左侧属性栏中修改多边形的边长或内切圆（或外接圆）半径。

(4) 根据需要定义多边形的相关参数和几何关系。

2.3.6 直槽口

使用【槽口】命令可以将槽口插入到草图和工程图中。

单击【草图】工具栏中的【槽口】按钮或者选择【工具】/【草图绘制实体】/【槽口】菜单命令，在设计树位置弹出“槽口”属性设置框，如图 2-23 所示。

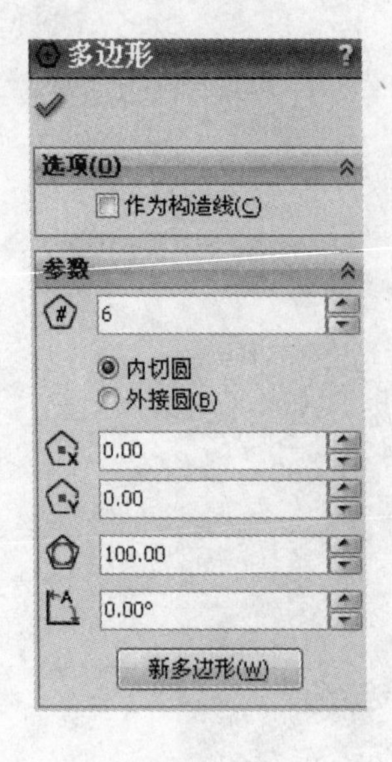

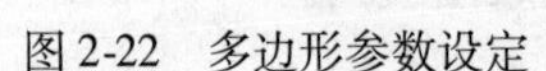
图 2-22 多边形参数设定

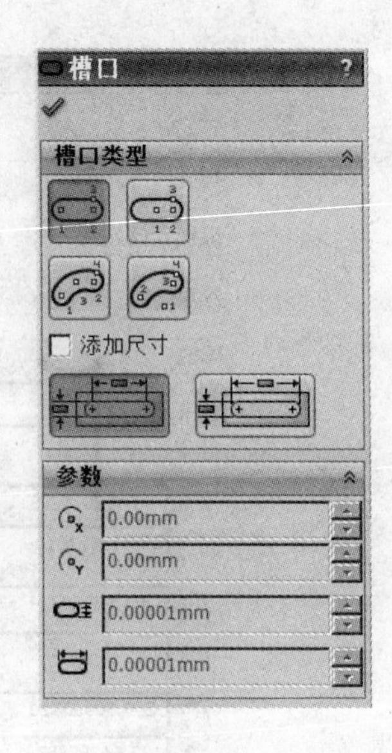

图 2-23 “槽口”属性管理器

选择槽口类型，是否添加尺寸，在绘图区由鼠标左键画出中心线，鼠标向外移动距离，即槽口宽度一半尺寸，点击确定，如图 2-24 所示。

2.3.7 文字

使用【文字】命令可以将文字插入到草图和工程图中。

选择【工具】/【草图绘制实体】/【文字】菜单命令，或者在草图绘制工具栏中选择 A，在“草图文字”属性栏中设置文字参数。可以实现对文字的加粗，倾斜或者旋转、对齐、反转等功能，如图 2-25 所示。

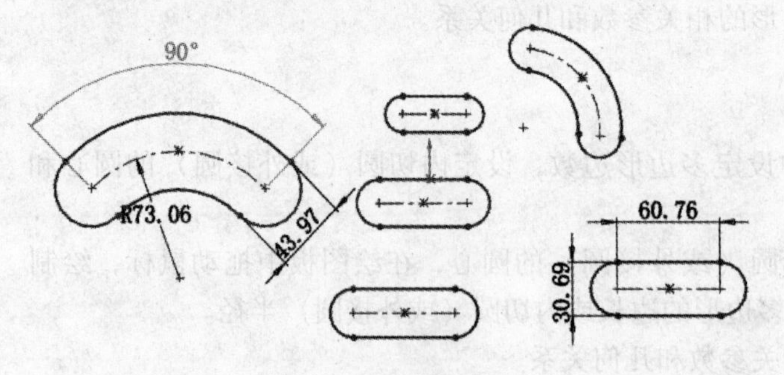

图 2-24 各种槽口草图

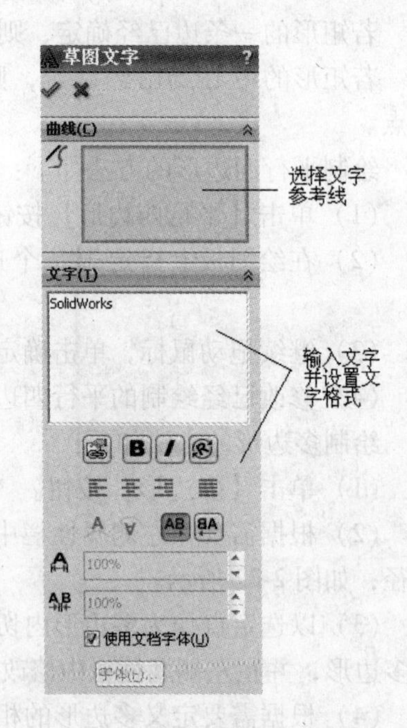

图 2-25 “草图文字”属性栏

2.4 编辑草图

2.4.1 剪裁和延伸实体

使用【剪裁】命令可以剪裁或者延伸某一草图实体，使之与另一草图实体重合，或者删除某一部分草图实体。

单击草图工具栏中的【剪裁实体】按钮，在左侧属性栏中有五个选项，分别对应不同的剪裁方式：

（1）【强劲剪裁】：拖动鼠标时剪裁一个或多个草图实体到最近的草图实体，并与之交叉。

（2）【边角】：修改所选的两个草图实体，使它们以虚拟边角交叉。

（3）【在内剪除】：选择两个边界实体或者一个面，然后选择需要剪裁的实体，可以将边界内的实体部分剪除。

（4）【在外剪除】：剪裁位于两个所选边界实体或者一个面之外的开环草图实体，同时延伸所选边界实体或者面内部的草图实体使之与边界相交。

（5）【剪裁到最近端】：删除草图实体，直到与另一草图实体或者模型的边线的交点处。

使用延伸命令可以延伸草图实体以增加其长度，通常用于将一个草图实体延伸到另一个草图实体。

单击草图工具栏中的【延伸】按钮，将鼠标移动至需要延伸的实体上，系统将用绿色的直线（或圆弧）预览指示草图实体的延伸方向，单击接受该预览。如果预览指示的方向与所需延伸方向相反，则应将鼠标移至草图实体的另一半进行操作。

2.4.2 分割、合并草图

【分割实体】命令是通过添加分割点将一个草图实体分割成两个部分。

选择【工具】/【草图工具】/【分割实体】菜单命令，或者右击草图实体选择【分割实体】命令，移动鼠标到草图实体上，单击所需分割位置，草图实体从该点分割成两个部分，并在该点生成一个分割点。

要合并草图实体，只需将分割点删除即可。

2.4.3 转换实体引用

使用【转换实体引用】命令可以将其他特征上的边线投影到草图平面上，此边线可以是作为等距的模型边线，也可以是作为外部草图实体。具体方法如下：

（1）在绘图板上选择模型面或者边线、环、曲线、外部草图轮廓等。

（2）单击【草图绘制】按钮，进入草图绘制状态。

（3）单击草图工具栏中的【转换实体引用】按钮，或者选择【工具】/【草图工具】/【转换实体引用】菜单命令，将模型面转换为草图实体。

需要注意的是，在新的草图曲线或草图实体之间的边线上建立的几何关系会随着草图实体的更改而更新。

2.4.4 等距实体

使用【等距实体】命令可以将其他特征的边线以一定的距离和方向进行偏移。

选择一个或多个草图实体、一个模型面或者某条模型边线或者外部草图曲线等，单击草图工具栏中的【等距实体】，在属性栏中输入等距距离，选择单向等距的方向或者选择

双向等距，如图2-26所示。

通过选择双向等距，并选择顶端加盖，可以延伸原有非相交的草图实体，顶盖可以是圆弧或者直线。

2.4.5 草图阵列

2.4.5.1 草图线性阵列

在草图工具栏内选择【线性阵列】命令，在属性栏中设置相关参数，如图2-27所示。

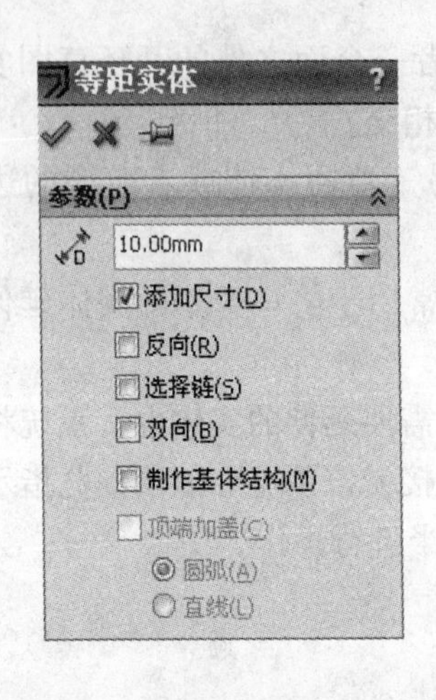

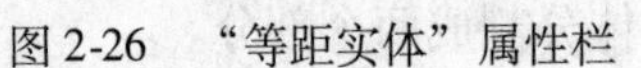
图2-26 “等距实体”属性栏

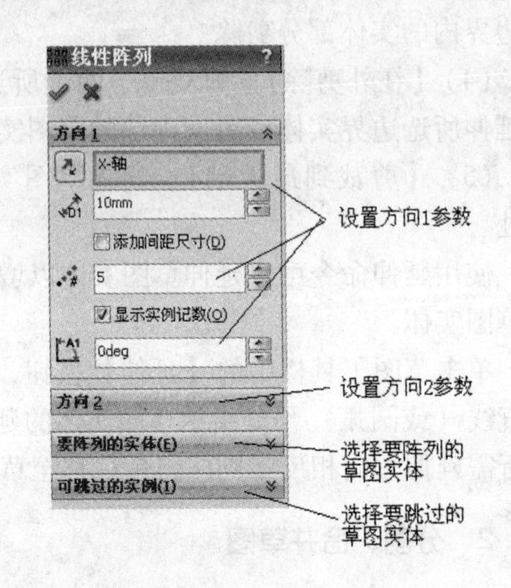

图2-27 “线性阵列”属性栏

在【方向1】、【方向2】中设置阵列个数、阵列方向（与X轴的角度），然后选择要阵列的实体，在绘图板上出现线性阵列预览。将鼠标移至产生的阵列实例，指针将变成手形，这时可以根据需要选择跳过的实例。

2.4.5.2 圆周阵列

使用【圆周阵列】命令可以生成草图圆周阵列。

单击【圆周阵列】按钮，在圆周阵列属性框内设置圆周阵列旋转中心的坐标、阵列个数、旋转方向、旋转半径、圆弧角度等相关参数，设置完成之后选择需要进行圆周阵列的草图实体并筛选掉需要跳过的实例即可完成圆周阵列的操作。

2.4.6 移动、复制、旋转、缩放草图

如果需要移动、旋转、按比例缩放草图，可以通过草图工具菜单里的【移动】、【复制】、【旋转】、【缩放比例】命令来实现。

2.4.6.1 移动和复制草图

使用移动命令可以将草图实体移动一定距离，或者以某一点为基准，将草图实体移动到另一已有的草图点，如图2-28所示。

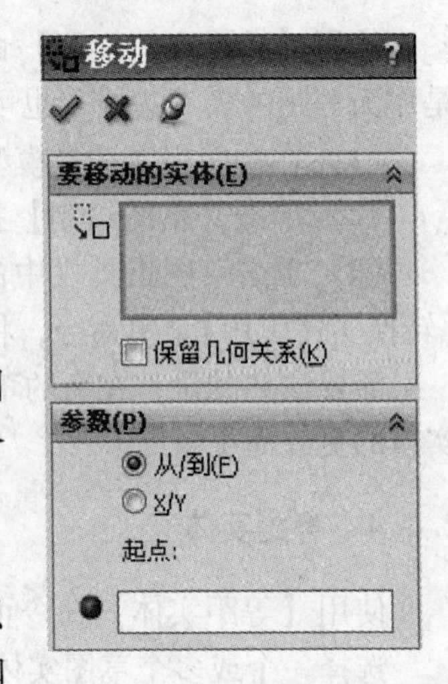

图2-28 移动草图

先选中需要移动的实体，然后在草图工具栏中选择【移动实体】按钮，再单击属性框内的基准点选择框，在绘图板上选择基准点，然后移动鼠标至目标点，确认即可。也可以选择【X/Y】将草图移动一段距离，只需设定ΔX和ΔY来定义草图实体在X轴和Y轴方向偏移的位移。

【复制】命令的使用方法与【移动】基本相同。

2.4.6.2 旋转草图

使用【旋转】命令可以使草图实体沿旋转中心旋转一定角度。具体使用方法如下：

（1）选择需要旋转的草图实体，单击【工具】/【草图工具】/【旋转】菜单命令。

（2）在绘图板选择一个点作为旋转中心，然后在“旋转”属性栏内设置旋转角度，或者在绘图板上拖动鼠标来确定旋转角度。

（3）单击【确认】按钮，草图实体被旋转。

2.4.6.3 按比例缩放

使用【按比例缩放】命令可以将实体放大或缩小一定倍数，或者生成一系列等比例的实体。具体使用方法如下：

（1）选择需要按比例缩放的草图实体，单击【工具】/【草图工具】/【旋转】菜单命令。

（2）在绘图板上选取基准点，在属性栏内设定比例大小，可以将草图按比例缩放并复制。

（3）单击【确认】按钮，草图实体被按比例缩放。

2.4.7 倒角和圆角

在草图中生成圆角的方法如下：

（1）单击【圆角】按钮。

（2）在左侧“圆角”属性栏中修改圆角半径。

（3）选择需要圆角化的草图实体边线，或者直接选择草图顶点。

（4）单击【确定】按钮完成圆角绘制。

在草图中生成倒角的方法如下：

（1）单击【倒角】按钮。

（2）在左侧“倒角”属性栏中修改倒角参数，根据需要可以选择【角度—距离】或者【距离—距离】两种方式来设定参数。

（3）选择需要倒角化的草图实体边线，或者直接选择草图顶点。

（4）单击【确定】按钮完成倒角绘制，如图2-29所示。

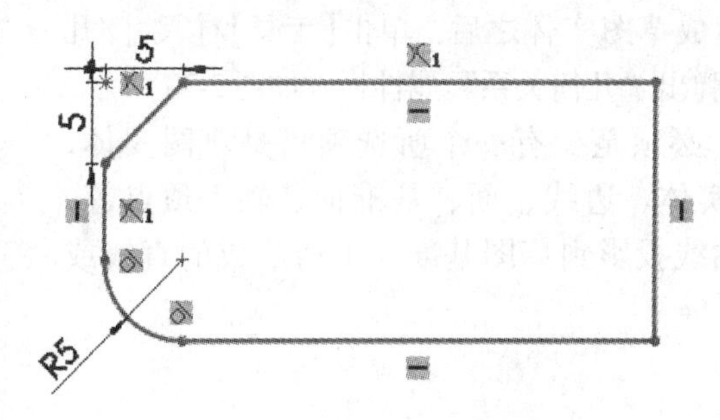

图2-29 草图的圆角和倒角处理

2.5 草图的几何关系

草图的几何关系用于限制和约束草图各组分的行为，表达设计者的意图。一般在绘制草图的时候系统会自动添加一些几何关系，而另外一些则需要设计者根据设计思路手动添加。

2.5.1 常见几何关系

常见几何关系包括水平、垂直、共线、平行和相切等。表 2-1 说明了各种几何关系在草图实体中的应用，以及对草图的影响。

表 2-1 几种常见的几何关系

图 标	几何关系	对象草图实体	使 用 效 果
	固定	任意草图实体	使实体尺寸和位置固定不变
	水平	一条或多条直线，两个或者多个点	使直线水平，使点水平对齐
	竖直	一条或多条直线，两个或者多个点	使直线竖直，使点竖直对齐
	垂直	两条直线	使两条直线相互垂直
	共线	两条或多条直线	使所选实体位于同一条直线上
	平行	两条或多条直线	使所选直线相互平行
	相等	两条或多条直线，两段或多段圆弧	使实体的尺寸参数保持相等
	全等	两段或多段圆弧	使所选圆弧位于同一个圆周上
	相切	直线或圆弧、椭圆或其他曲线，曲面和直线，曲面和平面	使所选实体保持相切
	交叉点	两条直线和一个点	使所选点位于两条直线交点处
	重合	一条直线、一段圆弧或其他曲线和一个点	使所选点位于直线、圆弧或曲线上

2.5.2 添加几何关系

有些设计意图并不能通过系统自动添加，设计者可以使用约束工具来手动添加一些几何关系。

在草图绘制状态下，可以使用【添加几何关系】命令为已有的实体添加约束。生成草图实体之后，单击【工具】/【尺寸/几何关系】/【添加】，左侧弹出“几何关系”属性栏，如图 2-30 所示。

添加几何关系时，必须至少有一个所选项目是草图实体，其他项目可以是草图实体、边线、面、基准面、轴、顶点等，也可以是其他草图的曲线投影到草图基准面上所形成的直线或圆弧。

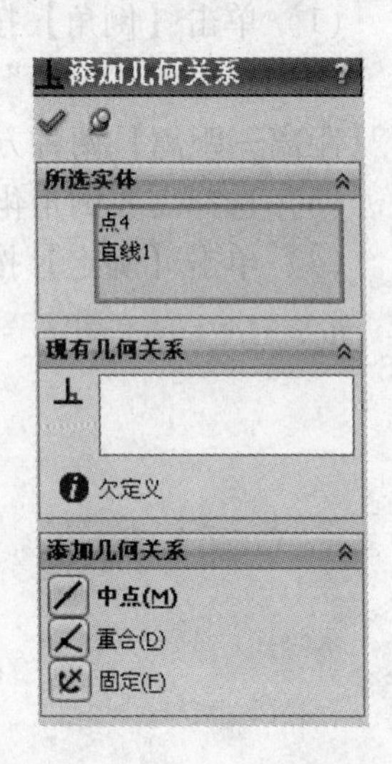

图 2-30 添加几何关系

2.5.3 删除几何关系

当某些几何关系不再使用时，可以通过【显示/删除几何关系】命令来进行删除。

单击【显示/删除几何关系】按钮，可以显示草图实体中的几何关系，选中即可用键盘上的【Delete】键删除。如果选中绘图板中的几何关系图标，图标将变成绿色，并用粉红色显示该几何关系影响到的实体。

2.6 草图的尺寸标注

尺寸标注是定义草图实体、表现设计意图的另一种方法。

2.6.1 智能尺寸

通常在绘制草图实体时标注尺寸数值，按照此尺寸数值生成零件特征，然后将这些尺寸数值插入到各个工程视图中。工程视图中的尺寸标注与模型是相关联的，模型中的更改会反映到工程图中，而工程图中插入或更改的尺寸也会改变模型。还可以在工程图文件中添加尺寸数值，不过这些尺寸数值只起到参考作用，是从动尺寸，不能通过编辑数值来改变模型。然而更改模型的标注尺寸数值时，参考尺寸的数值也会随之改变。

智能尺寸工具是根据设计者选取的几何元素来决定尺寸的正确类型。在进行标注之前就可以预览尺寸的类型。例如，如果选取一个圆弧，则系统将自动创建其半径尺寸；如果选取一条线段，系统会自动添加其长度尺寸；如果选取两条平行线，系统会在两条线之间添加线性尺寸。

使用【智能尺寸】命令可以给草图实体或其他对象标注尺寸。在【智能尺寸】命令激活的状态下，选择草图几何体之后系统将显示标注尺寸的预览。只需移动鼠标即可看到所有可能的标注方式，如图 2-31 所示，标注 A 点和 B 点之间的距离有三种方式。如果三种方式都标注上去，则会导致草图过定义。因此将水平尺寸定义为从动尺寸。单击鼠标左键将尺寸放置在当前位置和方向，单击右键锁定尺寸标注的方向，然后继续移动找到合适的尺寸数值位置。

在创建尺寸时，可以在弹出的“修改”对话框内对尺寸进行修改，如图 2-32 所示。也可以双击已有尺寸数值对已经创建的尺寸进行修改。

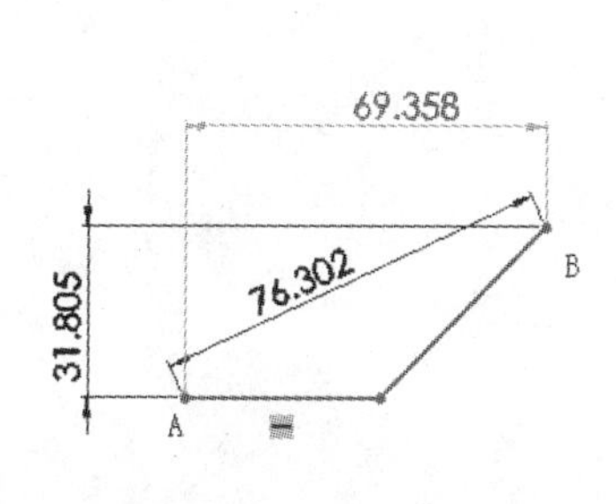

图 2-31 尺寸选取与预览

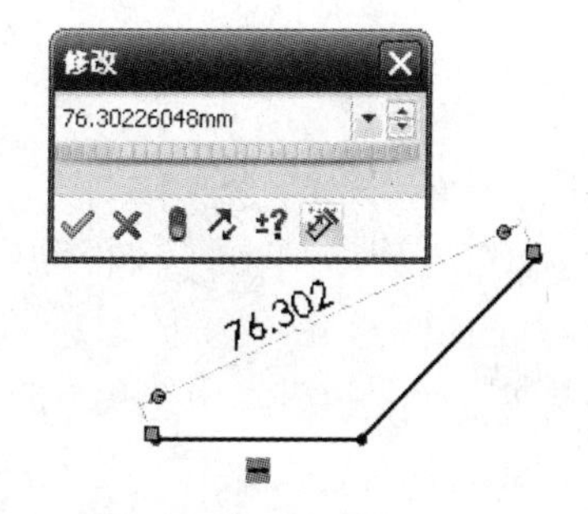

图 2-32 编辑尺寸

2.6.2 自动标注尺寸

可以通过自动标注草图尺寸使草图完全定义，具体方法如下：

（1）保持草图处于激活状态，单击【尺寸/几何关系】工具栏中的【完全定义草图】

按钮，或者选择【工具】/【标注尺寸】/【完全定义尺寸】。

（2）在属性栏中将要完全定义的实体选为草图中所有实体，单击【计算】显示出标注的尺寸。

（3）选择要标注尺寸的多种几何关系，单击【确定】按钮完成草图的完全定义，如图 2-33 所示。

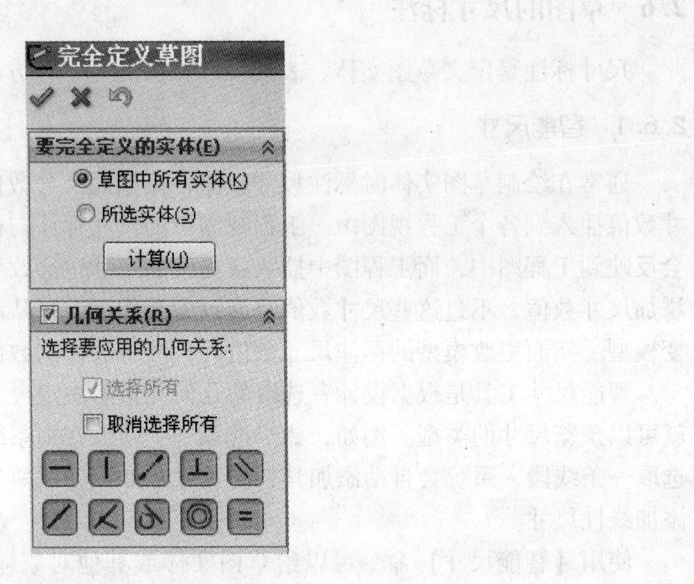

图 2-33　完全定义草图

3 特征建模

3.1 三维建模及特征概述

特征又称为实体特征，应该称为“实体建模”的表现方式，如同装配体由单个零件组成一样，SolidWorks 零件由不同的单个特征组成。

立体绘图、立体设计是自从平面绘图设计产生、发展以来大家一直追求的方向，借助计算机辅助设计才得以真正产生了立体设计。在平面设计阶段，单一视图无法还原出物体的原貌，必须借助投影三视图来描述设计的物体，在三维设计阶段仅一个“图”就表现出了物体的原貌，这个“图”就是三维设计软件中的“模型”。三维设计软件中的“模型”是如何构建的？计算机图形学经过多年研究发展，目前实现了三种“模型”的构建，这三种模型分别是：线框模型、曲面模型、实体模型。

3.1.1 线框模型

线框模型是一种在计算机内构成三维实体的方法，是最早用于实际，现在仍然广泛应用的一种三维几何模型。它通过点、直线、圆弧等基本图形元素所组成的框架，来描述具有立体形状特征的几何图形，它是立体造型中应用最早的方法。

线框造型的特点是：结构简单、易于理解、数据存储量少、操作灵活、反应速度快，是进一步构造曲面模型和实体模型的基础。在所有三维设计软件中，都可以在实体模型下显示线框模型，因为在线框模型下，用来检查实体间的干扰情况会更方便。但线框模型建立起来的不是实体，它只能表达基本的几何信息，不能有效地表达几何数据间的拓扑关系。因此，不能对图形进行剖切、消隐、渲染、明暗处理、物性分析、干涉检测等处理。线框造型可以通过绘图来生成，也可通过已生成的曲面造型和实体造型来自动生成。

3.1.2 曲面模型

曲面模型是在线框模型的数据结构基础上，增加可形成立体面的各相关数据所构成的。在定义面的时候，只要表示出这个面是由哪些棱线，按照什么顺序连接而成的，以及这个面是平面还是曲面等这类表示面种类的信息。和线框模型相比，曲面模型只增加了定义面的那一部分数据。所以，通过使用处理这些数据所得到的信息，就可以进行面与面间的相交、消隐、明暗处理、渲染等。

曲面模型在表示三维立体时，使用的方法是以面来围成立体，若于此基础上，再增加厚度的数据，就可以构成实体模型了。这种通过指定点、线、面的连接关系，以及实体在各个面的厚度数据所表达三维实体方法，就称为“边界表示法”。

曲面造型的方法，它主要有以下几种：平面、拉伸曲面、旋转曲面、扫描曲面、混合曲面和边界曲面（即由多条或多条互相连接的边界曲线所构成的曲面，构成方式非常灵活）。

3.1.3 实体模型

实体模型是一个完整的几何模型，在计算机内部提供了对物体完整的几何和拓扑定义，它可以对模型进行质量、质心、惯性矩等实际物理量的计算，也可以进行实体与实体间的相交、隐线消除、明暗、渲染等处理。

实体造型的制作方法与实际生活中所接触的物体非常接近，如可以对实体进行切削、填补等加工。因此，目前很多的造型软件都以它为基本造型手段。对所有的三维 CAD 软件来说，实体造型的制作方法有线性扫描、环状扫描、路径扫描和混合扫描等。在 SolidWorks 中称为拉伸、旋转、扫面、放样，即为构建实体的特征。

SolidWorks 提供了丰富的构建实体的特征功能，可分为基本特征、高级特征（特征的特征）、定位特征（参考几何体）。

3.2 基本特征建模

基本特征建模是指利用草图生成实体零件的方法。SolidWorks 建模过程中，基本特征有拉伸凸台/基体、旋转凸台/基体、拉伸切除、扫描、放样、筋、孔等特征。

3.2.1 拉伸

3.2.1.1 拉伸凸台/基体

一般零件中第一个实体特征就是通过拉伸草图成为凸台创建而成。

草图绘制完成并且进行完全定义之后，单击【拉伸凸台/基体】，将草图垂直于所在平面进行拉伸。在“凸台-拉伸”属性管理器中设置终止条件类型、拉伸方向和深度、应用拔模等选项，如图 3-1 所示。

“凸台-拉伸”属性管理器中的选项：

（1）终止条件类型：草图可以在一个或两个方向进行拉伸，一个或两个方向拉伸的终止方式可以是给定深度、拉伸到模型中某些几何元素或者完全贯穿整个模型。

（2）深度：深度选项用于使用给定深度或者两侧对称终止条件的拉伸。对于两侧对称拉伸，深度若为 10mm，中间平面的每一侧将拉伸 5mm。

（3）拔模：在拉伸特征上应用拔模，拔模默认为向内拔模，即拉伸时外形越来越小；也可以勾选向外拔模，即拉伸时外形越来越大。

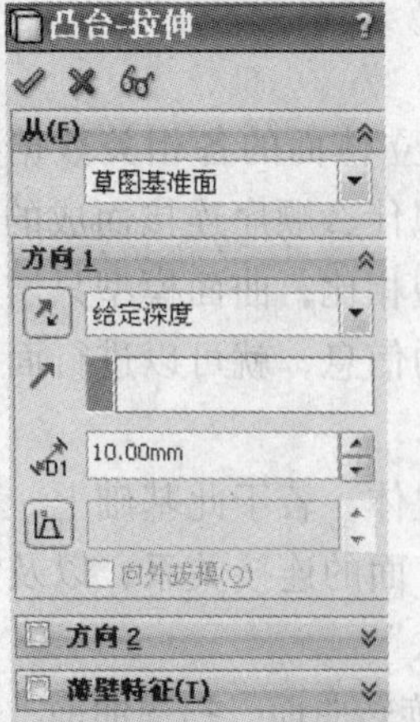

图 3-1 “凸台-拉伸”属性管理器

3.2.1.2 拉伸-薄壁特征

可以通过在属性管理器上勾选薄壁特征，设置薄壁厚度来创建拉伸-薄壁特征。还可以勾选顶端加盖选项，在创建的薄壁特征上添加一定厚度的顶盖，如图 3-2 所示。

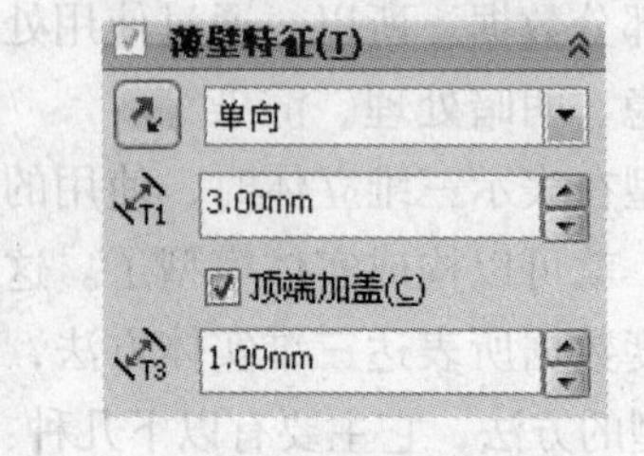

图 3-2 拉伸-薄壁特征

3.2.1.3 拉伸切除

拉伸切除特征可以通过将一个轮廓沿直线方向来移除材料。在已有的零件特征中使用拉伸切除特征可以生成多个实体零件。

单击特征工具栏中的【拉伸切除】按钮，在属性管理器中弹出“切除-拉伸”属性管理器。该属性管理器与“凸台-拉伸”属性管理器基本一致。不同的是切除的时候可以选择【反侧切除】选项。在默认状态下，拉伸切除掉草图轮廓内的部分，应用【反侧切除】之后，切除掉轮廓外的所有部分。

由拉伸特征创建的几个零件如图3-3所示。

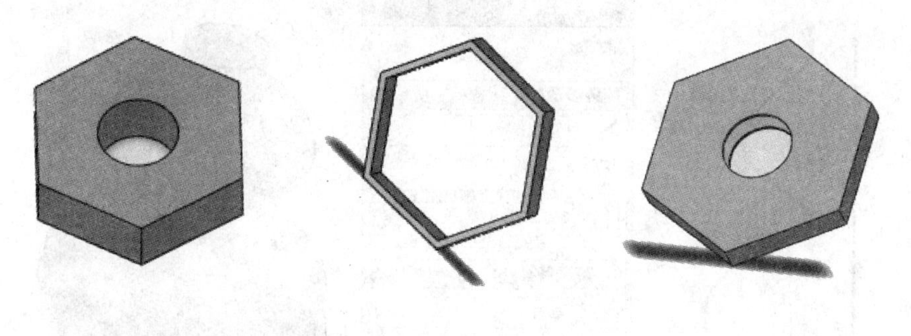

图3-3 拉伸特征实例

3.2.2 旋转

旋转特征是通过绕中心线旋转一个或多个轮廓来添加或移除材料。

3.2.2.1 旋转凸台/基体

创建旋转凸台/基体特征的方法如下：

(1) 使用绘图工具创建所需旋转的草图实体，如图3-4(a)所示。

(2) 单击特征工具栏上的【旋转凸台/基体】按钮，在属性管理器中设置旋转轴、旋转方向和旋转角度，如图3-4(b)所示。

(3) 单击【确认】按钮，完成特征的创建，如图3-4(c)所示。

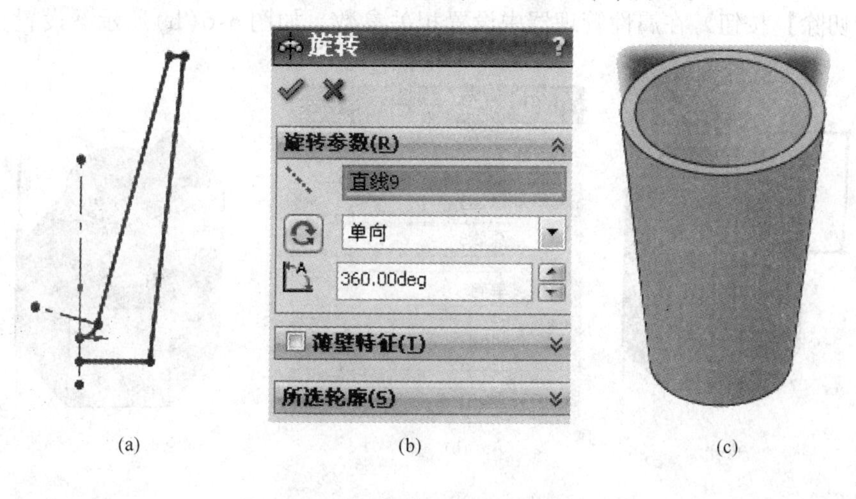

图3-4 旋转凸台/基体实例

3.2.2.2 旋转-薄壁特征

在创建旋转特征时，可以通过在属性管理器上勾选薄壁特征，设置薄壁厚度来创建旋转-薄壁特征。具体步骤如下：

(1) 使用绘图工具创建所需旋转的草图实体，如图3-5(a)所示。

(2) 单击特征工具栏上的【旋转凸台/基体】按钮，在属性管理器中设置旋转轴、旋转方向和旋转角度，并勾选【薄壁特征】选项，设置薄壁方向和壁厚，如图3-5(b)所示。

(3) 单击【确认】按钮，完成薄壁特征的创建，如图3-5(c)所示。

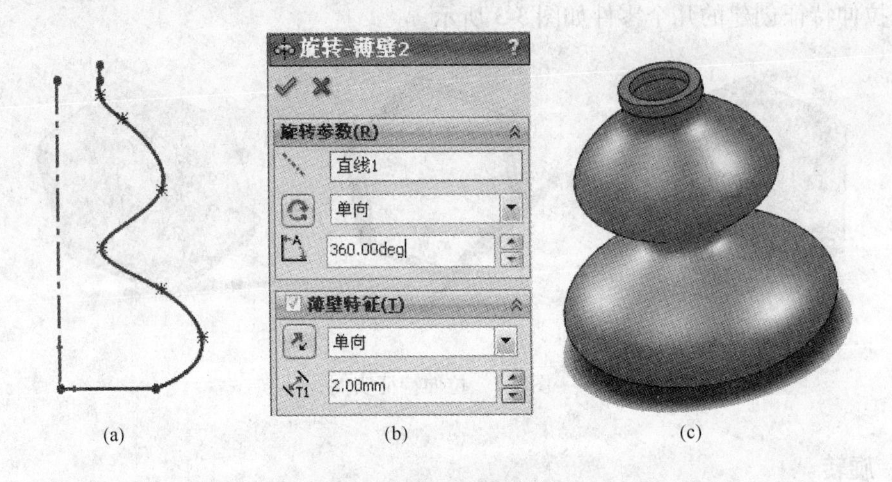

图3-5 旋转-薄壁特征实例

3.2.2.3 旋转切除

旋转切除特征可以通过旋转一个草图轮廓来移除材料。

单击特征工具栏中的【旋转切除】按钮，在属性管理器中弹出“切除-旋转”属性管理器。该属性管理器与“凸台-旋转”属性管理器基本一致。在默认状态下，拉伸切除掉草图轮廓内的部分。

如图3-6(a)所示，在需要进行切除的零件上绘制合适的草图实体。单击特征工具栏中的【旋转切除】按钮，在属性管理器中设置相关参数，如图3-6(b)所示。设置完成之后

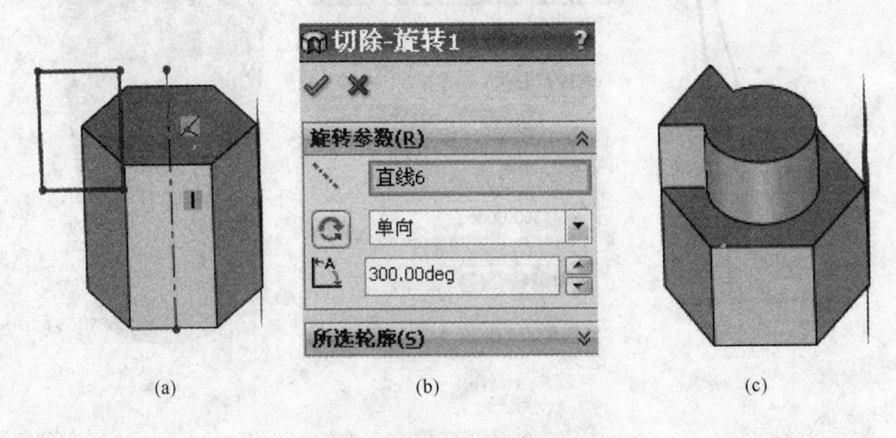

图3-6 旋转切除特征实例

单击确认，切割完成，如图3-6(c)所示。

3.2.3 扫描

扫描特征可以通过沿着一条开环或闭环路径移动指定草图轮廓来创建基体、生成凸台或者切除曲面。在使用扫描特征时需要注意以下几点：

（1）对于凸台/基体扫描，轮廓必须是闭环的；对于曲面扫描特征则轮廓可以是开环也可以是闭环的。

（2）扫描路径可以是一张草图、一条曲线或模型边线上包含的一条草图曲线。

（3）无论是扫描路径，还是轮廓，都不能出现相互交叉的情况。

（4）路径的起点必须位于轮廓的基准面上。

3.2.3.1 扫描凸台/基体

创建扫描凸台/基体特征的方法如下：

（1）在一基准面或面上绘制一个闭环的非相交曲线，作为轮廓。

（2）绘制草图或者使用现有的模型边线或曲线生成上述轮廓的扫描路径。

（3）单击特征工具栏里的【扫描凸台/基体】按钮，在属性管理器中分别指定扫描所需的轮廓和路径，如图3-7所示。

（4）单击【确认】完成扫描特征的创建。

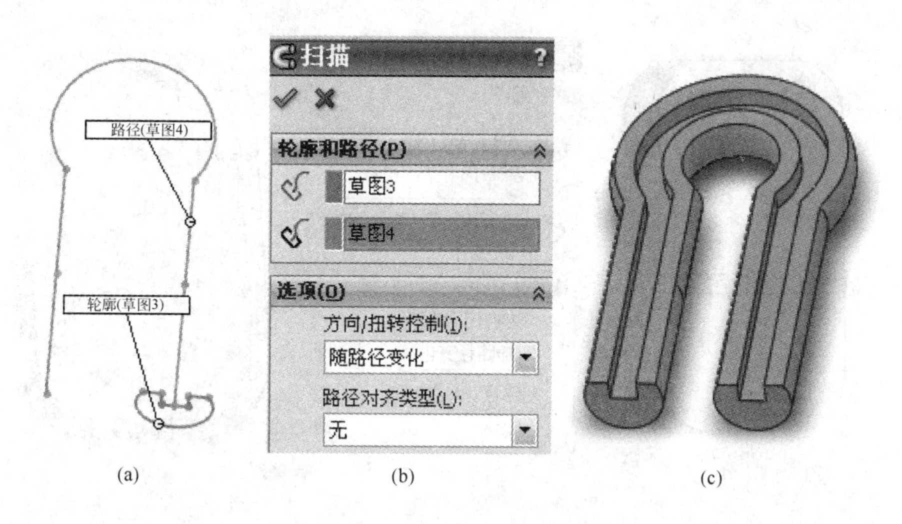

图3-7 扫描凸台/基体实例

3.2.3.2 扫描薄壁特征

创建扫描薄壁特征的方法如下：

（1）在一基准面或面上绘制一个闭环的非相交曲线，作为轮廓。

（2）绘制草图或者使用现有的模型边线或曲线生成上述轮廓的扫描路径。

（3）单击特征工具栏里的【扫描凸台/基体】按钮，分别指定扫描所需的轮廓和路径，如图3-8所示。

（4）在属性管理器中勾选【薄壁】选项，并设置壁厚和薄壁方向。

（5）单击【确认】完成扫描特征的创建。

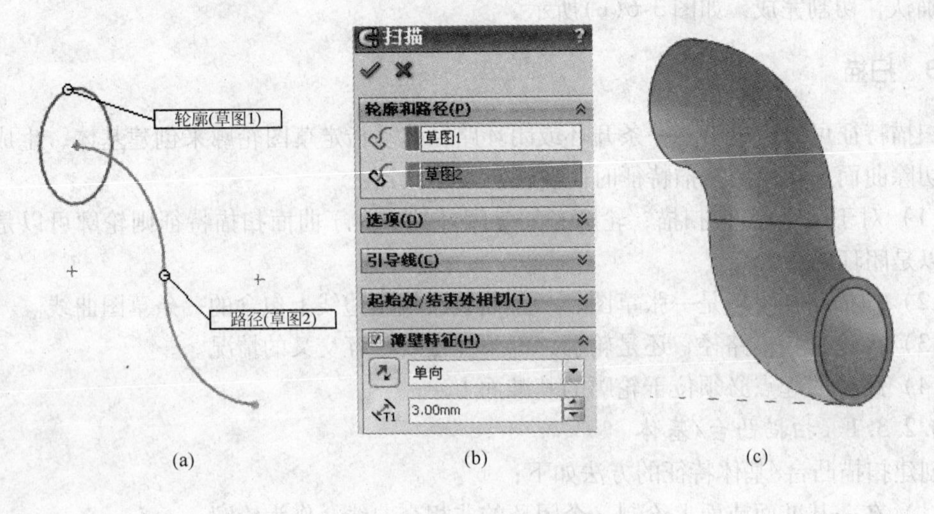

图 3-8 扫描-薄壁特征实例

3.2.3.3 扫描切除

使用扫描切除的方法与扫描“凸台/基体”的操作方法基本一样，区别在于扫描切除时，轮廓和路径均创建在已有的特征上，如图 3-9 所示。

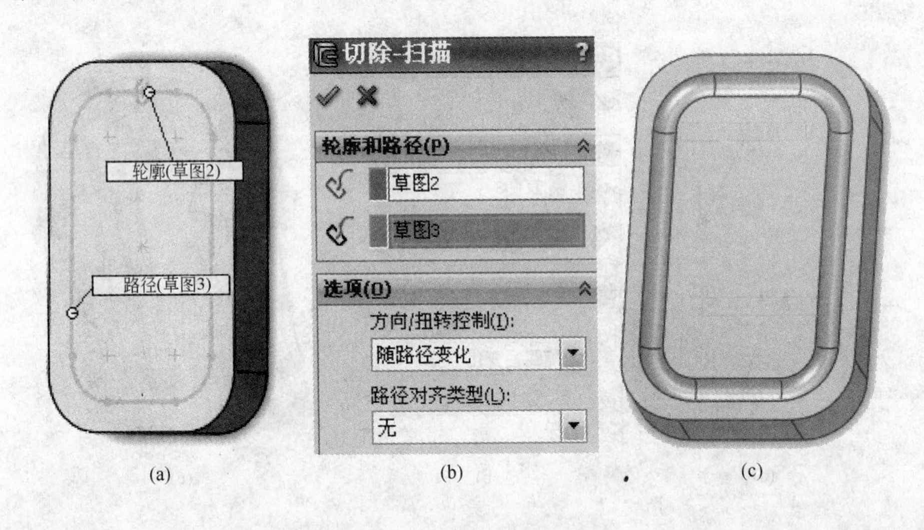

图 3-9 扫描切除特征实例

3.2.4 放样

放样是通过在轮廓之间进行过渡生成特征。放样可以是基体、凸台、切除或曲面。可以使用两个或多个轮廓生成放样，第一个或最后一个轮廓均可以是点。单一三维草图中可以包含所有草图实体（包括引导线和轮廓）。

3.2.4.1 放样凸台/基体

创建凸台放样特征的方法如下：

(1) 绘制轮廓或使用现有的模型边线、曲线生成轮廓。

（2）依次单击【插入】/【参考几何体】/【基准面】命令，或单击【参考几何体】工具栏上的【基准面】按钮，创建基准面，在基准面上绘制轮廓。

（3）单击特征工具栏上的【放样】按钮，在属性管理器内的“轮廓”选项中依次选择放样的轮廓草图。当轮廓草图为两个以上时，可以通过【↑】或【↓】对轮廓草图的顺序进行调整。

（4）在“起始处/结束处约束”选项中对放样起始处和结束处的形式进行控制。在“选项”中，对“合并切面”等选项进行设置。

（5）单击【确认】完成凸台放样的创建。

3.2.4.2 引导线和中心线放样

创建引导线放样特征的方法如下：

（1）绘制轮廓或使用现有的模型边线、曲线生成轮廓。

（2）依次单击【插入】/【参考几何体】/【基准面】命令，或单击【参考几何体】工具栏上的【基准面】按钮，创建基准面，在基准面上绘制轮廓。

（3）绘制一条或多条引导线，并在引导线与轮廓草图上的边线或顶点之间添加穿透几何关系或重合的关系。

（4）单击特征工具栏上的【放样】按钮，在属性管理器内的【轮廓】选项中依次选择放样的轮廓草图。当轮廓草图为两个以上时，可以通过【↑】或【↓】对轮廓草图的顺序进行调整。

（5）在“引导线”栏中选择引导线右侧的选项框，选择引导线，此时将出现轮廓随引导线变化的放样特征。当引导线为多条时，可以通过【↑】或【↓】对引导线的顺序进行调整。

（6）在“选项”中，对“合并切面”等选项进行设置。

（7）单击【确认】完成引导线放样的创建。

中心线放样的方法与引导线放样大体一样，只是步骤（3）中绘制的是中心线。图3-10和图3-11所示分别为引导线放样和中心线放样的实例。

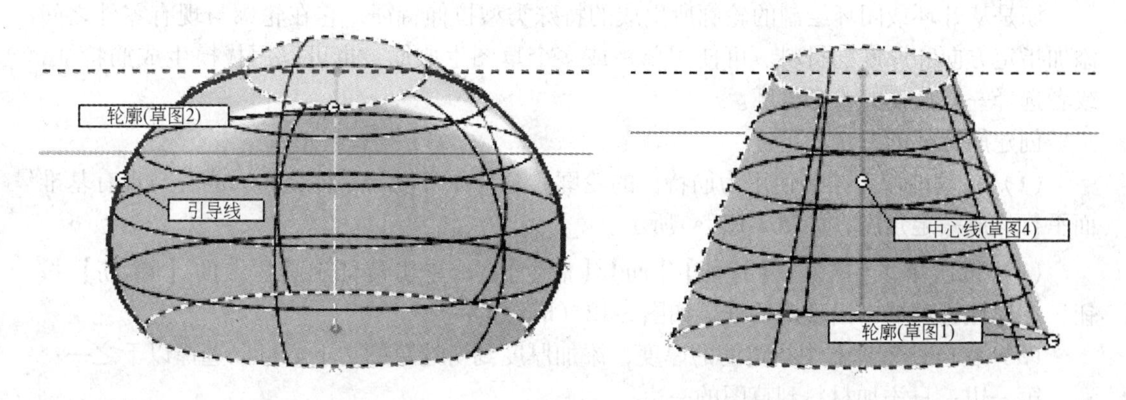

图3-10 引导线放样　　图3-11 中心线放样

3.2.4.3 控制起始/结束约束

控制起始/结束约束的方法如下：

（1）创建生成一个放样。

（2）在属性管理器中的起始/结束约束下，从开始和结束约束中的如下这些相切类型中选择：

默认：近似在第一个和最后一个轮廓之间刻画的抛物线，该抛物线中的相切驱动放样曲面，在未指定匹配条件时，所产生的放样曲面更具可预测性、更自然；

无：不应用相切约束；

方向向量：根据为方向向量的所选实体而应用相切约束。选择一方向向量，如果用作开始约束，选择一基准面（使用弹出的设计树）或线性边线或轴来定义方向向量；

垂直于轮廓：应用垂直于开始或结束轮廓的相切约束；

与面相切（在附加放样到现有几何体时可用）：使相邻面在所选开始或结束轮廓处相切；

与面的曲率（在附加放样到现有几何体时可用）：在所选开始或结束轮廓处应用平滑、具有美感的曲率连续放样。

（3）设定起始处和结束处相切长度，使用图形区域中的控标并拖动以更改数值，或直接在属性管理器中输入数值。相切长度控制对放样的影响量，相切长度的效果限制到下一部分。

（4）设定拔模角度，在开始或结束轮廓处添加拔模（在方向向量或垂直于轮廓被选时可使用）。

（5）若想将开始或结束约束设定应用到整个开始或结束轮廓，则在开始或结束约束下选择应用到所有。如消除选择，则对于轮廓内的单个线段来说，多个控标可将方向向量应用于约束。

（6）检查预览，如有必要，单击反转相切方向来反转相切的方向。

（7）单击确定按钮。

3.2.5 筋

筋是从开环或闭环绘制的轮廓所生成的特殊类型拉伸特征，它在轮廓与现有零件之间添加指定方向和厚度的材料。可使用单一或多个草图生成筋，也可以用拔模生成筋特征，或者选择一要拔模的参考轮廓。

创建筋特征的方法如下：

（1）在基准面上绘制使用为筋特征的轮廓，基准面可以与零件交叉，或者与现有基准面平行或成一定角度，如图3-12(a)所示。

（2）依次单击【插入】/【特征】/【筋】/【命令】，或单击特征工具栏上的【筋】按钮，在属性管理器中出现对话框，如图3-12（b）所示。

（3）在属性管理器中指定筋的厚度，添加厚度到所选草图边上。可以选择以下之一：

第一边：只添加材料到草图的一边；

两边：均等添加材料到草图的两边；

第二边：只添加材料到草图的另一边。

（4）在“筋厚度”选项右侧文本框中输入筋的厚度值。

（5）定义拉伸方向，可以选择以下之一：

平行于草图：平行于草图生成筋拉伸；

垂直于草图：垂直于草图生成筋拉伸。

（6）勾选“反转材料方向”复选框，可以更改拉伸的方向。

（7）单击“拔模开/关”按钮，为拔模添加筋，设定拔模角度来指定拔模度数。

（8）勾选“向外拔模”复选框，可改变拔模方向，生成向外拔模角度。如消除选择，将生成一向内拔模角度。

（9）单击“下一参考”按钮可在多种拔模方式中选择。

（10）单击确定按钮生成筋特征，如图3-12(c)所示。

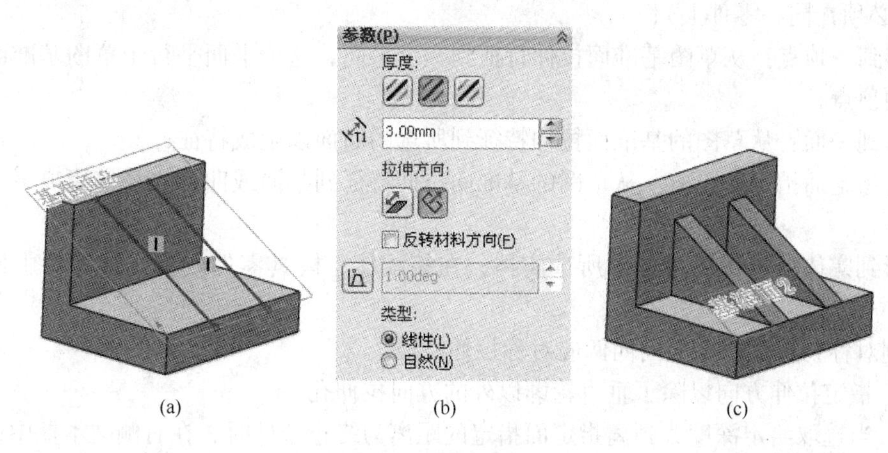

图3-12 筋特征实例

3.2.6 孔

孔特征是机械设计的常见特性，在SolidWorks 2011中将孔分为两种类型：简单直孔和异形孔。使用钻孔功能可以在模型上生成各种类型的孔特征。创建孔特征需指定放置平面并设定孔的深度再通过标注尺寸来指定它与其他几何实体的位置关系。

使用孔特征时，一般最好在设计阶段将近结束时生成孔。这样可以避免因疏忽而将材料添加到现有的孔。此外，如果准备生成不需要其他参数的简单直孔，应使用简单直孔。如果需要其他参数可使用异形孔向导，但简单直孔可以提供比异形孔向导更好的性能。

3.2.6.1 简单直孔

生成简单的直孔的方法如下：

（1）选择要生成孔的平面，依次单击【插入】/【特征】/【孔】/【简单直孔】命令，打开“孔”属性对话框，如图3-13所示。

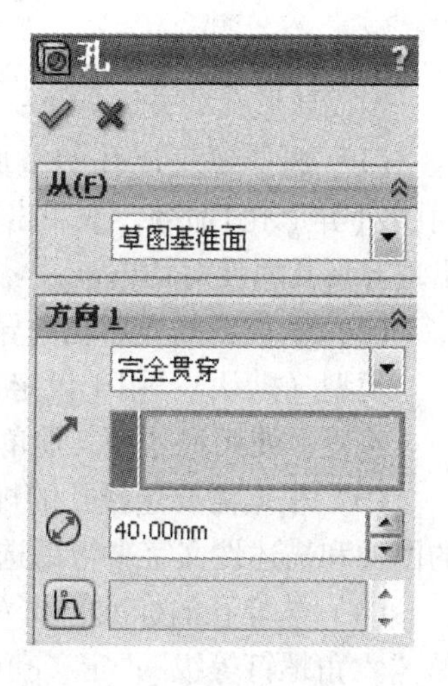

图3-13 “孔”属性对话框

（2）在属性管理器中为简单直孔特征设定开始条件：

草图基准面：从草图所处的同一基准面开始简单直孔；

曲面/面/基准面：从这些实体之一开始简单直孔，为曲面/面/基准面选择一有效实体；

顶点：从所选择的顶点开始简单直孔；

等距：在从当前草图基准面等距的基准面上开始简单直孔，为输入等距值设定等距距离。

(3) 选择不同类型的终止条件决定特征延伸的距离，为简单直孔特征设定以下的终止条件：

给定深度：从草图的基准面以指定的距离延伸特征；

完全贯穿：从草图的基准面拉伸特征直到贯穿所有现有的几何体；

成形到下一面：从草图的基准面拉伸特征到下一面（隔断整个轮廓）以生成特征(下一面必须在同一零件上)；

成形到一顶点：从草图基准面拉伸特征到一个平面，这个平面平行于草图基准面且穿越指定的顶点；

成形到一面：从草图的基准面拉伸特征到所选的曲面以生成特征；

到离指定面指定的距离：从草图的基准面拉伸特征到某面或曲面之特定距离平移处以生成特征；

成形到实体：将特征延伸到所选实体，在装配体、模具零件或多实体零件中使用此选项；

两侧对称：从草图基准面向两向对称拉伸特征。

(4) 指定拉伸方向以除了垂直轮廓以外的方向拉伸孔。

(5) 当选取给定深度或到离指定面指定的距离为终止条件时，在右侧文本框中设定孔深度或等距距离。

(6) 指定孔的直径。

(7) 单击拔模打开/关闭按钮，为孔添加拔模特征，设定拔模角度来指定拔模度数。在选择拔模打开时勾选“向外拔模”复选框，可以生成向外拔模。

(8) 单击【确定】按钮生成简单直孔，如图 3-14 所示。

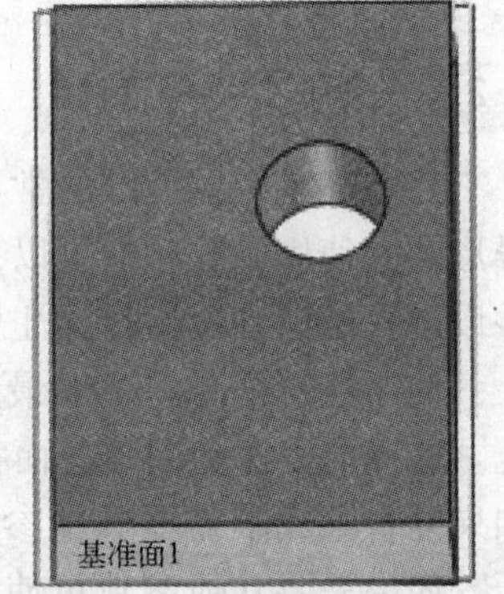

图 3-14 简单直孔

3.2.6.2 异形孔

生成异形孔的方法如下：

(1) 选择要生成孔的平面，依次单击【插入】/【特征】/【孔】/【异形孔】命令，或单击特征工具栏的异形孔向导按钮，出现异形孔属性对话框。

(2) 生成新的异形孔向导孔时，在对话框内出现以下两个标签：

类型（默认）：用于设定孔类型参数；

位置：使用尺寸和其他草图工具在平面或非平面上指定异形孔向导孔的位置。

(3) 根据需要选择孔的规格。孔规格根据孔类型而有所不同，可以通过属性管理器中的图像和描述性文字来帮助选择。下面以“柱形沉头孔”类型为例。

(4) 选择孔的标准，如 ANSI Metric. JIS，DIN，选择 GB 作为标准；定义孔的类型，选择“六角螺钉等级”；定义孔的大小，选择 M12；为扣件选择配合为正常；根据需要自定义孔的形状，可以勾选“显示自定义大小”复选框。

（5）定义孔的终止条件，终止条件的各项意义与拉伸中的终止条件意义相同。

（6）为设计方便，在模型中重新使用的常用异形孔向导孔清单可以设置常用类型，将所选异形孔向导孔添加到常用类型清单中，也可以编辑、保存、删除所选的常用类型。

（7）单击【确定】生成异形孔。各种异形孔的形状效果如图3-15所示。

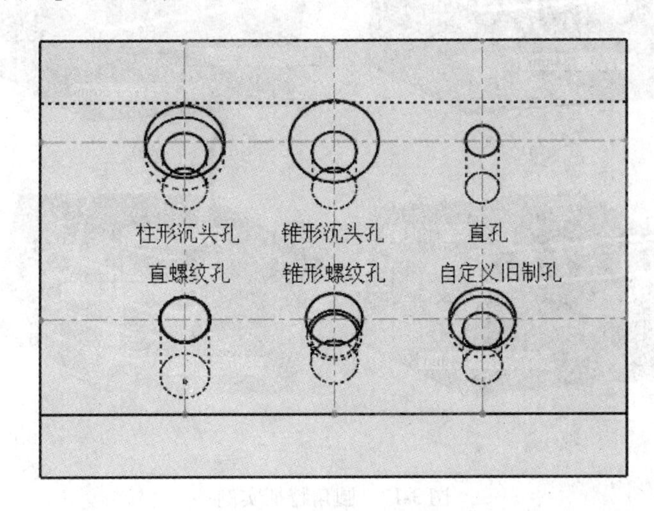

图3-15 各种异形孔

3.2.6.3 修改孔位置

有时候需要修改已经生成的孔的位置，方法如下：

（1）在左侧设计树中右键单击新创建的孔特征，将出现快捷菜单。

（2）选择【编辑特征】按钮，进入特征编辑模式，然后在对话框内选择【位置】标签。

（3）单击【智能尺寸】按钮，对孔进行尺寸标注，并通过修改尺寸改变孔的位置。也可以根据设计意图添加几何关系来对孔的位置进行定义，如图3-16所示。

（4）单击【完成】按钮，退出特征编辑状态，孔的位置更改完成。

图3-16 修改孔位置实例

3.3 高级特征建模

高级特征建模是基于特征的建模方法又称为特征的特征。SolidWorks 建模过程中，高级特征有圆角、倒角、镜向、阵列、分割、抽壳、弯曲、圆顶、包覆等特征。

3.3.1 圆角

使用圆角特征可以在零件上生成内圆角或外圆角面，起到造型、平滑过渡、改善结构

受力情况、美观等效果。在 SolidWorks2011 中可以在一个面的所有边线、所选的多组面、所选的边线或边线环生成圆角，如图 3-17 所示。

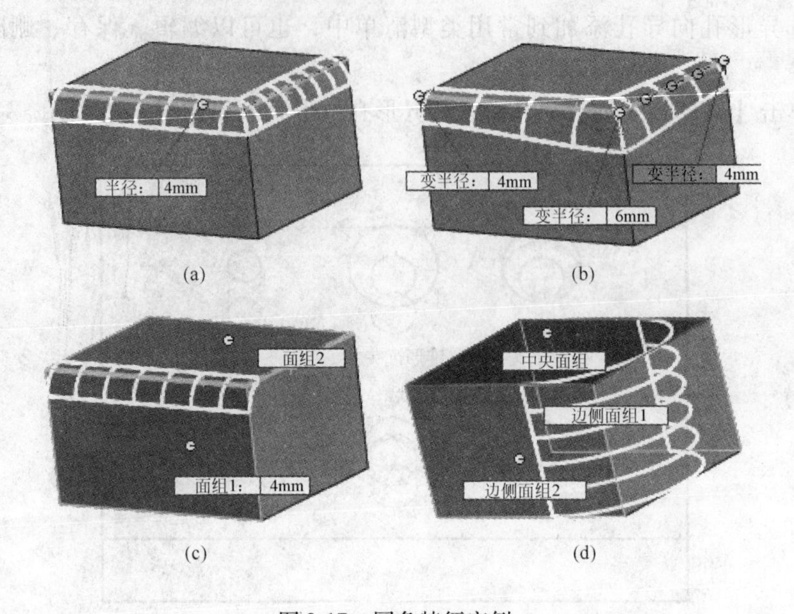

图 3-17 圆角特征实例

（a）等半径圆角；（b）变半径圆角；（c）面圆角；（d）完整圆角

“圆角”属性管理器选项：

（1）等半径圆角：生成整个圆角的长度上半径相等的圆角。

（2）变半径圆角：生成带可变半径值的圆角。

（3）面圆角：混合非相邻、非连续的面。

（4）完整圆角：生成相切于三个相邻面组（一个或多个面相切）的圆角。

在添加圆角时应遵循以下规则：

（1）在添加小圆角之前添加大圆角。当有多个圆角汇聚于一个顶点时，先生成较大的圆角。

（2）如果零件需要拔模，则应在生成圆角前先拔模。如果要生成具有多个圆角边线及拔模面的铸模零件，在大多数的情况下，应在添加圆角之前添加拔模特征。

（3）最后添加装饰用的圆角。在大多数其他几何体定位后尝试添加装饰圆角。如果越早添加它们，则系统需要花费越长的时间重建零件。

（4）如要加快零件重建的速度，请使用一次圆角操作来处理需要相同半径圆角的多条边线。需要注意的是，如果要改变此圆角的半径，则在同一操作中生成的所有圆角都会改变。

3.3.2 倒角

使用倒角特征可以在边线、面或顶点上生成倾斜面。在零件上生成倒角面，起到造型、结构要求、装配引导面、改善结构受力情况、美观等效果。在 SolidWorks2011 中可以在一个面的所有边线、所选的面、所选的边线或边线环生成倒角：

“倒角”属性管理器选项中倒角特征的创建方式有以下三种，如图 3-18 所示：

（1）距离—角度：选择需要创建倒角的边线，设定倒角的角度和一个倒角距离即可确定倒角平面。

（2）距离—距离：选择需要创建倒角的边线，然后分别设定两个倒角距离，即可确定倒角平面。

（3）顶点：若需要在特征的顶点上创建倒角，则需要指定顶点到倒角平面三个点的距离。

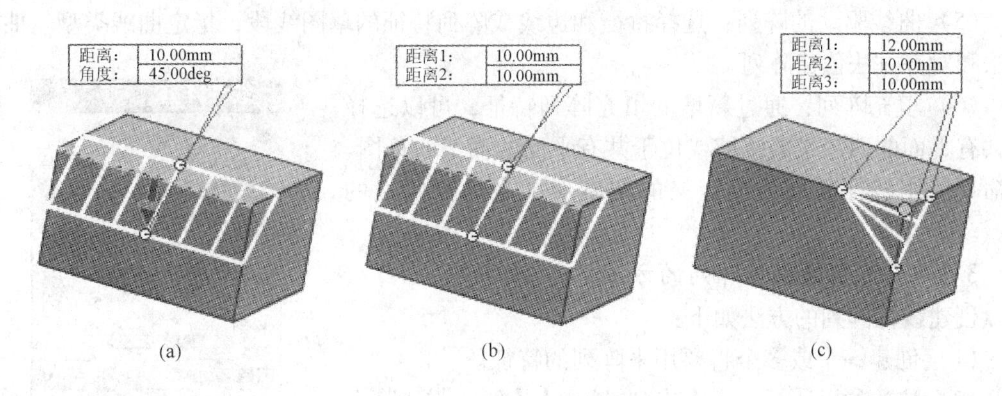

图 3-18 倒角特征实例
（a）距离—角度；（b）距离—距离；（c）顶点

3.3.3 镜向

使用镜向可以复制所选特征，将其对称于所选面进行镜向，如果零件结构是对称的，可以只创建一半零件模型，然后利用镜向特征生成整个零件。如果修改了原始特征，镜向特征也将更新。

操作方法：在工具栏中单击【镜向】，系统弹出“镜向”属性管理器对话框，分别选择镜向面，选择要镜向的特征，点击【确定】，如图 3-19 所示。

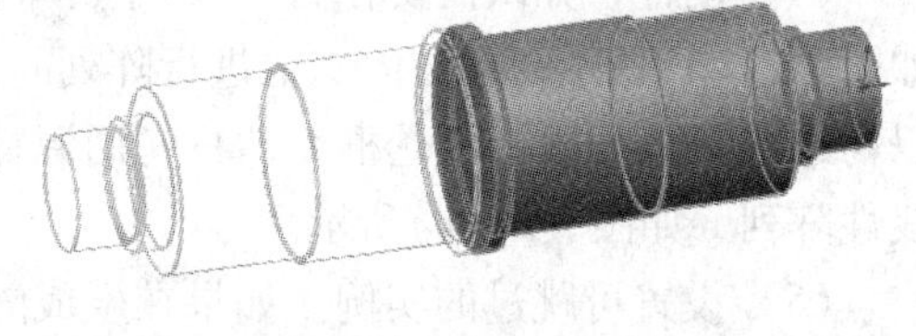

图 3-19 镜向特征

3.3.4 阵列

使用阵列特征可以在同一文件中创建多个实体。阵列特征按线性或圆周阵列的方式复制所选的源特征，并在指定区域生成与源特征相同的子特征。

常用的阵列方式有线性阵列、圆周阵列、曲线驱动的阵列、填充阵列，也可使用草图点或表格坐标生成阵列。可以将阵列作为一个特征进行相关的操作，如删除、修改等；需要注意的是如果修改了原始阵列特征，则阵列中的所有子特征也随之更改。各阵列形式的特点如下：

（1）线性阵列：沿一个或两个线性路径进行阵列。操作时先选择源特征然后指定方向、线性间距，实例总数。

（2）圆周阵列：绕指定轴心进行阵列。操作时先选择圆周特征对象，再选择作为旋转中心的边线或轴，然后指定实例总数及实例的角度间距或实例总数及生成阵列的总角度。

（3）表格阵列：使用 X-Y 坐标指定特征阵列，可以与由表格驱动阵列使用其他源特征添加或检索以前生成的 X-Y 坐标来在模型的面上增添源特征。使用多 Y 坐标的孔阵列是由表格驱动的阵列的常见应用。

（4）草图阵列：使用草图中的草图点创建特征阵列。源特征在整个阵列时复制到草图中的每个点。

（5）曲线驱动的阵列：选择特征和边线或阵列特征的草图线段，指定曲线类型、曲线方法和对齐方法创建阵列。

（6）填充阵列：通过新增的填充阵列特征，可以选择由共有平面的面定义的区域或位于共有平面的面上的草图。该命令使用特征阵列或预定义的切割形状来填充定义的区域。

3.3.4.1 创建线性阵列的方法

创建线性阵列的方法如下：

（1）创建一个或多个将要用来阵列的特征。

（2）依次单击【插入】/【阵列/镜向】/【线性阵列】命令，或单击特征工具栏上的【线性阵列】按钮。在特征属性管理器中出现“线性阵列”对话框，如图 3-20 所示。

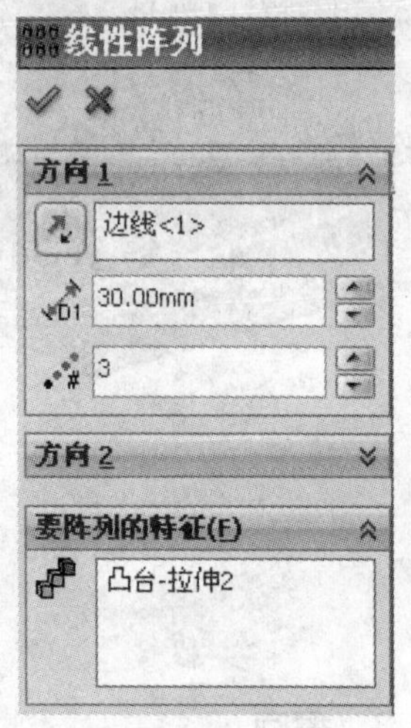

图 3-20 “线性阵列”属性管理器

（3）在“要阵列的特征”选项中，选择特征作为源特征。可以选择特征、面、实体等作为阵列对象。在“方向1”选项中，选择一条线性边线、轴作为阵列方向，并设置阵列实例之间的距离以及实例个数。

（4）同样，如果需要在另一方向上阵列该对象，则在“方向二”选项中进行设置。如图 3-21(a)所示，在方向二上进行阵列时的阵列对象为整个方向一上的所有实例。也可以勾选“只阵列源”复选框，即只使用源特征而不复制方向一的阵列实例在方向二中生成线性阵列，如图 3-21(b)所示。

（5）设置可跳过的实例。如果在生成阵列时有些特征并不需要，则可进行设置，在该处不生成阵列。移动鼠标到阵列实例上时，指针将变为手形，单击选择，则该处实例跳过。若想恢复阵列实例，可再次单击图形区域中的实例标号，如图 3-21(c)所示。

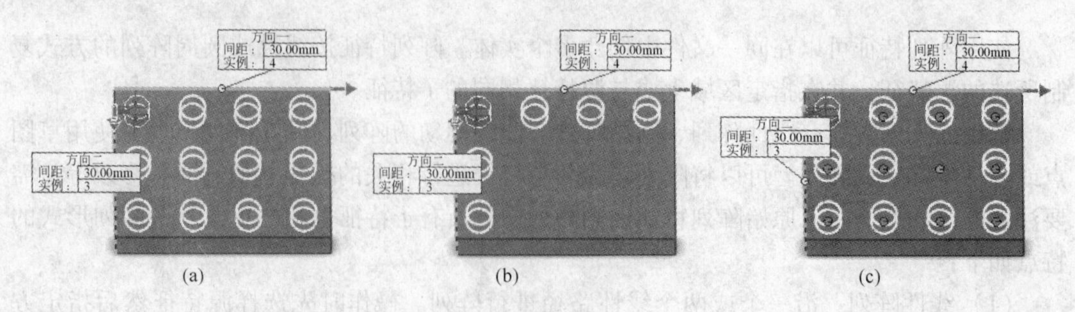

图 3-21 线性阵列实例

（6）单击【✔确认】按钮完成线性阵列操作。

3.3.4.2　创建圆周阵列的方法

创建圆周阵列的方法如下：

（1）创建将要用来阵列的源特征。

（2）依次单击【插入】/【阵列/镜向】/【圆周阵列】命令，或单击特征工具栏上的【圆周阵列】按钮，在特征属性管理器中出现“圆周阵列”对话框。

（3）使用特征、面、实体等作为阵列对象。在“要阵列的特征”选项中选择源特征。选择草图直线、线性边线或基准轴作为阵列轴。若选择圆形边线或草图线、圆柱面或曲面，则系统将其中心轴作为阵列轴。

（4）设定阵列实例个数，相邻实例之间的角度。也可以勾选“等间距”复选框，将设定阵列总角度为360°，实例以设定的数量均匀分布在圆周上，如图3-22所示。

（5）设置可跳过的实例。

（6）单击【✔确认】按钮完成圆周阵列操作。

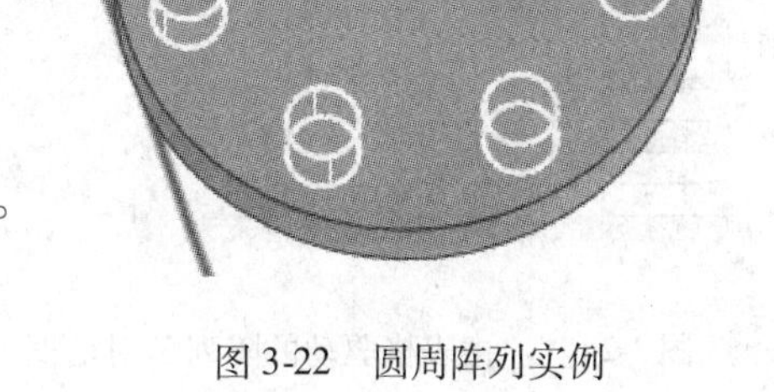

图3-22　圆周阵列实例

3.3.4.3　创建草图阵列的方法

创建草图阵列的方法如下：

（1）创建将要用来阵列的源特征。

（2）在需要阵列的平面上创建新的草图，用草图绘制工具栏内的【*点】命令按钮，在需要生成实例的位置添加草图点。完成之后关闭草图。

（3）依次单击【插入】/【阵列/镜向】/【草图阵列】命令，或单击特征工具栏上的【草图阵列】按钮，在特征属性管理器中出现“草图阵列”对话框。

（4）在特征属性管理器中选择需要阵列的源特征。使用弹出的FeatureManager设计树来选择新创建的草图作为参考草图，草图内事先添加的草图点即阵列的参考点。参考点默认为特征的中心，也可以自定义为所选点。

所选点：将参考点设定到所选顶点或草图点；

重心：将参考点设定到源特征的重心。

（5）单击【✔确认】按钮完成草图阵列操作，如图3-23所示。

3.3.4.4　创建由表格驱动的阵列的方法

创建由表格驱动的阵列的方法如下：

（1）创建将要用来阵列的源特征。

（2）依次单击【插入】/【参考几何体】/【坐标系】命令，在零件上创建参考坐标系。阵列需要编制的坐标表将以该坐标系为基础。

（3）依次单击【插入】/【阵列/镜向】/【表格驱动的阵列】命令，或单击特征工具栏上的【表格驱动的阵列】按钮，出现“由表格驱动的阵列”对话框。

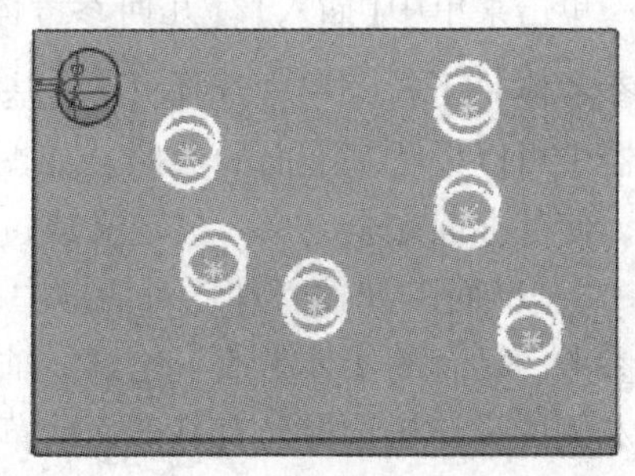
图3-23　草图阵列

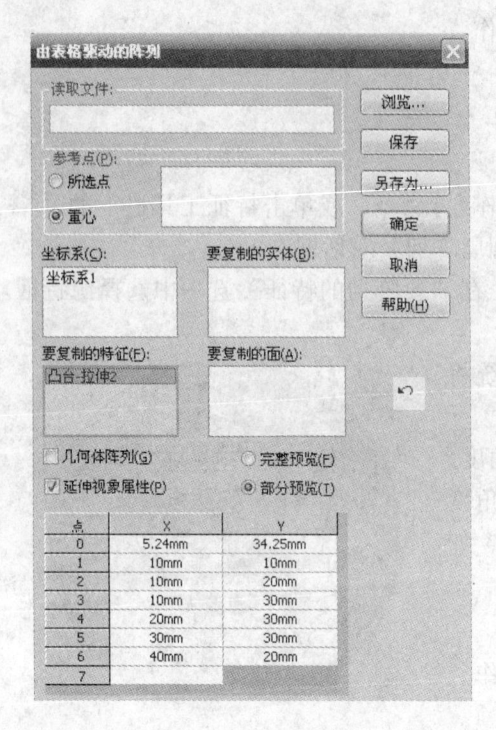

图 3-24 “由表格驱动的阵列”对话框

（4）从设计树上选择所生成的坐标系。指定坐标系和要复制的实体、特征或面，如图 3-24 所示。勾选“延伸视象属性”复选框，可将源特征的颜色、纹理和装饰螺纹数据延伸给所有阵列实例。在对话框内编制 X-Y 坐标表，为各阵列实例生成位置点。

（5）单击对话框内的【确定】按钮，由表格驱动的阵列特征创建完成，如图 3-25 所示。

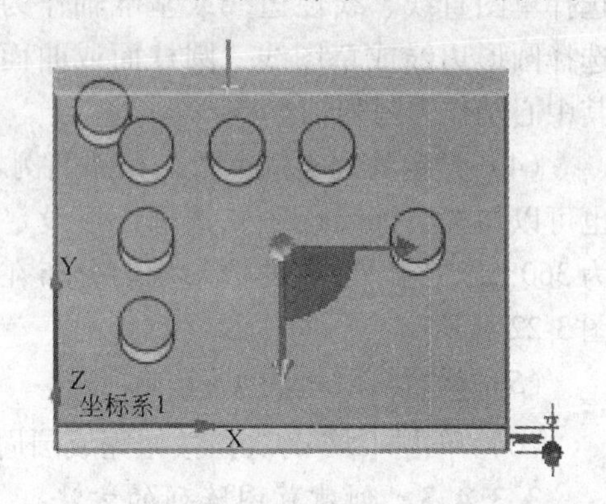

图 3-25 由表格驱动的阵列实例

3.4 定位特征（参考几何体）

参考几何体一般用于定位，在创建与坐标系相关的特征时可以通过参考几何体来实现点、线和面的定位。常用参考几何体有基准面、基准轴和参考点，它们分别与坐标平面、坐标轴和坐标原点相对应。

3.4.1 基准面

基准面可以作为草图特征的绘制平面和参考平面，在装配时还可以作为放置零件的平面，还可以作为尺寸标注的基准等。在新建零件或装配体时系统会自动建立三个默认的正交基准面。在设计时如果需要新的基准面，可以用以下方法进行添加。

单击菜单中【插入】/【几何参考体】/【基准面】命令，或者在特征工具栏中的【几何参考体】下拉菜单中选择【基准面】命令，打开“基准面”属性管理器，在属性管理器中可以设置基准面的参照，如图 3-26、图 3-27 所示。创建一个基准面，通过设置参照，使基准面完全定义。欠定义或过定义都无法创建基准面。

“基准面”属性管理器对话框中，“第一参考”选项用于选择实体来作为定义基准面的参考。已有的实体平面、轮廓、轴、零件的边、角均可以作为参考选项。也可以从绘图区左侧的设计树选择已有基准面或草图。

“第一参考”选项下有“平行”、“垂直”、“重合”、“投影”、“相切”等几何关系，用于确定基准面与第一参考之间的关系；

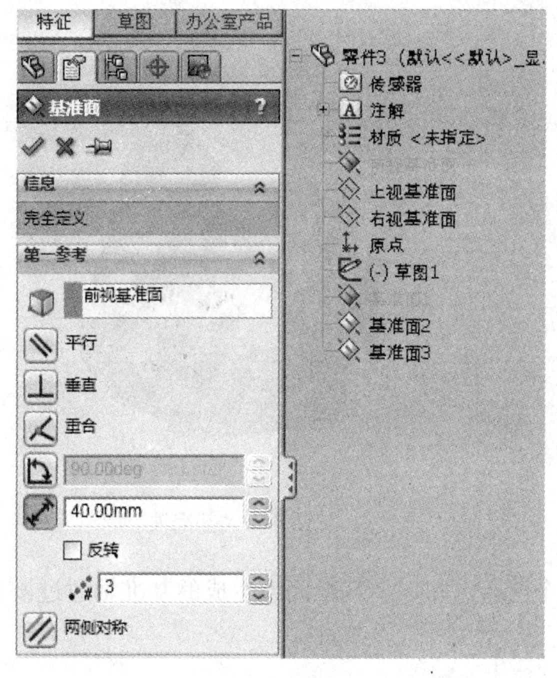

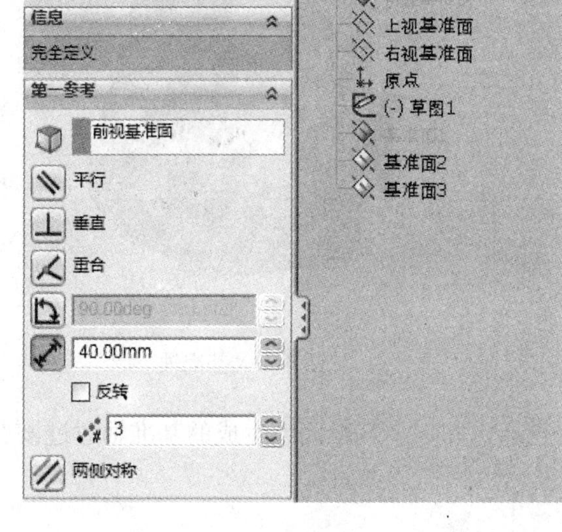

图 3-26 “基准面”属性管理器

基准面3

基准面2

基准面1

图 3-27 基准面

“两面夹角” 用于生成一个与所选参考成一定角度的基准面；

“偏移距离” 用于指定基准面与所选参考之间的平行距离，“反转”选框用于调整基准面的生成方向，“数目”用于指定生成的基准面的个数；

“两侧对称” 用于在所选参考面之间生成两侧对称的基准面。

在 SolidWorks 中基准面与它所创建时指定的参考对象之间是相互关联的，当参考对象的有关参数发生改变，基准面也会发生相应的变化。

3.4.2 基准轴

基准轴是在几何实体基础上生成的几何直线。基准轴可以用作生成其他特征时的参考，只有方向和位置概念，无长度概念。

创建基准轴的具体方法如下：

单击菜单中【插入】/【几何参考体】/【基准轴】命令，或者在特征工具栏中的【几何参考体】下拉菜单中选择【基准轴】命令，打开“基准轴”属性管理器，在属性管理器中选择实体和条件来确定基准轴，如图 3-28、图 3-29 所示。

“一直线/边线/轴” ：用于选择已有特征的边线或草图上的直线作为基准轴；

“两平面” ：用于选择两个已有特征的平面或基准面，将两个平面的交线作为基准轴；

“两点/顶点” ：用于选择两个已有点，生成的基准轴通过这两点；

“圆柱/圆锥面” ：用于选择圆柱面或圆锥面，将其旋转中心线作为基准轴；

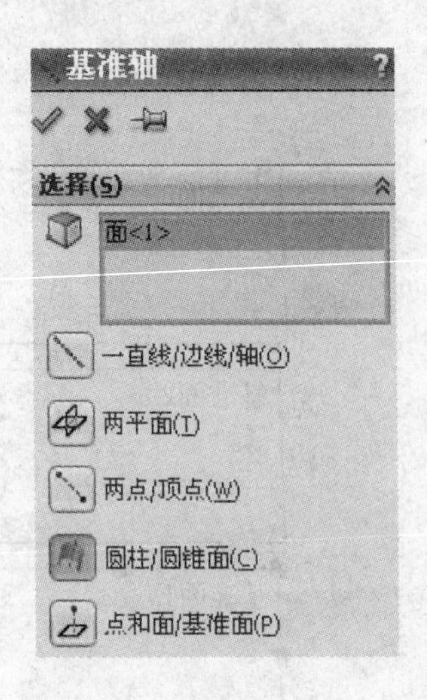

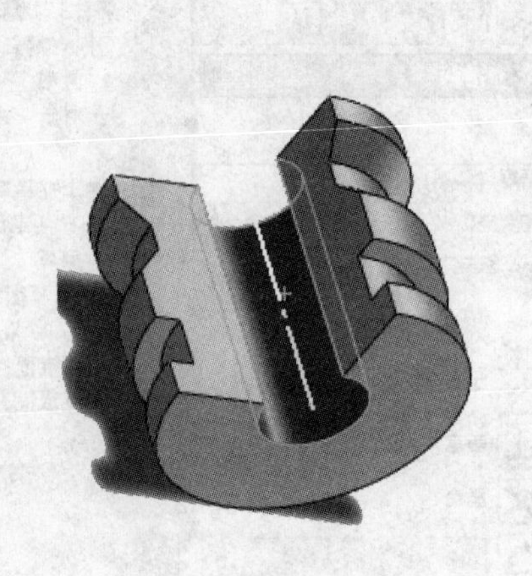

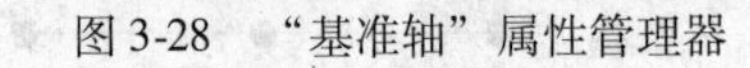

图 3-28 "基准轴" 属性管理器

图 3-29 基准轴

"点和面/基准面" ：用于选择一个已有点和一个基准面，生成的基准轴通过该点与该基准面垂直。

3.4.3 坐标系

坐标系主要用于计算零件的质量和体积、辅助装配，辅助有限元的网格划分、零件建模的基准点定位等。

创建坐标系的具体方法为：

单击菜单中【插入】/【几何参考体】/【坐标系】命令，或者在特征工具栏中的【几何参考体】下拉菜单中选择【坐标系】命令，打开"坐标系"属性管理器，在属性管理器中设置 X、Y、Z 轴的方向及原点的位置，如图 3-30 所示。

在设置原点时，在零件或装配体中选择一特征的顶点、重点、草图点等作为坐标系的原点。

在设置 X、Y、Z 轴的方向时，点击相应选项框，在零件或装配体上选择边线、草图线段或者平面作为参考选项，则对应坐标轴的方向将与所选边线或平面平行。一般只需原点位置和两个坐标轴方向即可确定整个坐标系，第三个坐标轴的方向依照右手法则确定。

"反转" 选项：用于反转所选坐标轴的方向。

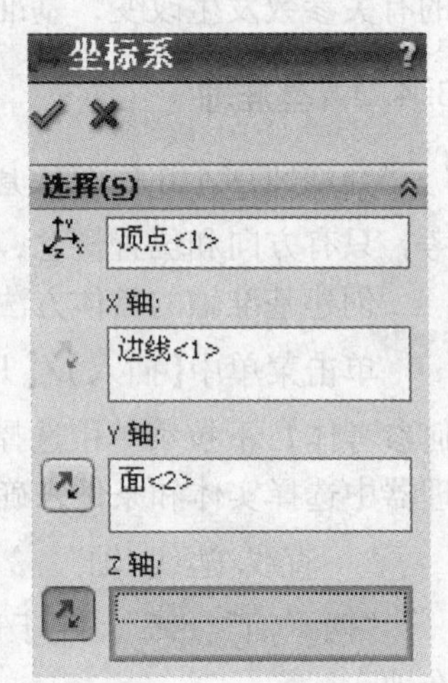

图 3-30 "坐标系" 属性管理器

3.4.4 参考点

参考点是一个几何点，用于辅助生成和定位其他基准或特征，也可以用于定义有限元分析中载荷的位置。

创建参考点的具体方法如下：

单击菜单中【插入】/【几何参考体】/【参考点】命令，或者在特征工具栏中的【几何参考体】下拉菜单中选择【 参考点】命令，打开“参考点”属性管理器，在属性管理器中设置相关参数来完成参考点的添加，如图3-31所示。

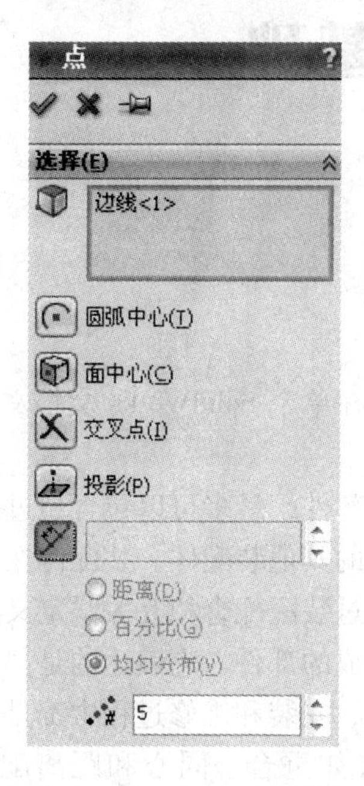

图3-31 “参考点”属性管理器

“圆弧中心” ：用于选择圆弧或圆，将它们的圆心作为参考点。

“面中心” ：用于在所选面的轮廓重心处生成参考点。

“交叉点” ：用于在两条特征边线、曲线、草图线段及参考线的交点处生成参考点。

“投影” ：用于选择一基准面、平面或曲面作为投影面，选择一已有的特征顶点、曲线端点或草图线段端点作为投影对象，在投影面上生成一个投影点。

“沿曲线距离” ：用于沿边线、曲线或草图线段按照一定距离生成一组参考点。

4 装配体基础

4.1 装配体概述

4.1.1 装配体定义

装配体定义：装配体是保存在单个 SolidWorks 文档文件中的相关零件集合，该文件的扩展名为 *.sldasm。

装配体最少可以包含两个零部件，最多可以包含超过一千个零部件。这些零部件可以是零件，也可以是称为子装配体的其他装配体。装配体在自由度范围内显示相关零件之间的运动。装配体中的零部件是通过装配配合相互关联定义的。

装配体是由若干个零件所组成的部件。它表达的是部件（或机器）的工作原理和装配关系，在进行设计、装配、检验、安装和维修过程中都是非常重要的。

装配体用不同类型的配合（如重合、同心和距离配合）将装配体的零部件连接在一起。

4.1.2 装配体设计方法

可以使用两种基本方法生成装配体：自下而上设计和自上而下设计。

4.1.2.1 自下而上设计方法

在自下而上设计中，先生成零件并将其插入装配体，然后根据设计要求配合零件。当使用先前已经生成的现成零件时，自下而上设计是首选的设计方法。

自下而上设计法的另一个优点是因为零部件是独立设计的，与自上而下设计法相比，它们的相互关系及重建行为更为简单。使用自下而上设计法可以专注于单个零件的设计工作。当您不需要建立控制零件大小和尺寸的参考关系时（相对于其他零件），则此方法较为适用。

4.1.2.2 自上而下设计法

在自上而下设计方法中，设计工作从装配体开始。可以使用一个零件的几何体来帮助定义另一个零件、生成影响多个零件的特征，或生成组装零件后才添加的加工特征。例如，可以将布局草图或者定义固定的零件位置作为设计的开端，然后参考这些定义来设计零件。

自上而下设计又称为关联设计。例如，您可以将一个零件插入到装配体中，然后根据此零件生成一个夹具。使用自上而下设计法在关联中生成夹具，这样可参考模型的几何体，通过与原零件建立几何关系来控制夹具的尺寸。如果更改零件的尺寸，夹具会自动更新。

4.2 建立装配体

4.2.1 创建装配体并保存文件

单击菜单中【文件】/【新建】，或单击工具栏【新建】，打开“新建 SolidWorks 文件”对话框，如图 4-1 所示，点击【高级】，对话框变为自定义图框选择，如图 4-2 所示。点击【gb_assembly】/【确定】，管理器窗口出现“开始装配体”属性管理器对话框，如图 4-3 所示。

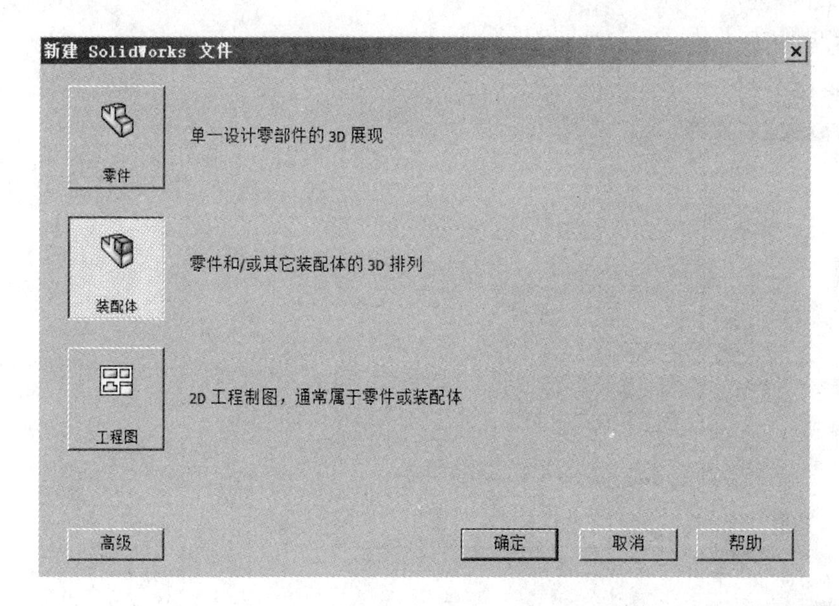

图 4-1 “新建 SolidWorks 文件”对话框

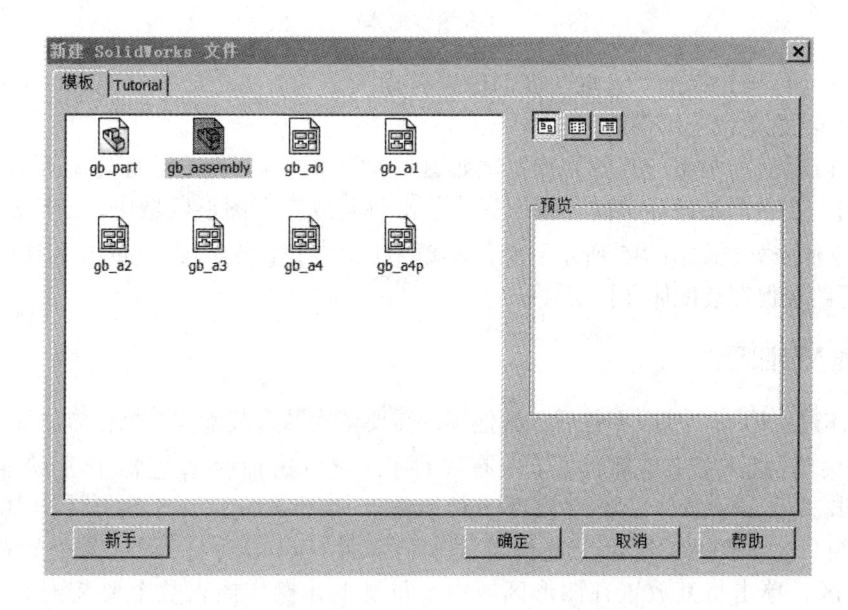

图 4-2 “新建 SolidWorks 文件”对话框—【高级】

图 4-3　“开始装配体”对话框

对话框【信息】提示“选取一零部件进行插入，然后将之放置在图形区域中或者单击【确定】将之定位于原点处”。

单击【浏览】，弹出【打开】窗口，如图 4-4 所示，选择作为装配体基准的零件，点击【打开】，零件跟随鼠标出现在绘图区，单击将其放置在图形区域中，或单击【确定】将之定位于原点处，如图 4-5 所示。单击菜单中【文件】/【保存】，或单击工具栏【保存】，选择路径保存装配体文件。

4.2.2　插入装配零件

装配体建立第一个基准零件后，其他零件需要依次装入装配体，操作方法如下：

点击菜单【插入】/【零部件】/【现有零件】，或单击命令管理器中【插入零部件】，弹出“插入零部件”属性管理器对话框，如图 4-6 所示。单击【浏览】，弹出【打开】窗口，如图 4-7 所示，选择要插入的零件，点击【打开】，零件跟随鼠标出现在绘图区，单击将其放置在图形区域中，重复上述操作插入数个要装配的零件，如图 4-8 所示。

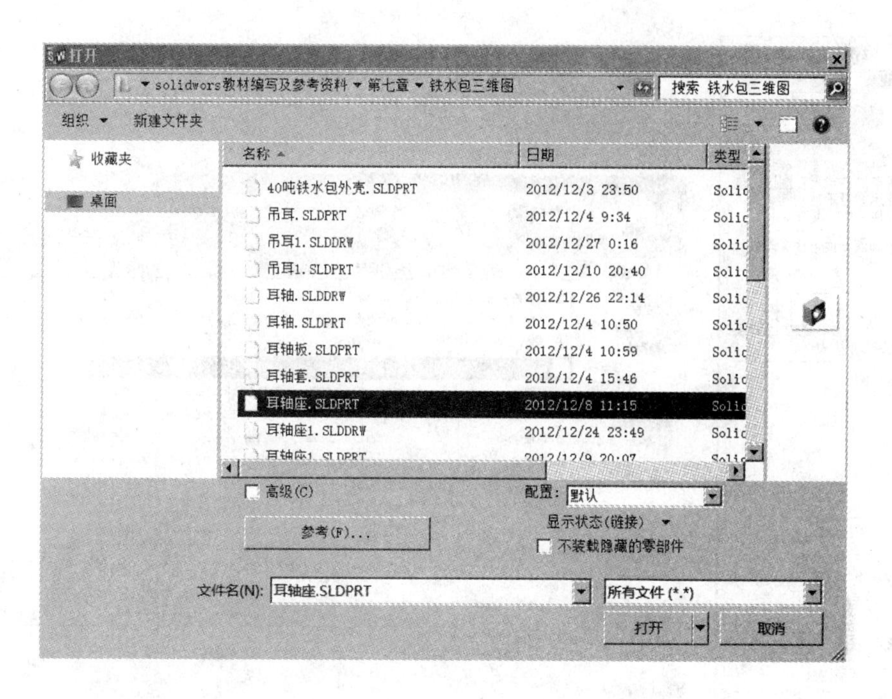

图 4-4 “打开文件”对话框

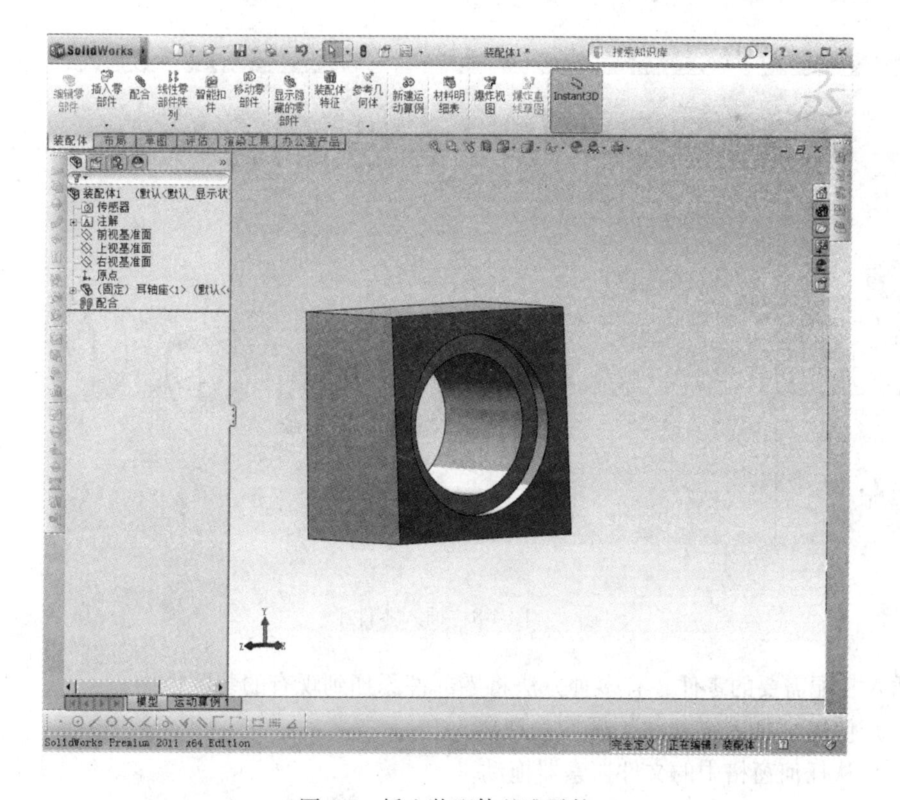

图 4-5 插入装配体基准零件

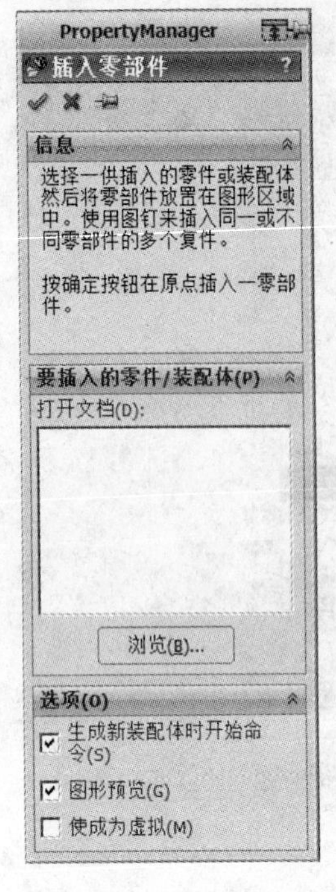

图 4-6 “插入零部件”属性管理器对话框

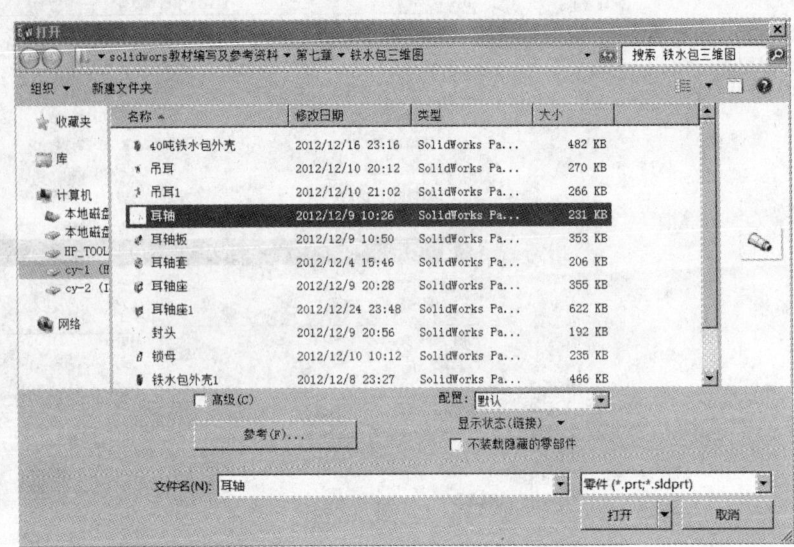

图 4-7 “插入零部件”【打开】窗口

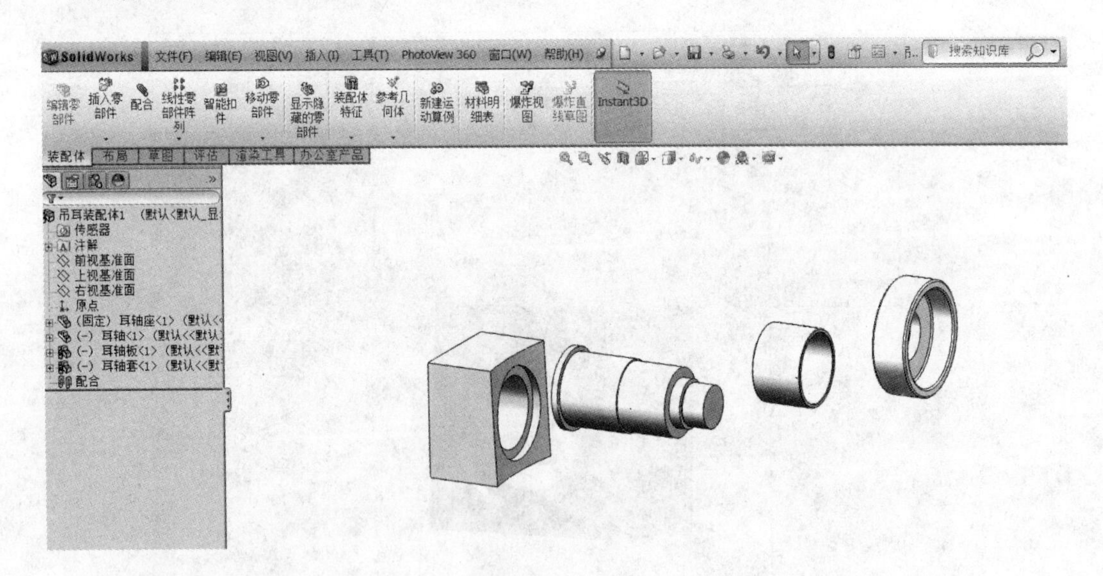

图 4-8 插入零件

插入装配需要的零件，有多种方法将零部件添加到现有的装配体中：

（1）使用“插入零部件”属性管理器。

（2）从任何窗格中的文件探索器拖动。

（3）从一个打开的文件窗口中拖动。

(4) 从资源管理器中拖动。

(5) 从 Internet Explorer 中拖动超文本链接。

(6) 在装配体中拖动以增加现有零部件的实例。

(7) 从任何窗格中的设计库中拖动。

(8) 使用插入、智能插件来添加螺栓、螺钉、销钉以及垫圈。

“插入零部件”属性管理器选项说明：

(1)【信息】：提示操作方法。

(2)【要插入的零件/装配体】选项组：

【打开文档】：已打开的文档显示在窗口内；

【浏览】：打开文件夹选择插入的零件文件。

(3)【选项】选项组：

【生成新装配体时开始命令】：当生成新装配体时，选择以打开此属性设置；

【图形预览】：在图形区域中看到所选文件的预览；

【使成为虚拟】：使零部件成为虚拟零件。

4.2.3 删除装配零件

当装入错误零件时，需要删除，操作方法如下：

(1) 在设计树中单击该零件。

(2) 单击菜单栏中的【编辑】/【删除】命令，或按 Delete 键，或单击鼠标右键的快捷菜单中【删除】命令，系统打开“确认删除”对话框，如图 4-9 所示，点击【是】删除零件。

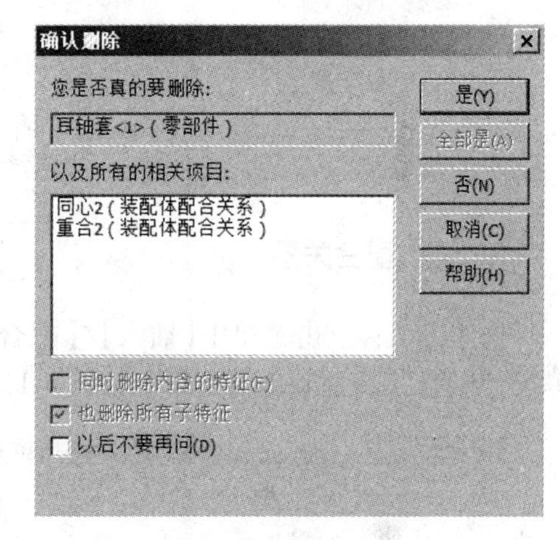

图 4-9 “确认删除”对话框

4.3 配合

配合是定义零部件位置和方向的平面、边、基准面、轴或草图几何体之间的关系，它们是草图中二维几何关系的三维表达。当插入的所有零件与基准零件建立起配合关系，才能完成部件装配。

配合操作方法介绍如下。

4.3.1 移动和旋转零部件

一般插入的零件和基准零件在位置和方向上差距较大需要移动和旋转零件，使零件看起来更接近位置。

操作方法：单击菜单中【工具】/【零部件】/【移动】或【旋转】，或点击命令管理器【移动零部件】或【旋转零部件】，弹出“旋转零部件”属性管理器对话框，并操纵鼠标旋转图中“耳轴”，使之方向与“耳轴座”内孔方向一致，如图 4-10 所示。

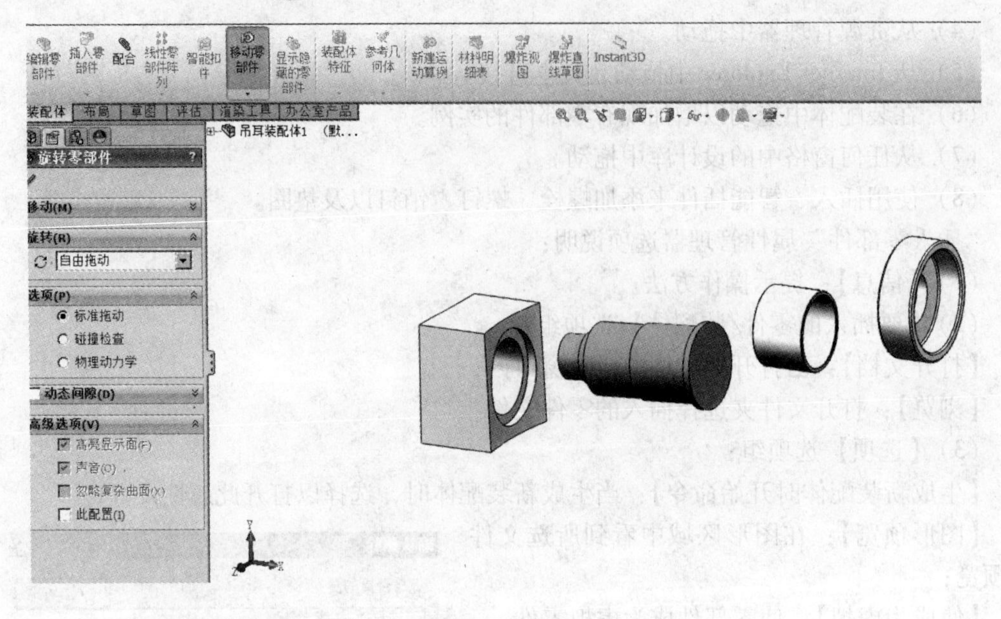

图 4-10 “旋转零部件”属性管理器对话框

4.3.2 插入配合关系

操作方法：点击菜单中【插入】/【配合】，或点击命令管理器【 配合】按钮，系统弹出“配合”属性管理器窗口，如图 4-11 所示。

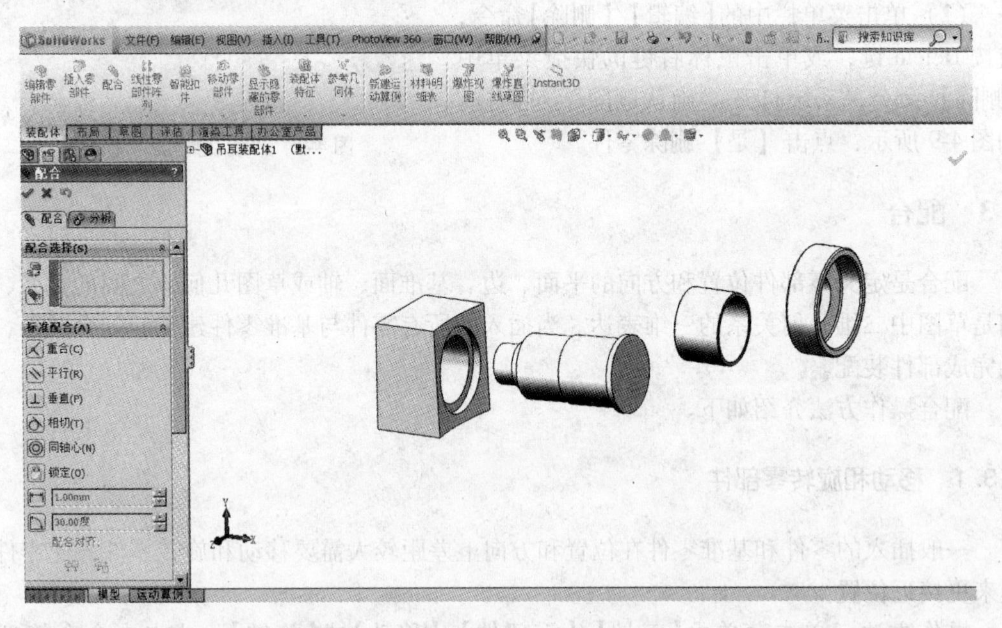

图 4-11 “配合”属性管理器窗口

在【配合选择】窗口活动状态时分别点选“耳轴座”内孔面和“耳轴”第三段外圆面，【标准配合】选【同轴心】，一般软件会自动选此项，如图 4-12 所示。点选浮动配合

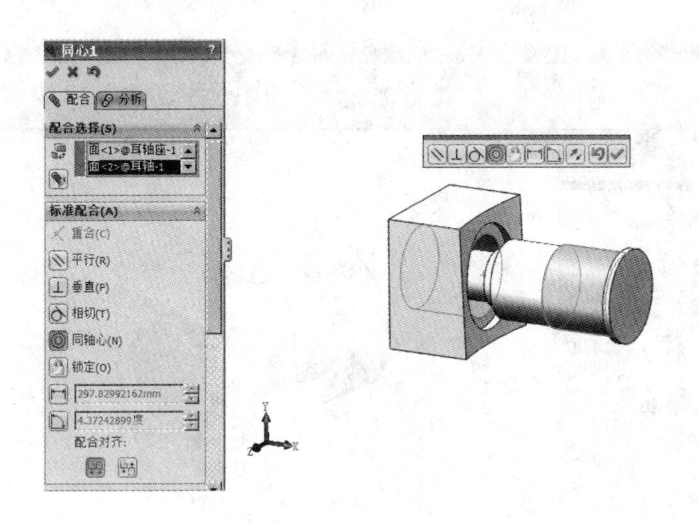

图 4-12　同心配合

工具条中【✓】确定，完成第一个配合关系。继续进行第二个配合，点选“耳轴座”沉孔端面和“耳轴”最大外圆左端面，【标准配合】选【重合】，点选浮动配合工具条中【✓】确定，完成第二个配合关系，如图 4-13 所示。重复上述步骤，完成另两个零件配合，如图 4-14 所示。

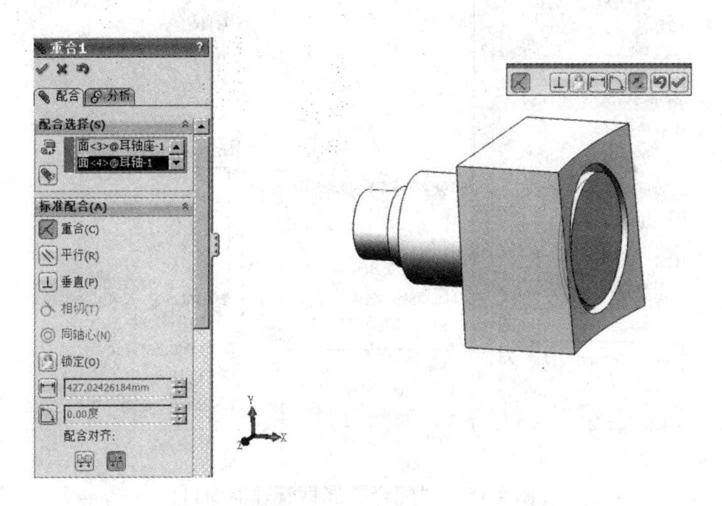

图 4-13　重合配合

4.3.3　“配合”属性管理器对话框选项

点击菜单中【插入】/【配合】，或点击命令管理器【配合】按钮，系统弹出“配合”属性管理器窗口，如图 4-15 所示。

属性管理器窗口各选项含义为：

(1)【配合选择】选项组：选择想要配合在一起的面、边线、基准面等等，被选择的选项出现在其后的选项面板中。

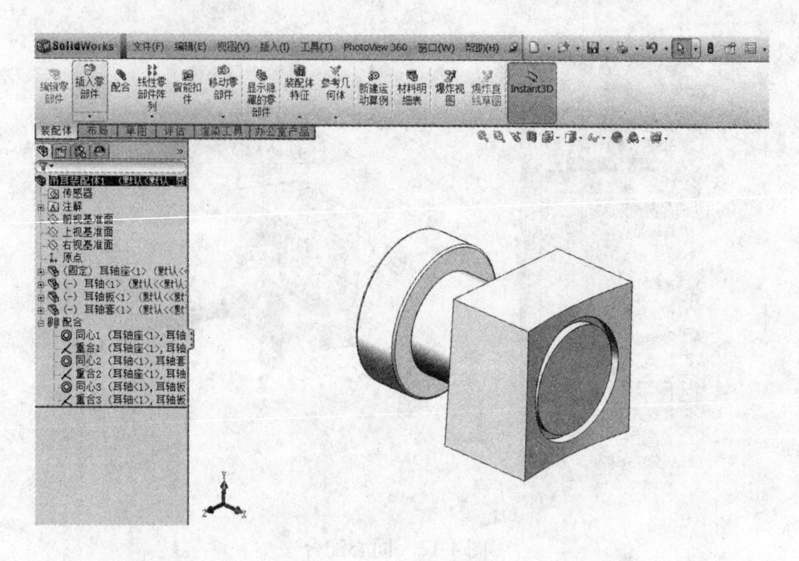

图 4-14 完成配合

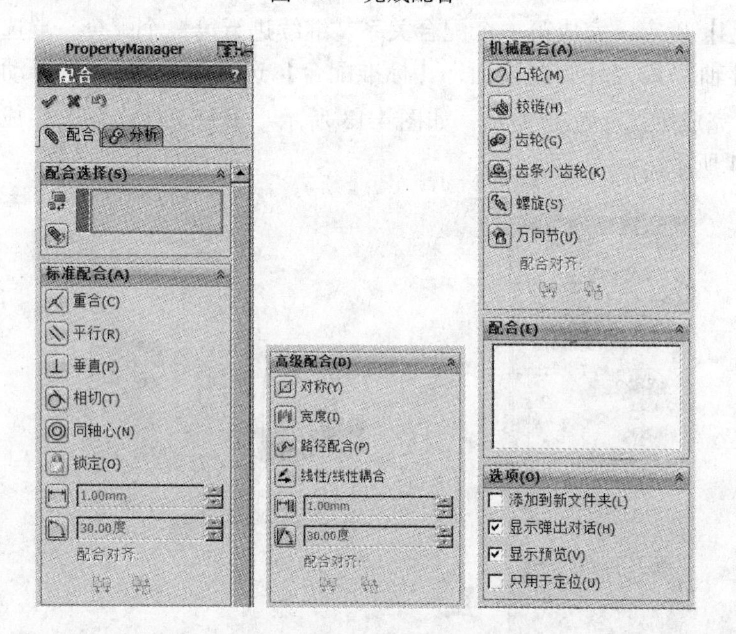

图 4-15 “配合”属性管理器窗口

（2）【标准配合】选项组：标准配合下有重合、平行、垂直、相切、同轴心、距离和角度配合等。所有配合类型会始终显示在属性管理器中，但只有适用于当前选择的配合才可供使用。使用时根据需要可以切换配合对齐。

（3）【高级配合】选项组：高级配合有对称、路径、线性和宽度配合。可以根据需要切换配合对齐。

（4）【机械配合】选项组：机械配合有凸轮、齿轮、齿条小齿轮、螺旋和万向节配合。

（5）【配合】选项组：配合框包含属性管理器打开时添加的所有配合，或正在编辑的所有配合。当配合框中有多个配合时，可以选择其中一个进行编辑。

（6）【选项】选项组：可以对配合的细节进行设置。其中的选项有：

【□ 添加到新文件夹(L)】：选择该选项后，新的配合会出现在特征管理器中的配合组文件夹中。清除该选项后，新的配合会出现在配合组中；

【☑ 显示弹出对话(H)】：选择该选项后，当添加标准配合时会出现配合弹出工具栏。清除该选项后，需要在属性管理器中添加标准配合；

【☑ 显示预览(V)】：选择该选项后，在为有效配合选择了足够对象后便会出现配合预览；

【□ 只用于定位(U)】：选择该选项后，零部件会移至配合指定的位置，但不会将配合添加到特征管理器中。

4.4 零部件压缩与轻化

对于零件数目较多或零件复杂的装配体，根据某段时间内的工作范围，用户可以指定合适的零部件压缩状态。这样可以减少工作时装入和计算的数据量。装配体的显示和重建会更快，可以更有效地使用系统资源。

4.4.1 零部件压缩

压缩：可以使用压缩状态，暂时将零部件从装配体中移除（而不是删除）。它不被装入内存，不再是装配体中所有功能的部分。结果无法看到压缩的零部件，也无法选取其实体。

压缩可以提高装入速度，重建模型速度和性能均有提高。由于减少了复杂程度，其余的零部件计算速度会更快。不过，压缩零部件包含的配合关系也被压缩。因此，装配体中零部件的位置可能变为欠定义。参考压缩零部件的关联特征也可能受影响。当恢复压缩的零部件为完全还原状态，可能会发生矛盾，所以在生成模型时必须小心使用压缩状态。

操作方法：在设计树或图形区域中，用右键单击零部件并选择【压缩】。

还原（或解除压缩）：是装配体零部件的正常状态。当零件完全还原时，零件的所有模型数据将被装入内存，可以使用所有功能并可以完全访问和使用它的所有模型数据，所以可选取、参考、编辑，在配合中使用它的实体。

操作方法：在设计树或图形区域中，用右键单击零部件并选择【解除压缩】。

4.4.2 零部件轻化

轻化：当零部件为轻化状态时，只有部分零部件模型数据装入内存，其余的模型数据根据需要装入。使用轻化的零件，可以明显提高大型装配体的性能。

使用轻化的零件装入装配体比使用完全还原的零部件装入同一装配体速度要快。因为计算的数据较少，包含轻化零部件的装配体重建的速度更快。轻化零部件上的配合关系将被解除，可以编辑现有的配合关系。

操作方法：

（1）在系统选项中选择：单击工具栏【选项】，在系统选项标签中，选择性能，在装配体下选择“自动以轻化状态装入零部件”，如图4-16所示。如果未选取先前的选项，可手工打开其零部件轻化的装配体。

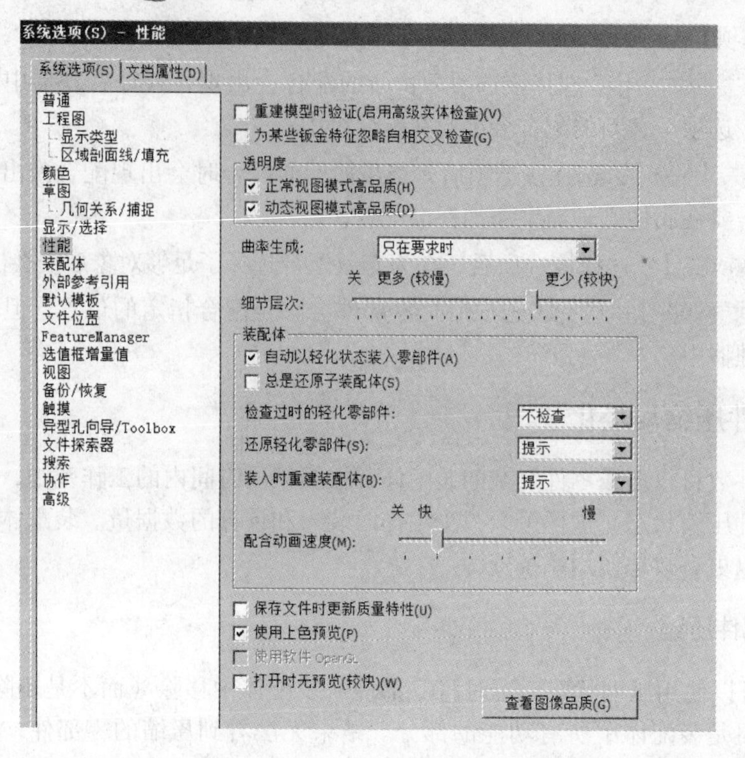

图 4-16 选择“自动以轻化状态装入零部件”

(2) 在设计树中单击零件，在菜单中点击【编辑】/【轻化】。

当一零部件为轻化时，一羽毛出现在设计树中的零件图标【】上，如图 4-17 所示。

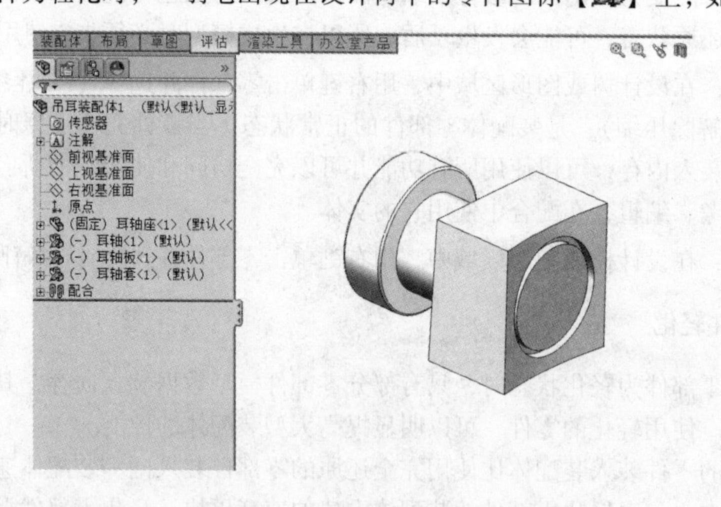

图 4-17 轻化的零部件状态

4.5 装配体的干涉检查

4.5.1 干涉检查概述

干涉检查是识别零部件之间的干涉，并帮助检查和评估这些干涉。干涉检查对复杂的装配体非常有用。在这些装配体中，通过视觉检查零部件之间是否有干涉非常困难。

借助干涉检查可以确定下列情况：

（1）确定零部件之间的干涉。

（2）将干涉的真实体积显示为上色体积。

（3）更改干涉和非干涉零部件的显示设定，以更好地查看干涉。

（4）选择忽略要排除的干涉，如压入配合以及螺纹扣件干涉等。

（5）选择包括多实体零件内实体之间的干涉。

（6）选择将子装配体作为单一零部件处理，因此不会报告子装配体零部件之间的干涉。

（7）区分重合干涉和标准干涉。

4.5.2 干涉检查操作方法

干涉检查操作方法：单击命令管理【评估】/【 干涉检查】，或单击菜单中【工具】/【干涉检查】，系统弹出“干涉检查”属性管理器对话框，如图 4-18 所示。单击【计算】按钮，结果出现在【结果】栏中，如图 4-19 所示。

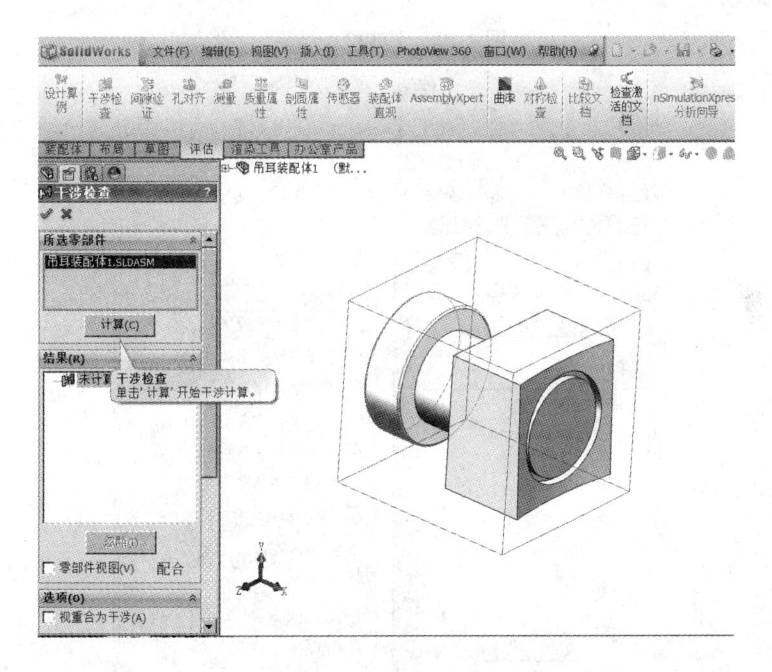

图 4-18 “干涉检查”属性管理器对话框

4.5.3 “干涉检查”属性管理器对话框选项

“干涉检查”属性管理器对话框选项如图 4-20 所示。其中各选项组的具体含义为：

（1）【选择的零部件】选项组：

【要检查的零部件】：显示选中用于干涉检查的零部件。默认情况下，除非预选了其他零部件，否则将显示顶层装配体。当检查一装配体的干涉情况时，其所有零部件将被检

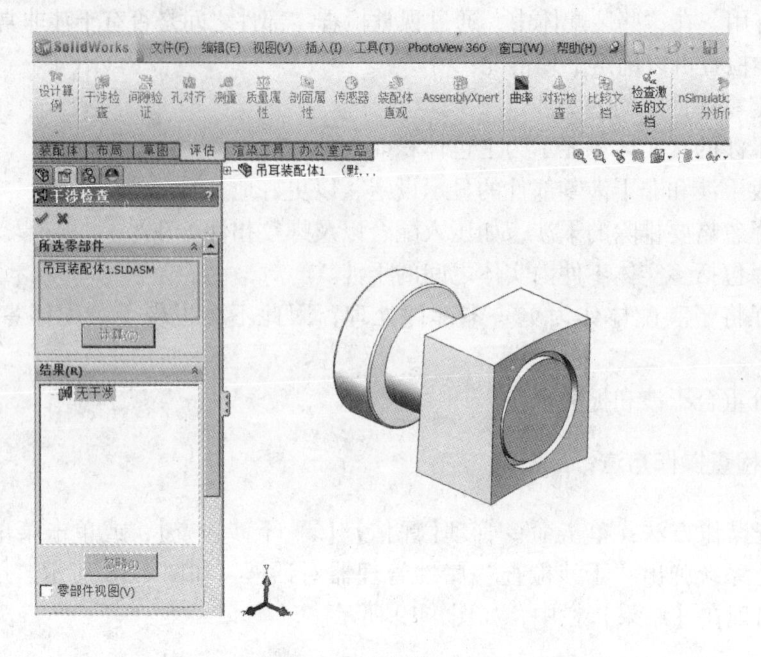

图 4-19 干涉检查结果

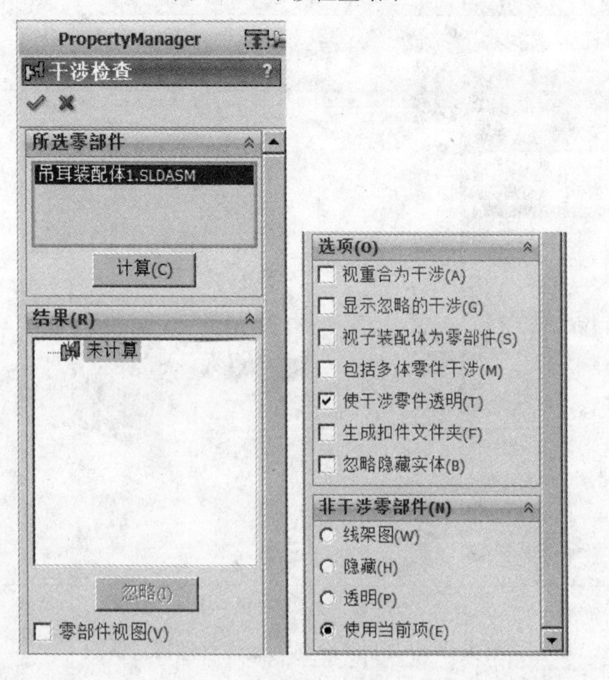

图 4-20 “干涉检查”属性管理器对话框选项

查。如果选择单个零部件，则仅会报告涉及该零部件的干涉。如果选择两个或两个以上零部件，则仅会报告所选零部件之间的干涉。

【计算】：单击检查干涉。

（2）【结果】选项组：

【结果】：显示检测到的干涉。每个干涉的体积出现在每个列举项的右边。当在结果下选择一干涉时，干涉将在图形区域中以红色高亮显示。

【忽略】：单击为所选干涉在忽略和解除忽略模式之间转换。如果干涉设定到忽略，则会在以后的干涉计算中保持忽略。

【□ 零部件视图(V)】：按零部件名称而不按干涉号显示干涉。

(3)【选项】选项组：

【□ 视重合为干涉(A)】：将重合实体报告为干涉；

【□ 显示忽略的干涉(G)】：选择已在结果清单中以灰色图标显示忽略的干涉。当清除此选项时，忽略的干涉将不会列出；

【□ 视子装配体为零部件(S)】：当选择此项时，子装配体被看成为单一零部件，这样子装配体的零部件之间的干涉将不报出；

【□ 包括多体零件干涉(M)】：选择以报告多实体零件中实体之间的干涉；

【☑ 使干涉零件透明(T)】：选择以透明模式显示所选干涉的零部件；

【□ 生成扣件文件夹(F)】：将扣件（如螺母和螺栓）之间的干涉隔离至结果下的单独文件夹；

【□ 忽略隐藏实体(B)】：如果装配体包括含有隐藏实体的多实体零件，则忽略隐藏实体与其他零部件之间的干涉。

(4)【非干涉零部件】选项组：

【○ 线架图(W)】：选择此项时非干涉零部件以线架图显示；

【○ 隐藏(H)】：选择此项时非干涉零部件隐藏；

【○ 透明(P)】：选择此项时非干涉零部件透明；

【◉ 使用当前项(E)】：使用装配体的当前显示设置。

4.6 装配体的爆炸视图

4.6.1 爆炸视图概述

为了便于直观的观察装配体之间零件与零件之间的关系，经常需要分离装配体中的零部件以形象地分析它们之间的相互关系。装配体的爆炸视图可以分离其中的零部件以便查看这个装配体。

装配体爆炸后，不能给装配体添加配合，一个爆炸视图包括一个或多个爆炸步骤，每一个爆炸视图保存在所生成的装配体配置中，一个配置都可以有一个爆炸视图。

4.6.2 爆炸视图操作方法

爆炸视图操作方法：单击命令管理【装配体】/【爆炸视图】，或单击菜单中【插入】/【爆炸视图】，系统弹出“爆炸视图”属性管理器对话框，如图 4-21 所示。按顺序单击每个零件，按零件上生成的坐标方向拖拽到合适位置，生成爆炸图，如图 4-22 所示。

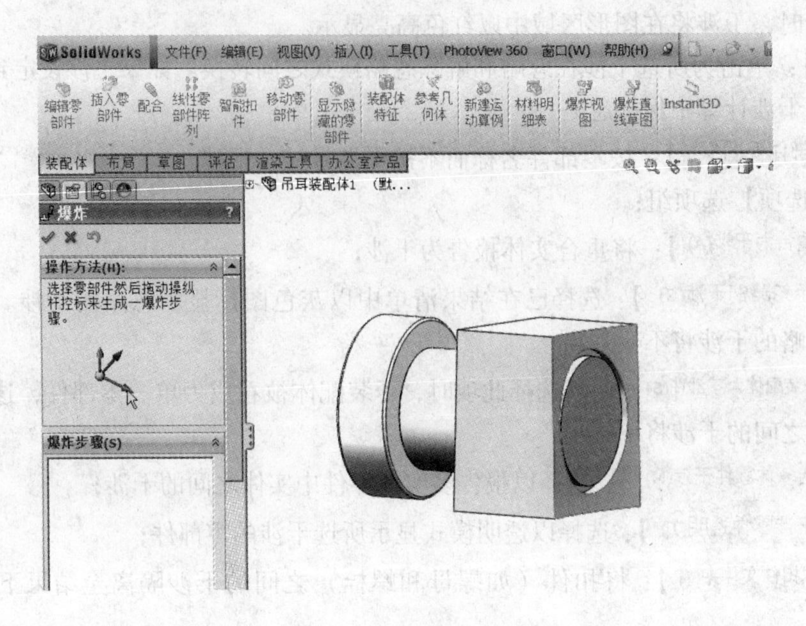

图 4-21 开始制作爆炸图

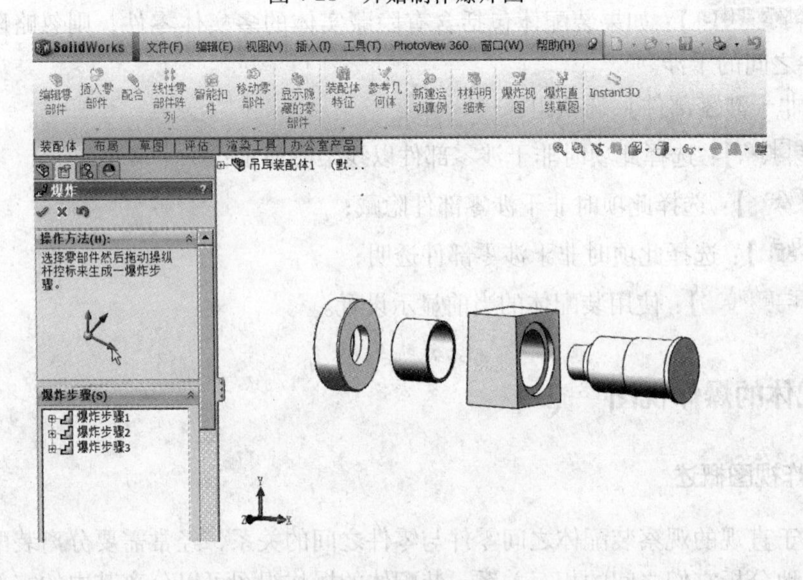

图 4-22 爆炸图

4.6.3 “爆炸”视图属性管理器对话框选项

“爆炸” 视图属性管理器对话框如图 4-23 所示。对话框中各选项解释如下：

(1)【操作方法】：提示操作。

(2)【爆炸步骤】：爆炸到单一位置的一个或多个所选零部件。

(3)【设定】选项组：

【爆炸步骤的零件】：显示当前爆炸步骤所选的零部件；

【爆炸方向】：显示当前爆炸步骤所选的方向，如果必要请单击反向；

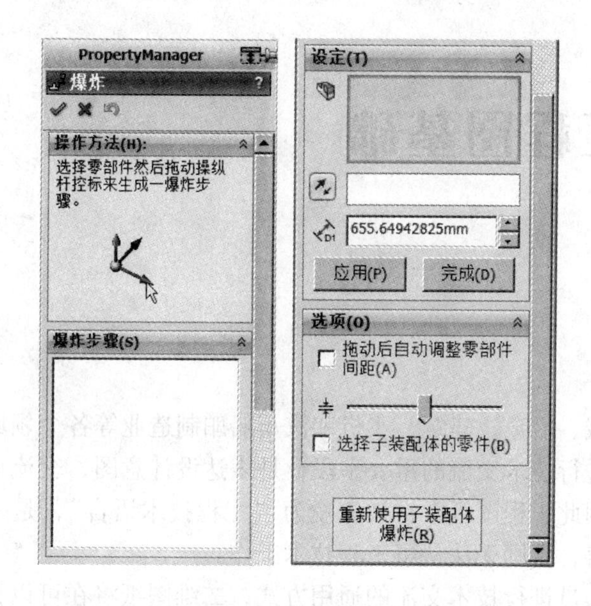

图 4-23 “爆炸”视图属性管理器对话框

【爆炸距离】：显示当前爆炸步骤零部件移动的距离；

【应用】：单击以预览对爆炸步骤的更改；

【完成】：单击以完成新的或已更改的爆炸步骤。

（4）【选项】选项组：

【拖动后自动调整零部件间距】：沿轴心自动均匀地分布零部件组的间距；

【调整零部件链之间的间距】：调整拖动后自动调整零部件间距放置的零部件之间的距离；

【选择子装配体的零件】：选择此选项可让选择子装配体的单个零部件，清除此选项可让选择整个子装配体；

【重新使用子装配体爆炸】：使用先前在所选子装配体中定义的爆炸步骤。

5 工程图基础

5.1 概述

5.1.1 工程图概念

工程图纸是机械、冶金、建筑、飞机和汽车船舶制造业等各个领域中设计与生产环节之间、各部门之间进行技术交流的重要手段，是表达设计意图、交流设计思想和指导生产制造的重要手段。因此工程图纸常常被比喻为“工程技术语言”，是一个合格的工程技术人员必须掌握的语言，否则无法从事工程技术工作。

作为工程技术人员进行技术交流的通用方式，二维图纸将在可以预见的未来较长的一段时间内长期存在。但是，二维图纸也存在许多明显的局限性：

（1）没有立体感，所表达物体的外形完全靠想象出来，非专业人员很难读懂。

（2）图纸之间不具关联性，对图纸进行修改时必须修改每一张涉及的图纸。

（3）无法用二维图纸去描绘三维空间机构运动。

（4）不能进行产品装配干涉检查等工作，仅是在平面上的一种表达方式。

目前，三维设计成为机械、建筑等行业设计的必然趋势，在于三维模型相对于二维图纸有很多不可替代的优势：

（1）直观性。三维模型更加直观，具有接近真实的形状和构造的感觉，有助于设计师快速形成设计概念；三维模型的直观性还有助于设计人员和一些并不太熟悉工程制图规则的人，如客户或高层领导等交流设计意图和思想；三维模型更便于商品的展示。

（2）关联性。三维模型的各个文件之间具有关联性，只要一处修改，所有涉及的领域便会自动修改。

（3）信息完整性。三维模型具有完整的几何和拓扑信息，便于提取成型特征，为下游的工艺分析、公差分析、有限元分析、装配干涉检查和数控编程等应用提供有力支持。

三维设计是二维设计的巨大进步，但还需要从三维图生成二维图，因为目前制造业大部分工艺仍采用二维图纸为技术文件，二维图由几何图形和标注组成，标注部分包含了制造工艺的重要信息，工业革命以来积累的机械设计与制造知识与技术几乎全部依赖于二维图纸，一般的工业企业都积累了大量的设计图纸，如何将这些设计图纸转移到新的三维系统是一个很困难的问题。虽然三维软件业发展了三维标注，但仍然替代不了传统的二维图纸，因此，三维软件与二维软件将在很长的一段时间内共存。目前所有的主流三维设计软件都提供三维转二维功能。

5.1.2 SolidWorks 工程图特点

SolidWorks 也提供有三维转换二维图功能，而且工程图模式具有双向关联性，在一个视图里改变一个尺寸值时，其他视图也相应更新，三维模型也会自动更新，同样当模型结构或尺寸改变，工程图中的结构和尺寸也相应改变。

SolidWorks 工程图特点是：

（1）设计模型比绘制直线更快。

（2）SolidWorks 从模型中生成工程图，这样此过程具有高效率。

（3）在 3D 中观阅模型，在生成工程图之前检查正确的几何体和设计问题，这样工程图就会避免设计错误。

（4）可以从模型草图和特征自动插入尺寸和注解到工程图中，这样不必在工程图中手动生成尺寸。

（5）模型的参数和几何关系在工程图中被保留，这样工程图可反映模型的设计意图。

（6）模型或工程图中的更改反映在其相关文件中，这样更改起来更容易，工程图更准确。

5.2 创建工程图文件

5.2.1 从零件制作工程图

先打开选定的零件图，单击菜单中【文件】/【从零件制作工程图】，系统弹出“新建 SolidWorks 文件”对话框，如图 5-1 所示，点击【高级】，对话框变为自定义图框选择，如图 5-2 所示。

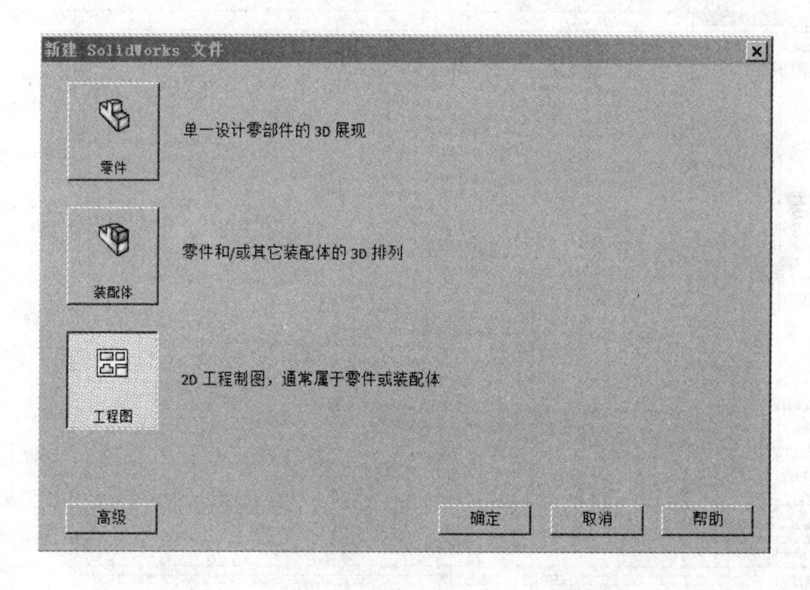

图 5-1 “新建 SolidWorks 文件”对话框

点击【gb_a3】/【确定】，绘图区出现图纸如图 5-3 所示。右侧出现任务窗【查看调色板】选项卡，从中选取合适的视图拖放到图纸中形成多个视图，如图 5-4 所示。

5.2.2 新建工程图

单击菜单或工具栏【新建】，系统弹出“新建 SolidWorks 文件”对话框，如图 5-1

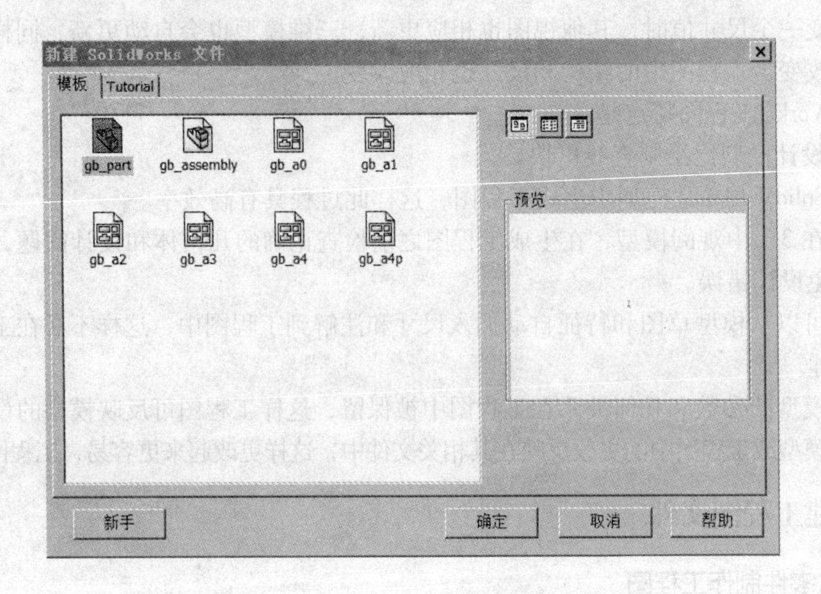

图 5-2 “新建 SolidWorks 文件”高级对话框

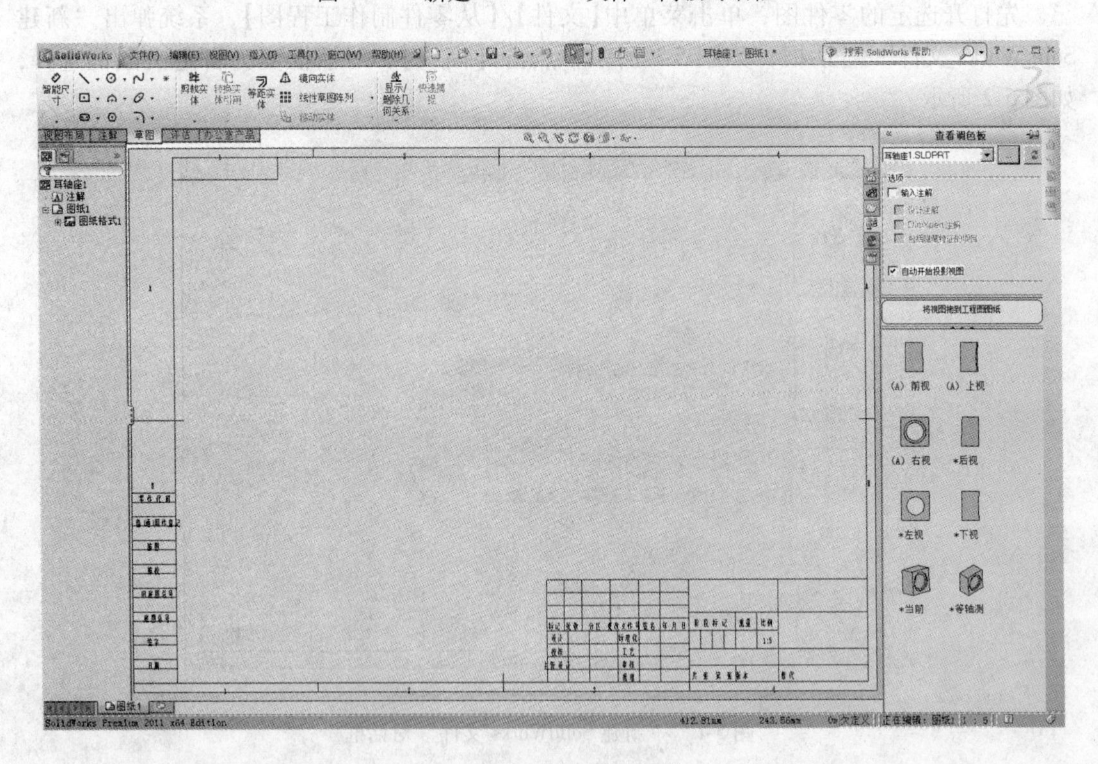

图 5-3 绘图区

所示，点击【高级】，对话框变为自定义图框选择，如图 5-2 所示。单击右侧出现任务窗口【查看调色板】选项卡，如果没有选择零件/装配体，就从下拉框中选取所需的零件/装配体，视图就显示在调色板区域，如图 5-3 所示。从中选取合适的视图拖放到图纸中形成多个视图，如图 5-4 所示。

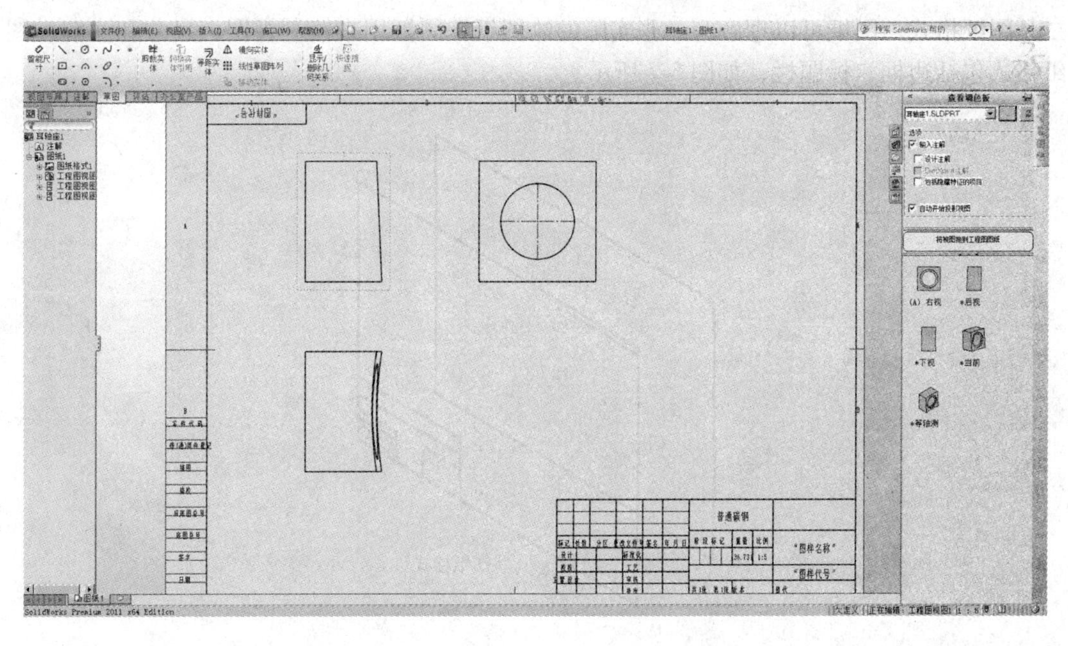

图 5-4 视图

5.2.3 工程图文件与工程图图纸

SolidWorks 工程图文件可以包含一张或者多张图纸。创建新图纸的方法，在管理器左键指向图纸，右键快捷菜单【添加图纸】，如图 5-5 所示，设计树中出现图纸 2，下部出现图纸 2 标签，点击各图纸标示可以相互转换，如图 5-6 所示。

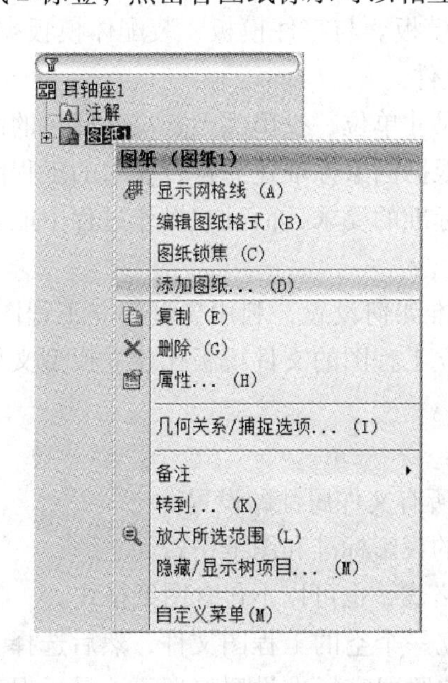

图 5-5 添加图纸

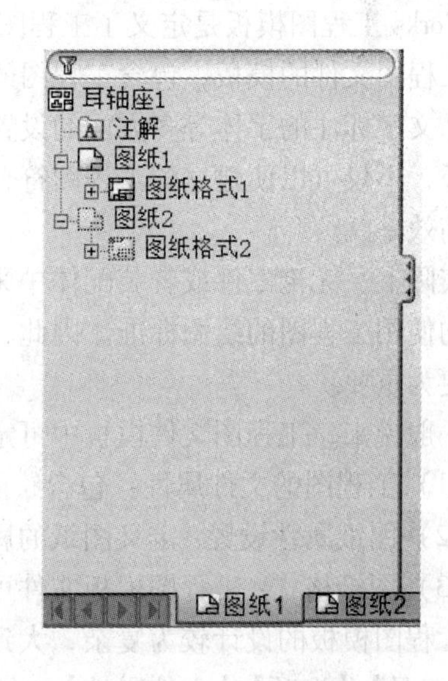

图 5-6 多张图纸

工程图纸包含图纸和图纸格式，每一张工程图包含两个相互独立的部分，一是图纸，二是图纸格式。图纸可以理解为一张实际的绘图纸，图纸用来绘制视图、尺寸和注解；图纸格式包括边框、标题栏，如图 5-7 所示。

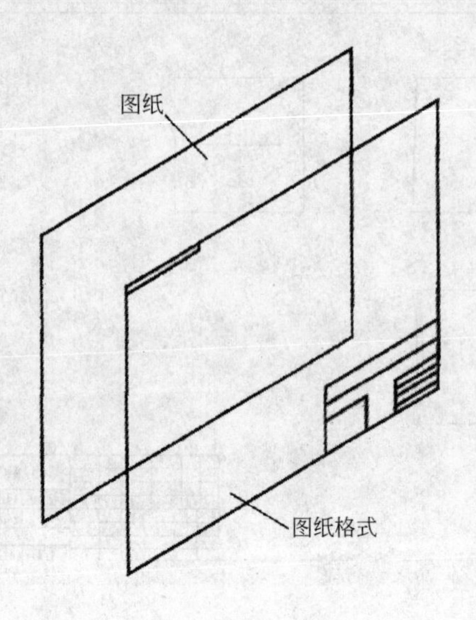

图 5-7 图纸和图纸格式

5.3 图纸格式和工程图模板

5.3.1 工程图模板

零件模板、装配体模板和工程图模板是 SolidWorks 的三种必要的模板，在 SolidWorks 软件成功安装后，系统自动为用户提供这三种文件模板。与零件模板、装配体模板类似，SolidWorks 工程图模板是定义了工程图文件属性的文件。

工程图文件的模板，包含工程图的绘图标准、尺寸单位、投影类型、尺寸标注的箭头类型、文字标注的字体等多方面的设置选项。因此根据国家标准建立符合要求的工程图文件模板，不仅可以使建立的工程图符合国标或企业标准的要求，而且在操作过程中能够大大提高效率。

实际上，无论零件或者装配体中采用的绘图标准如何设置，利用模型建立工程图时，系统均使用工程图的绘图标准。因此，相对来说建立工程图的文件模板比建立模型文件的模板更为重要。

一般说来，工程图文件模板中可定义如下内容：

（1）工程图的文件属性：包含绘图标准在内的所有文件属性的设置。

（2）图纸属性设置：定义图纸的属性，如视图的投影标准和图纸格式。

（3）图纸格式：工程图模板文件可以包含图纸格式，也可以不包含图纸格式。

工程图模板的设计较为复杂，大致思路为：建立一个空的工程图文件，然后选择下拉菜单【工具】/【选项】/【文件属性】，在每个选项里按照国家标准设置好即可，最后保存格式为工程图模板。SolidWorks 2011 带有符合国标的工程图模板，也带有符合国标的零件和装配体模板，可直接选用。如图 5-8 所示，【模板】选项中为“GB 零件”、“GB 装配体”、

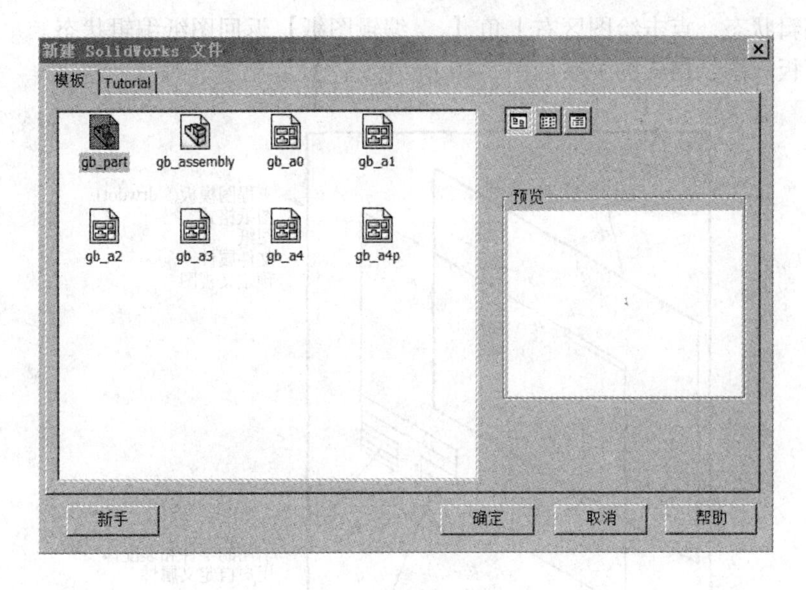

图 5-8 国标模板

“GB 工程图 A0-A4”；【Tutorial】选项中为 SolidWorks2011 默认的零件、装配体、工程图模板，绘图标准为 ISO 标准，如图 5-9 所示。

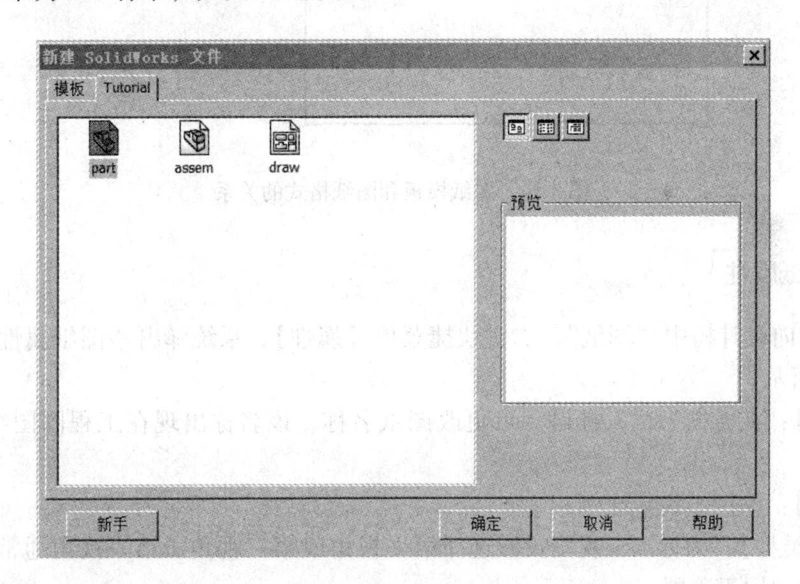

图 5-9 默认模板

5.3.2 图纸格式

图纸格式：可以简单地理解为“图框和标题栏的样式”。图纸格式的文件格式为 *.slddrt，包含内容有：标题栏、图框、注释、嵌入的图像、用户的自定义属性、图标定位点等。

编辑图纸格式：左键指向设计树中“图纸”，右键快捷菜单【编辑图纸格式】，进入图纸格式编辑状态，点击绘图区右上角【编辑图纸】返回图纸编辑状态。

图纸模板和图纸格式的关系如图 5-10 所示。

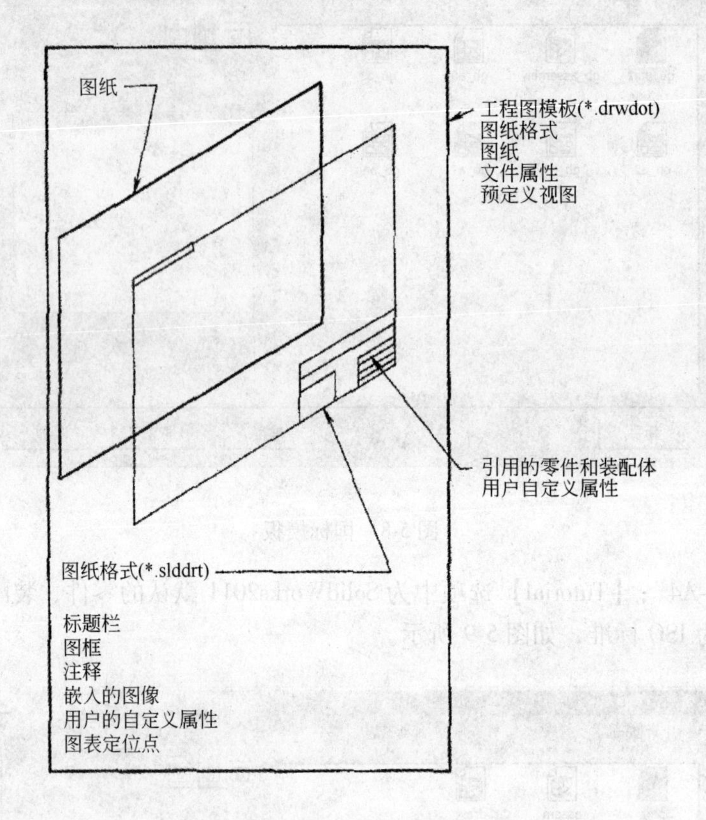

图 5-10 图纸模板和图纸格式的关系

5.3.3 图纸属性

左键指向设计树中“图纸”，右键快捷菜单【属性】，系统弹出“图纸属性”对话框，如图 5-11 所示。

【名称】：在方框中输入标题。可更改图纸名称，该名称出现在工程图图纸下的选项卡中。

【比例】：为图纸设定比例。

【投影类型】：为标准三视图投影选择第一视角或第三视角。第一视角通常用于欧洲，第三视角通常用于美国。

【下一视图标号】：指定将使用在下一个剖面视图或局部视图的字母。

【下一基准标号】：指定要用作下一个基准特征符号的英文字母。

【图纸格式/大小】选项组：

【标准图纸大小】：选择一标准图纸大小，或单击浏览找出自定义图纸格式文件；

【只显示标准格式】：显示使用文档属性—绘图标准中所设定的制图标准的图纸格式，在消除选择时，所有标准的格式会出现；

【重装】：如果对图纸格式作了更改，单击以返回到默认格式；

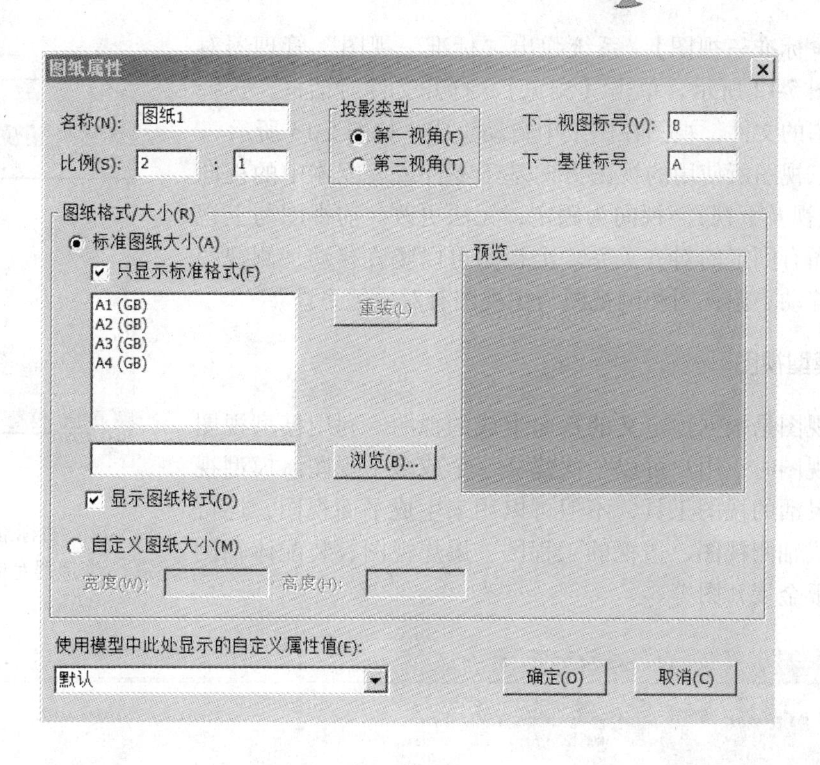

图 5-11　“图纸属性”对话框

【显示图纸格式】：显示边界、标题块等；

【自定义图纸大小】：指定一宽度和高度。

【采用显示模型中自定义的属性值】：如果图纸上显示一个以上模型，且工程图包含链接到模型自定义属性的注释，则选择包含想使用的属性的模型之视图。如果没有另外指定，将使用插入到图纸的第一个视图中的模型属性。

5.4　工程视图

工程图是靠视图表达零件结构，基本视图是由主视图、俯视图、左视图组成的标准三视图，为了表达复杂的结构，还需有剖面视图、局部视图、局部放大视图等。SolidWorks视图功能提供了【标准三视图】、【模型视图】、【投影视图】、【辅助视图】、【剖面视图】、【旋转剖面视图】、【局部视图】、【断开的剖视图】、【断裂视图】、【剪裁视图】、【交替位置视图】功能。

5.4.1　标准三视图

标准三视图可以生成三个默认的正交视图，其中主视图方向为零件或者装配体的前视，主视图、俯视图及左视图有固定的对齐关系。主视图与俯视图长度方向对齐，主视图与左视图高度方向对齐，俯视图与左视图宽度相等。俯视图可以竖直移动，左视图可以水平移动。

操作方法：单击菜单中【插入】/【工程视图】/【标准三视图】，或单击命令管理器【视图布局】/【标准三视图】，系统弹出“标准三视图”管理器对话框，如图5-12所示。单击【浏览】，打开文件对话框，选择要生成视图的文件，视图在图纸中自动生成，如图5-13所示。

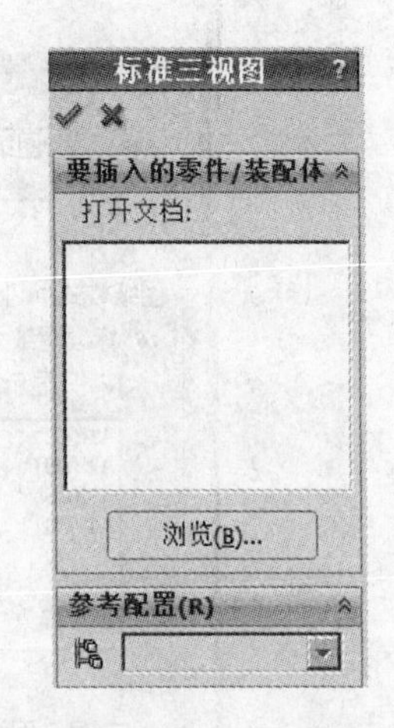

图5-12 “标准三视图”管理器对话框

标准三视图所使用的视图方向基于零件或装配体中的视向（前视、左视及下视）。视向为固定，无法更改。前视图与上视图及侧视图有固定的对齐关系。上视图可以竖直移动，侧视图可以水平移动。俯视图和侧视图与主视图有对应关系。

5.4.2 模型视图

模型视图是根据预定义的视向生成的视图，利用模型视图工具建立视图时，用户可以一次建立一个或多个视图。模型视图是一种灵活的视图工具，不但可以用来生成平面视图，还可以用来生成轴测视图、透视的工程图、爆炸视图、装配体轴测剖视图及钣金展开图等。

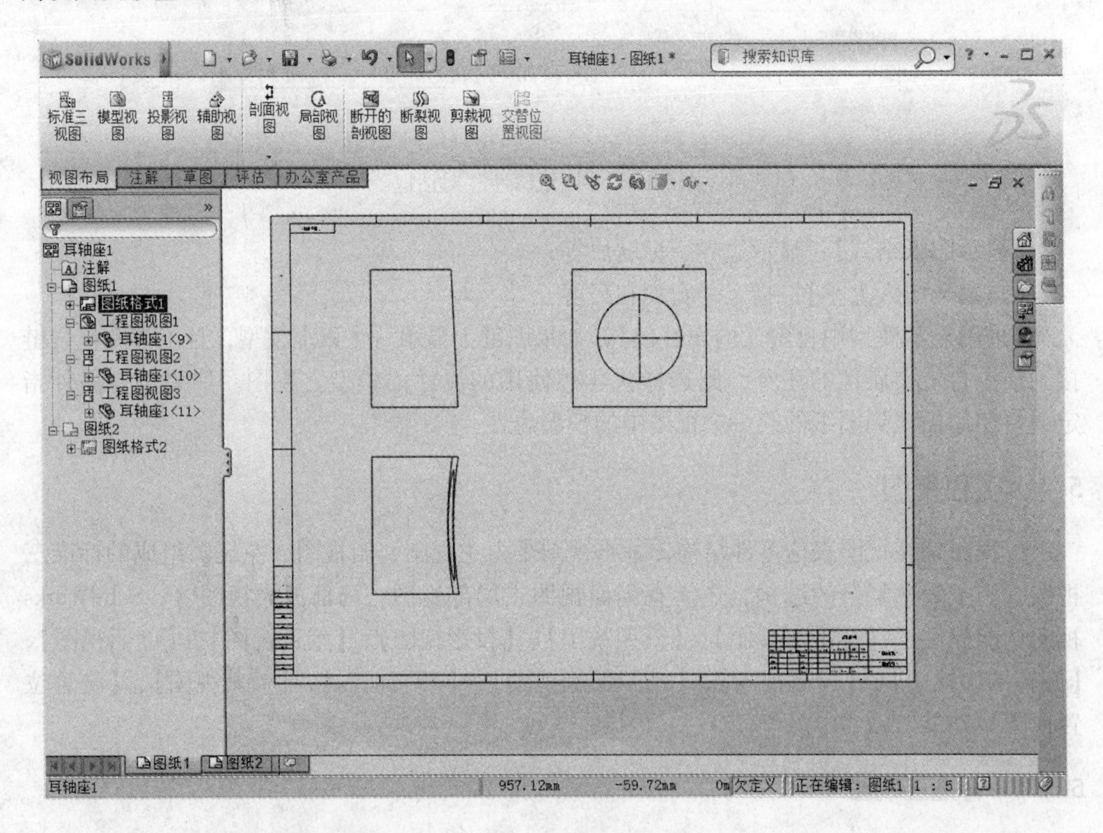

图5-13 标准视图

操作方法：单击菜单中【插入】/【工程视图】/【模型视图】，或单击命令管理器【视图布局】/【模型视图】，系统弹出“模型视图”对话框，如图5-14所示。单击【浏览】，打开文件对话框，选择要生成视图的文件，“模型视图”对话框展开更多选项，如图5-15所示。

选择【标准视图】和【更多视图】中的选项，可以分别生成主视图、轴测图，如图 5-16 所示。

图 5-14 “模型视图”对话框

PropertyManager
模型视图
信息
请从以下清单中选择一命名视图然后放置视图。
注意视向清单与保存在模型中的命名视图相对应。
参考配置(R)
默认
方向(O)
生成多视图(C)
标准视图:
更多视图:
*上下二等角轴测
*左右二等角轴测
当前模型视图
预览(P)
输入选项
选项(N)
显示样式(S)
比例(A)
尺寸类型(M)
装饰螺纹线显示(C)

图 5-15 更多选项

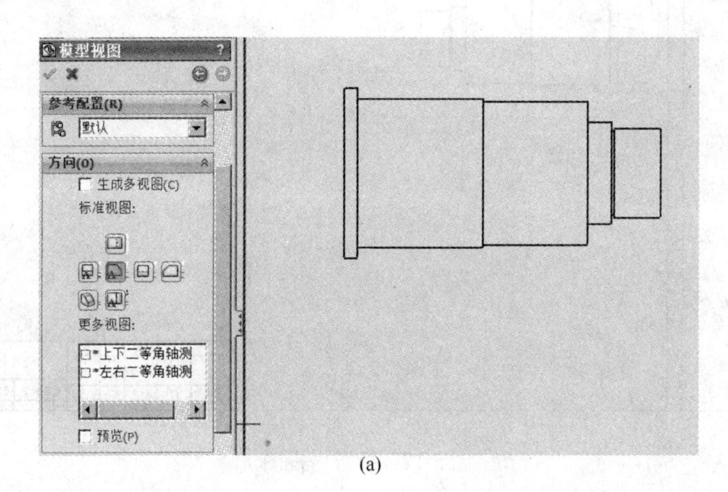

(a)

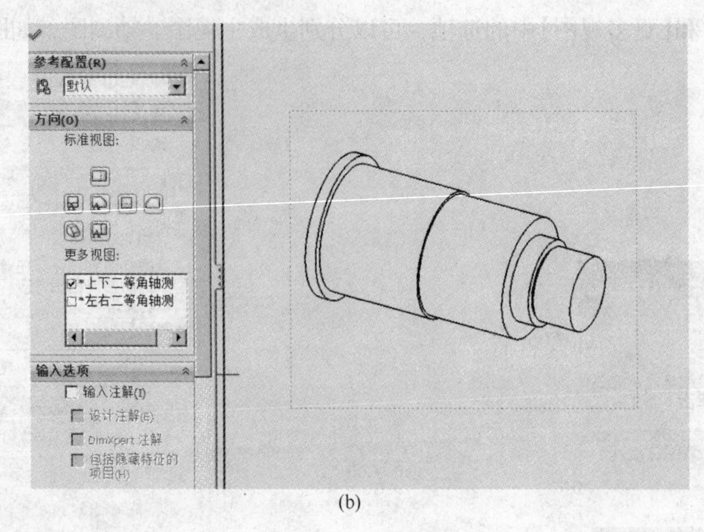

(b)

图 5-16　模型视图

5.4.3 投影视图

投影视图是在图纸中存在某一视图，此视图可以认为是父视图。相对于父视图在 4 个投影方向上，可建立不同的投影视图。

操作方法：单击菜单中【插入】/【工程视图】/【投影视图】，或单击命令管理器【视图布局】/【 投影视图】，系统弹出“投影视图”对话框，如图 5-17 所示。选择点击已存在的视图，向右投影出左视图，向下投影出俯视图，向右下投影出轴测图，如图 5-18、图 5-19 所示。

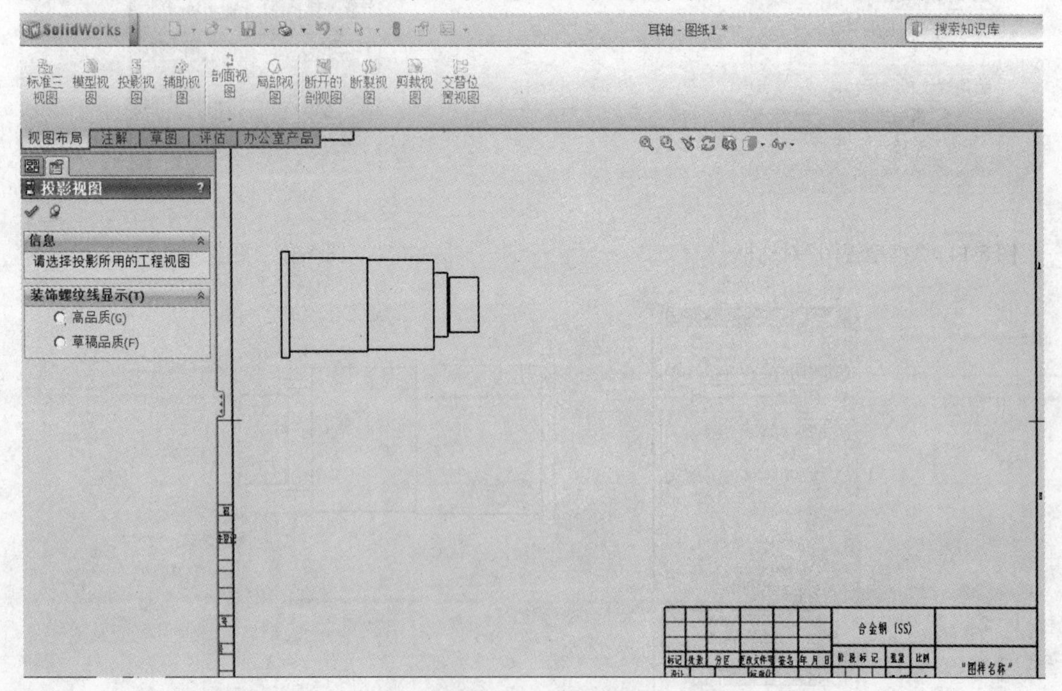

图 5-17　投影主视图

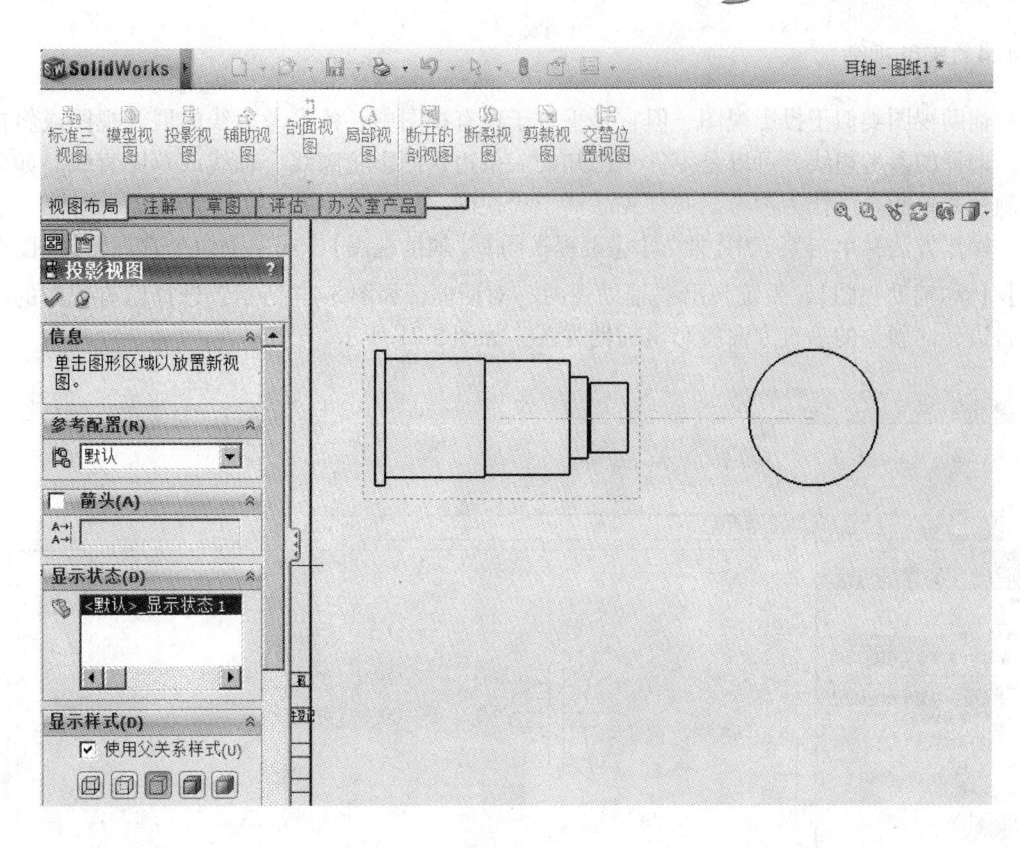

图 5-18　投影左视图

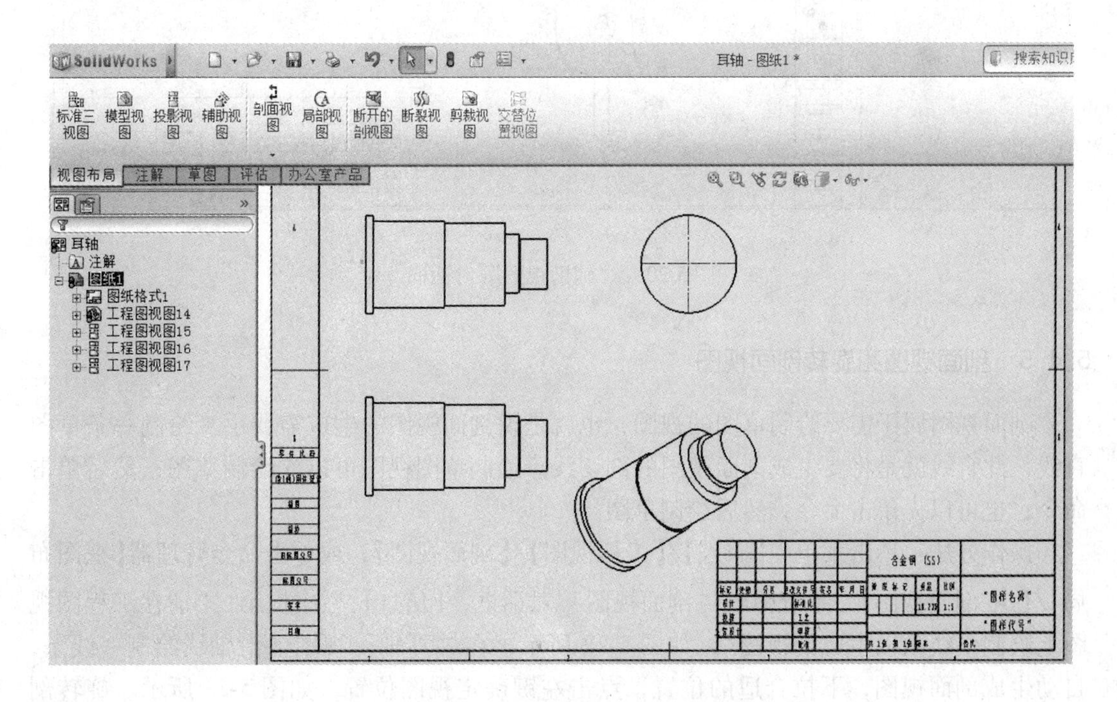

图 5-19　投影轴测图

5.4.4 辅助视图

辅助视图类似于投影视图，但它是垂直于现有视图中一条参考边线的展开视图或斜视图。选择的参考边线，可以是零件中已知的一条边、侧影轮廓线、轴线或草图直线。如果绘制一条草图直线作为参考，必须先激活工程视图。

操作方法：单击菜单中【插入】/【工程视图】/【辅助视图】，或单击命令管理器【视图布局】/【 辅助视图】，系统弹出“辅助视图”对话框，如图5-20所示。选择已有视图的一条斜边，向斜边的垂直方向投影出辅助视图，如图5-21所示。

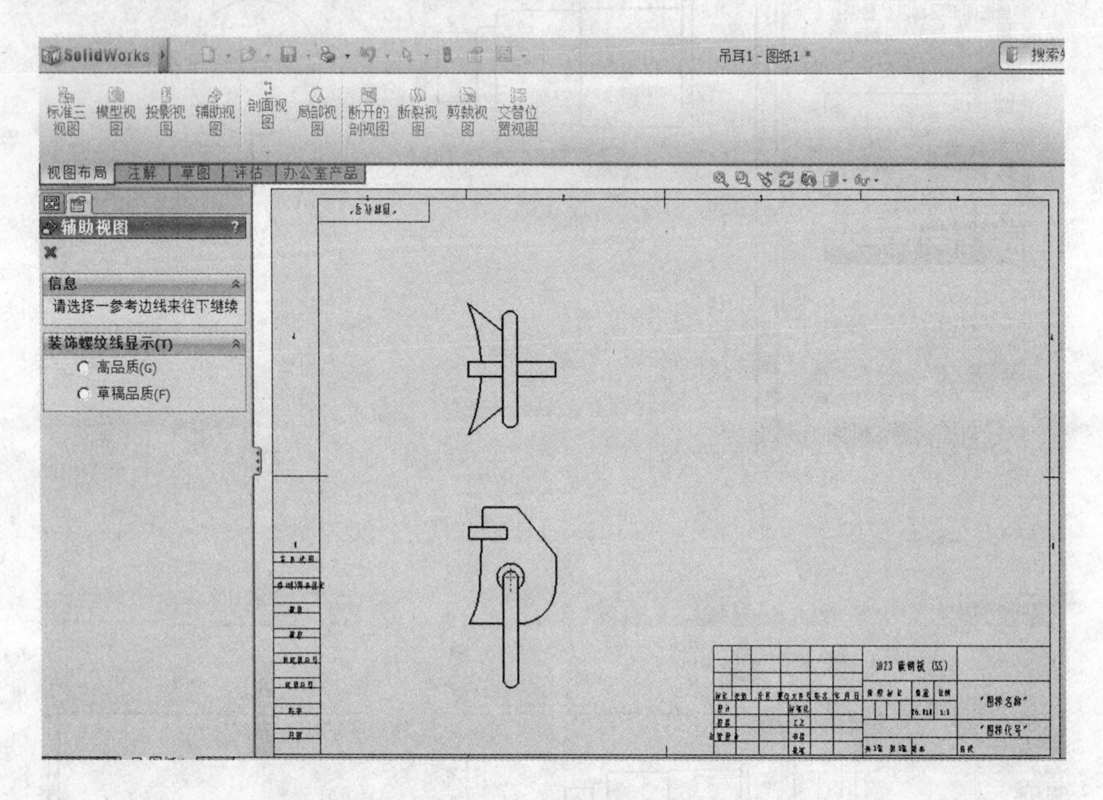

图5-20 “辅助视图”对话框

5.4.5 剖面视图和旋转剖面视图

剖面视图属于需要绘制草图的视图，也就是说剖面视图的生成需要手工绘制一条草图直线，此直线就是将要生成剖面视图的剖切线。绘制草图视图可以先绘制草图，然后单击命令；也可以先单击命令，然后绘制草图。

操作方法：单击菜单中【插入】/【工程视图】/【剖面视图】，或单击命令管理器【视图布局】/【 剖面视图】，系统弹出“剖面视图”对话框，【信息】栏中提示：“请在工程图视图上绘制一线条以生成剖视图”，如图5-22所示，在“耳轴”视图上沿轴线绘制一线条，自动生成剖面视图，下拉合适的位置，点击左键确定视图位置，如图5-23所示。旋转剖面视图的剖切线是由两条或多条线段以一定角度连接而成的，其他操作同剖面视图。

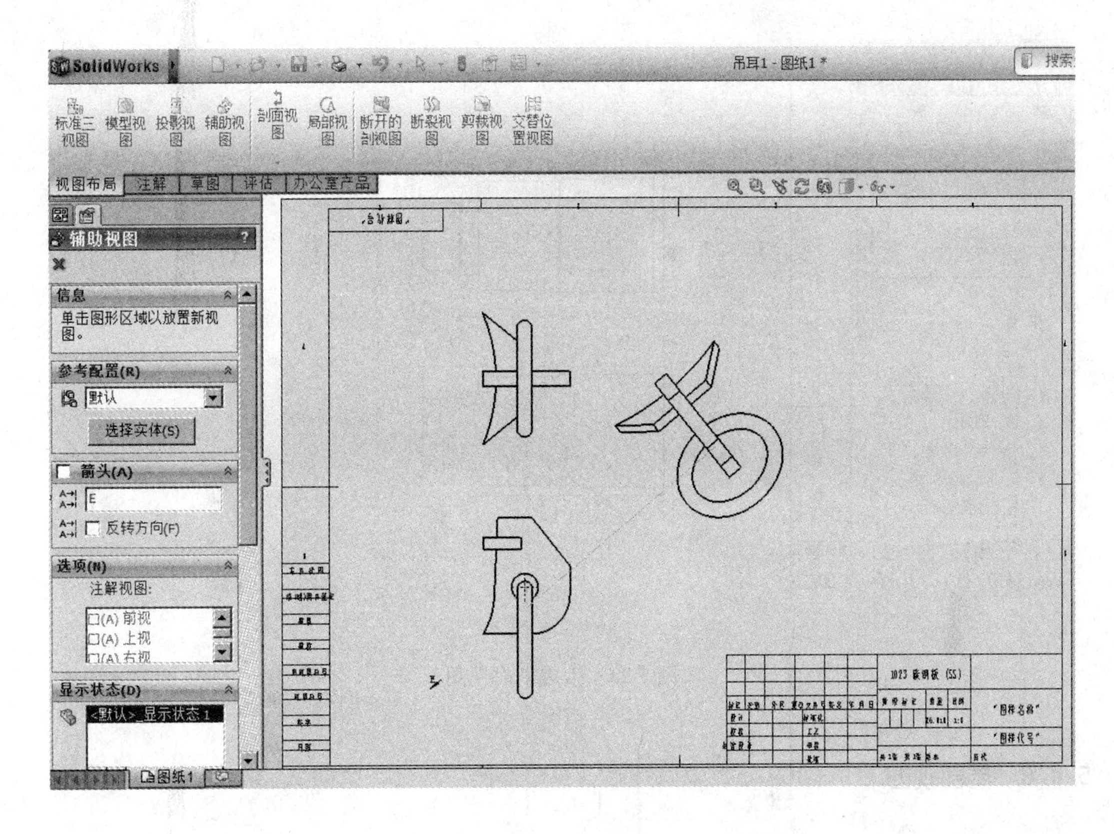

图 5-21 辅助视图

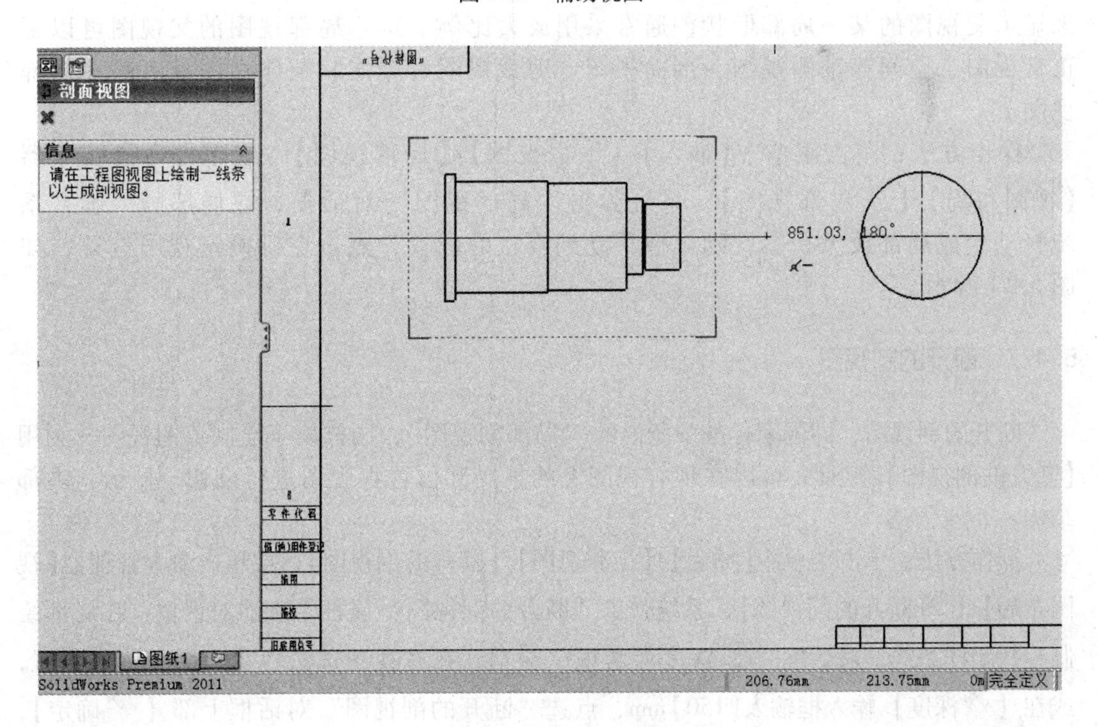

图 5-22 绘制一线条

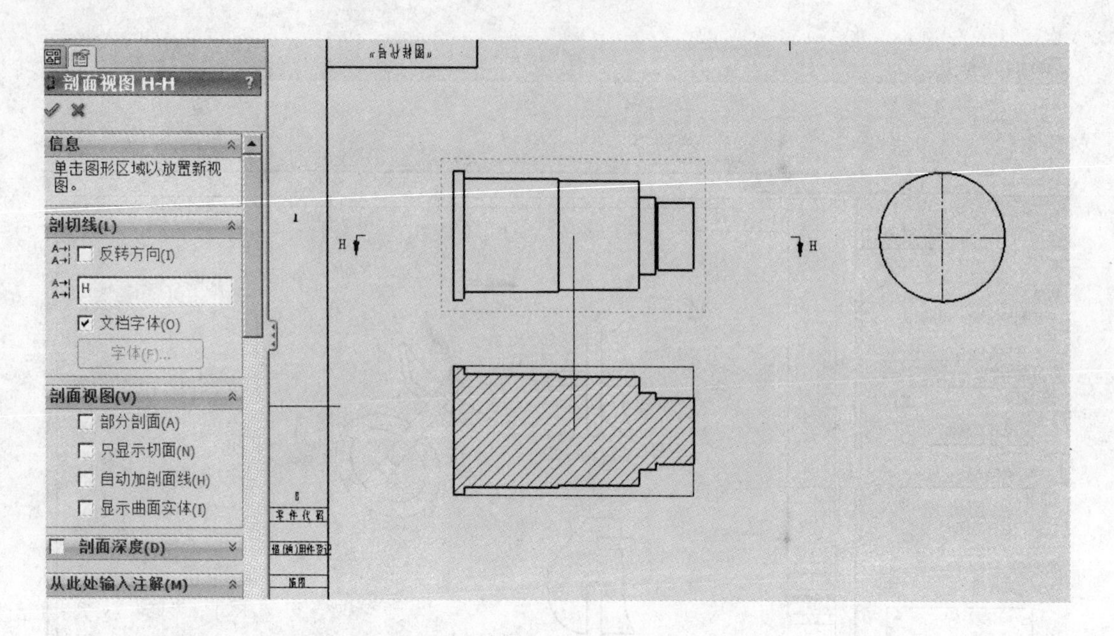

图 5-23 生成剖面视图

5.4.6 局部视图

局部视图，即局部放大视图，也属于绘制草图视图，是一种派生视图，可以用来显示父视图的某一局部形状，通常采用放大比例显示。局部视图的父视图可以是正交视图、空间等轴测视图、剖面视图、剪裁视图、爆炸装配体视图或者另一局部视图。

操作方法：单击菜单中【插入】/【工程视图】/【局部视图】，或单击命令管理器【视图布局】/【局部视图】，系统弹出“局部视图”对话框，在局部画一圆，系统自动生成局部放大视图，随鼠标移动到合适的位置，点击左键确定视图位置，如图 5-24 所示。

5.4.7 断开的剖视图

断开的剖视图，即国家标准中所说的“局部剖视图”，同样属于绘制草图视图。利用【断开的剖视图】工具，可以在现有视图上的某局部位置将视图进行剖切，显示其内部结构。

操作方法：单击菜单中【插入】/【工程视图】/【断开的剖视图】，或单击命令管理器【视图布局】/【断开的剖视图】，系统弹出“断开的剖视图”属性管理器对话框：在局部绘制一封闭样条线，对话框“深度参考框”激活，在右视图选法兰盘上圆孔圆心位置，或在【深度】输入框输入【150】mm，点选“断开的剖视图”对话框上部【确定】，或点选绘图区右上角【确定】，完成断开的剖视图，如图 5-25 所示。

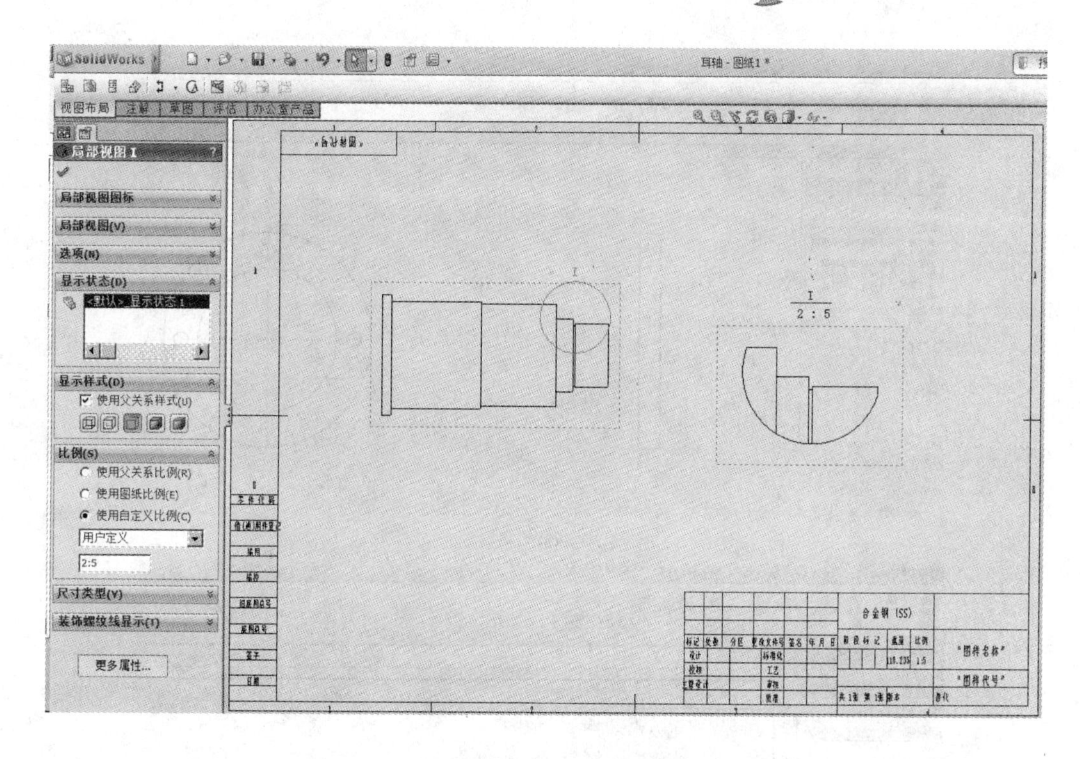

图 5-24 局部放大视图

5.4.8 断裂视图

断裂视图是以在较小的图纸中以较大的比例显示较长的零件，断裂视图也可以称为断开视图。断裂视图适用于细长轴或长度远大于宽度的视图情况，视图断裂后，断开区域的参考尺寸和模型尺寸反映实际零件的真实尺寸。

操作方法：单击菜单中【插入】/【工程视图】/【断裂视图】，或单击命令管理器【视图布局】/【断裂视图】，系统弹出“断裂视图”对话框，信息框提示“选择要断开的工程视图”，如图 5-26(a)所示，左键在绘图区点选视图，视图中出现第一条折断线第一条折断线随鼠标移动到合适位置，点击固定如图 5-26(b)所示，视图中随鼠标出现第二条折断线，如图 5-26(c)所示，鼠标移动到合适位置，点击固定第二条折断线，两段折断线之间缩短为设定缝隙的尺寸 10mm，如图 5-26(d)所示。点选“断裂视图”对话框上部【确定】，或点选绘图区右上角【确定】，完成断裂视图。

5.4.9 剪裁视图

裁剪视图是对当前视图进行剪裁，以便保留需要的部分而节省图面空间。

操作方法：单击菜单中【插入】/【工程视图】/【剪裁视图】，或单击命令管理器【视图布局】/【剪裁视图】，系统弹出“剪裁视图”对话框，如图 5-27(a)所示；信息框提示“绘制一闭合草图轮廓”，打开草图绘制，绘制一封闭样条线，退出，如图 5-27(b)所示；单击命令管理器【视图布局】/【剪裁视图】，视图完成裁剪，如图 5-27(c)所示。

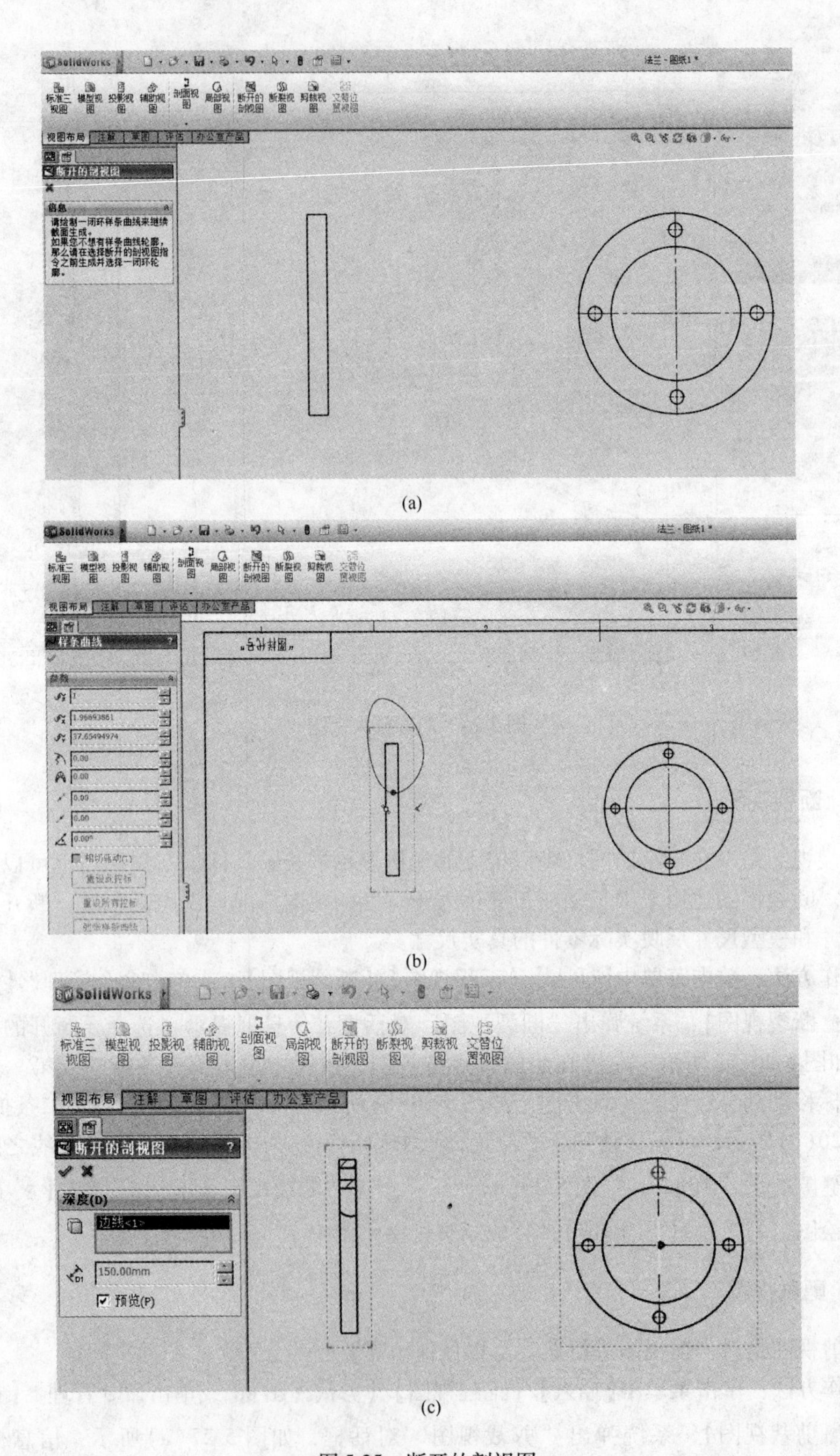

图 5-25　断开的剖视图

（a）“断开的剖视图”对话框；（b）封闭样条曲线；（c）确定深度

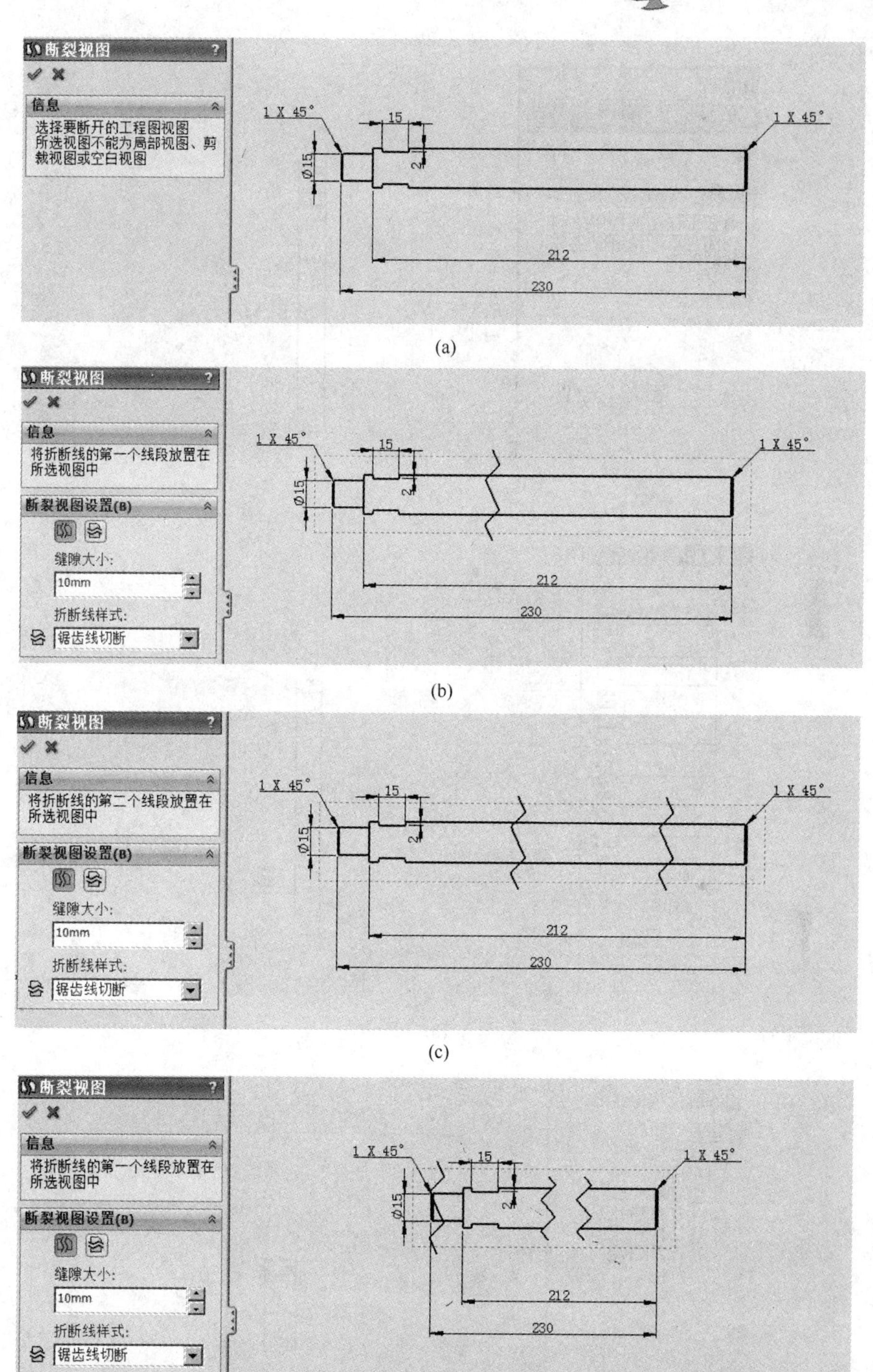

图 5-26 断裂视图

(a)“断裂视图”对话框；(b) 固定第一条折断线；(c) 固定第二条折断线；(d) 完成断裂视图

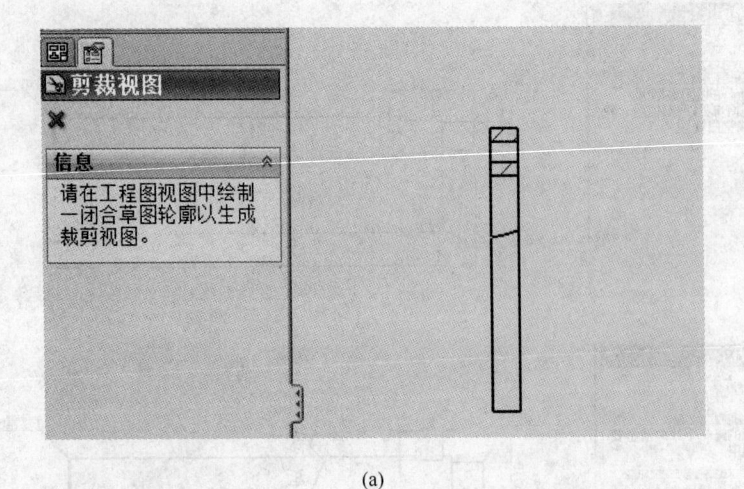

(a)

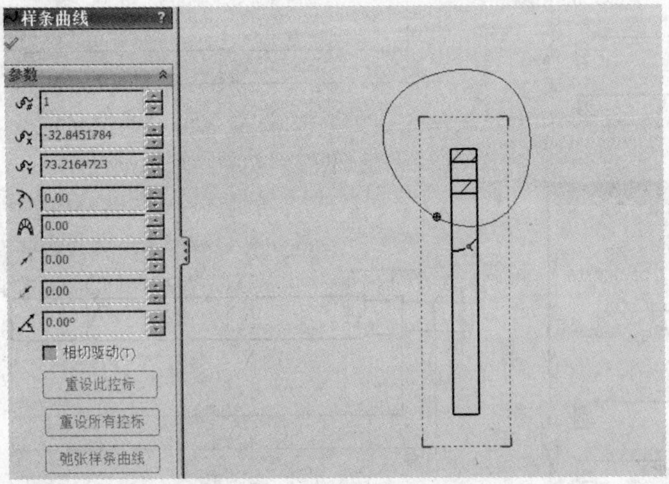

(b)

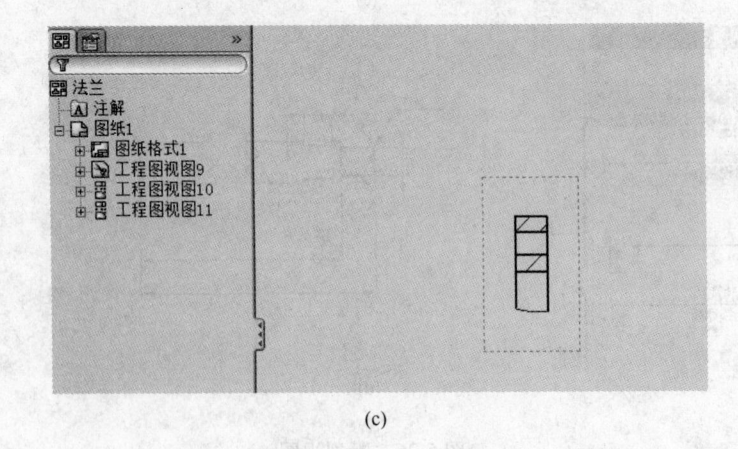

(c)

图 5-27 “剪裁视图”对话框

(a)“剪裁视图”对话框；(b) 绘制一闭合草图轮廓；(c) 完成裁剪视图

5.5 尺寸

在工程视图中，尺寸是用来描述零件或装配体的形状和大小。SolidWorks 工程图中的尺寸标注是与模型相关联的，模型中的变更会反映到工程图中。

SolidWorks 工程图中的尺寸可分为两大类：

（1）来自模型的尺寸：在生成每个零件特征时即生成尺寸，然后将这些尺寸插入各个工程图视图中。在模型中改变尺寸会更新工程图，在工程图中改变插入的尺寸也会改变模型。

（2）标注的尺寸：在工程图中手工添加尺寸，显示的是视图的测量值，是一种从动尺寸，不能驱动模型中的尺寸，但模型尺寸改变时标注尺寸也改变。

5.5.1 插入模型尺寸

通过插入模型尺寸的方法进行尺寸标注可以实现双向驱动，即模型图的尺寸改变可以驱动工程图的尺寸变化，同样工程图的尺寸修改也可以驱动模型图的尺寸变化。此方法对模型的草图尺寸标注方法、标注的位置要求较高。如果标注不当，插入到工程图的尺寸显得多余和凌乱，因此要求用户在模型中绘制草图、标注尺寸时应考虑到将来在工程图中插入尺寸的需要。

操作方法：

第一步，需在文档属性中选择，单击菜单【工具】/【选项】，或单击工具栏【选项】，打开“系统选项”对话框，点击【文档属性】/【出详图】，点选【☑ 为工程图标注的尺寸(W)】/【确定】，关闭“文档属性”对话框，如图 5-28 所示。

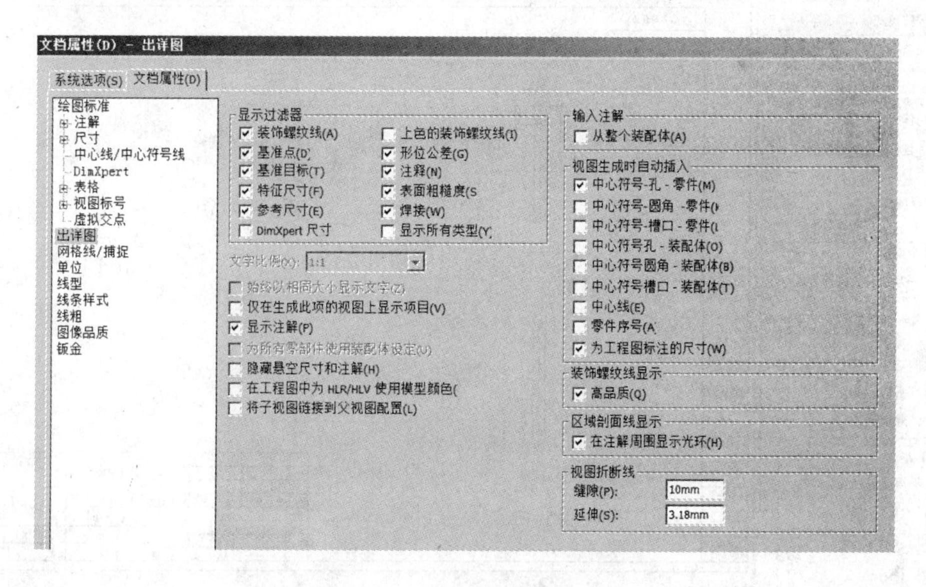

图 5-28 “文档属性”对话框

第二步，打开工程图文件，如“法兰”，点击命令管理器中【注解】/【模型项目】，打开“模型项目”对话框，如图 5-29 所示。点选各选项，确定，完成插入模型尺寸，如图 5-30 所示。

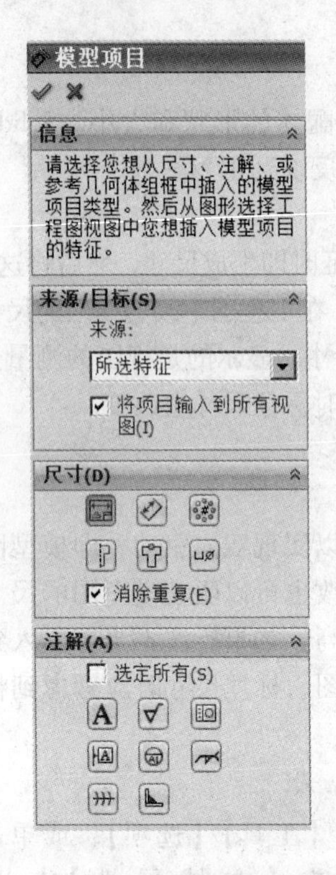

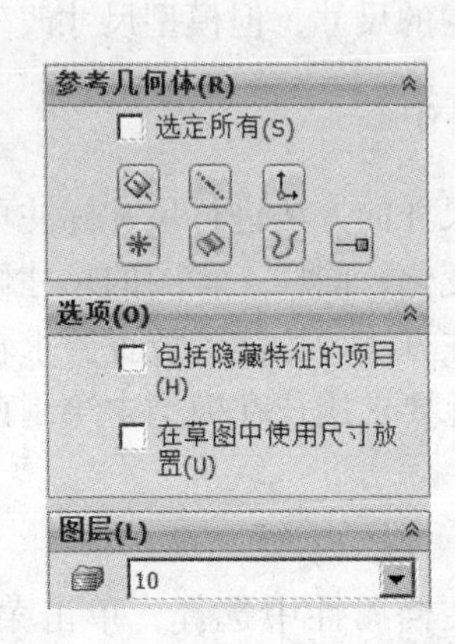

图 5-29 “模型项目”对话框

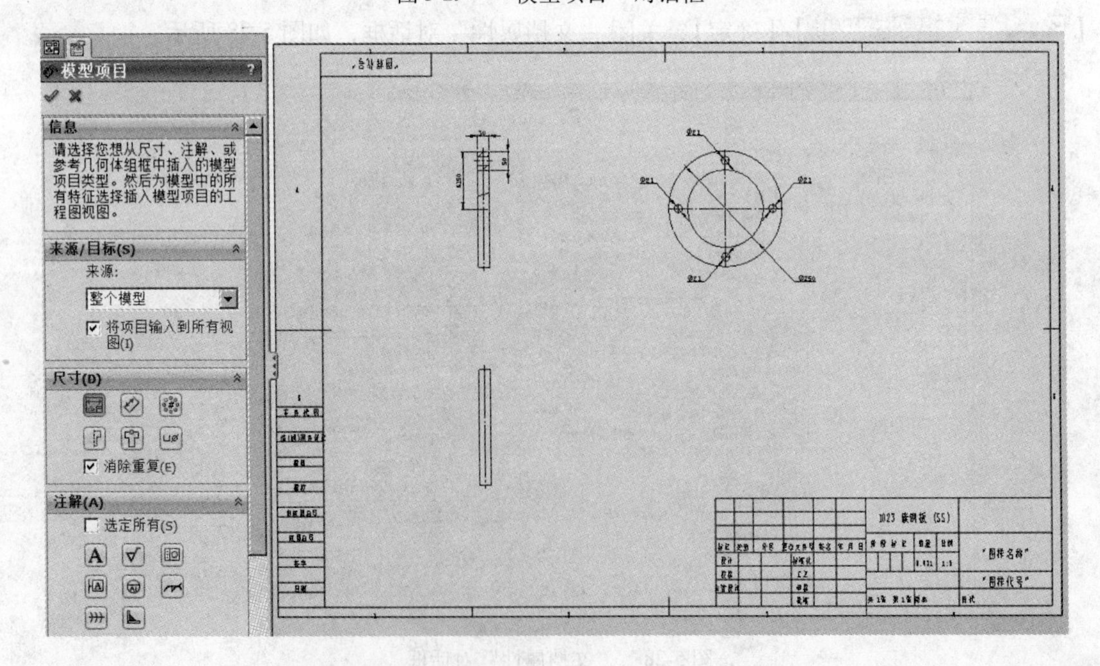

图 5-30 插入模型尺寸

“模型项目”属性管理器对话框选项说明：

(1)【来源/目标】选项组中：

【整个模型】：插入整个模型的模型项目；

【所选特征】：插入图形区域中所选特征的模型项目；

【所选零部件(仅用于装配体工程图)】：插入图形区域中所选零部件的模型项目；

【将项目输入到所有视图】：将项目插入到图纸上的所有工程图视图，在消除选定时，必须选取想将模型项目输入到的工程图视图。

(2)【尺寸】选项组：

【】：为工程图标注；

【】：不为工程图标注，可将之用于所有视图或选定视图以限制插入的尺寸；

【】：实例/圈数计数，为阵列中实例数插入整数；

【】：异形孔向导轮廓，为以异形孔向导生成的孔插入横断面草图的尺寸；

【】：异形孔向导位置，为以异形孔向导生成的孔插入横断面草图的尺寸；

【】：给异形孔向导特征插入孔标注。

(3)【注释】选项组：

【选择所有】：插入存在的以下模型项目，否则，根据需要选择个别项目；

【A】：注释；

【】：表面粗糙度符号；

【】：形位公差；

【】：基准点；

【】：基准目标；

【】：焊接符号；

【】：毛虫；

【】：端点处理。

(4)【参考集合体】选项组：

【】：基准面；

【】：轴；

【】：原点；

【】：点；

【】：曲面；

【】：曲线；

【】：步路点。

5.5.2 标注尺寸

标注尺寸是用尺寸标注工具对工程视图进行标注，当没有选择自动插入模型尺寸时需要进行手工标注尺寸。在工程图中标注的尺寸是从动尺寸，手工标注的方法较多。单击命令管理器下【注解】/【智能尺寸】的下拉按钮，可以看到共有 8 种标注方式：【智能尺寸】、【水平尺寸】、【竖直尺寸】、【基准尺寸】、【尺寸链】、【水平尺寸链】、【竖直尺寸链】、【倒角尺寸】，如图 5-31 所示。这 8 种尺寸标注方式是常用的标注方式，这里重点介绍以下 4 种：

智能尺寸
水平尺寸
竖直尺寸
基准尺寸
尺寸链
水平尺寸链
竖直尺寸链
倒角尺寸

图 5-31 智能尺寸

(1)【智能尺寸标注】：此命令既简单又实用，单击要标注尺寸的几何体，根据指针相对于附加点的位置，自动捕捉适当的尺寸类型（水平、竖直、线性、半径等）。

(2)【基准尺寸标注】：单击作基准的边线或顶点，依次单击要标注尺寸的边线或顶点。

(3)【尺寸链标注】：尺寸链标注是以某点或某线为基准的一种标注方式，并且自动成组以保持对齐，当拖动该组中任何尺寸时，所有尺寸会一起移动。

(4)【倒角尺寸标注】：先单击倒角的斜边，然后单击与斜边相连的任意一直边，移动鼠标于合适位置单击左键。

智能尺寸中的自动标注：SolidWorks 在智能尺寸管理器下提供了一种【自动标注尺寸】功能，是对智能尺寸标注进一步的升级，但与插入模型尺寸不同。

操作方法：单击【智能尺寸】，在“智能尺寸”管理器对话框中点【自动标注尺寸】标签，打开“自动标注尺寸”属性管理器对话框，选择各选项，如图 5-32(a)所示。单击【确定】，完成自动标注尺寸，如图 5-32(b)所示。

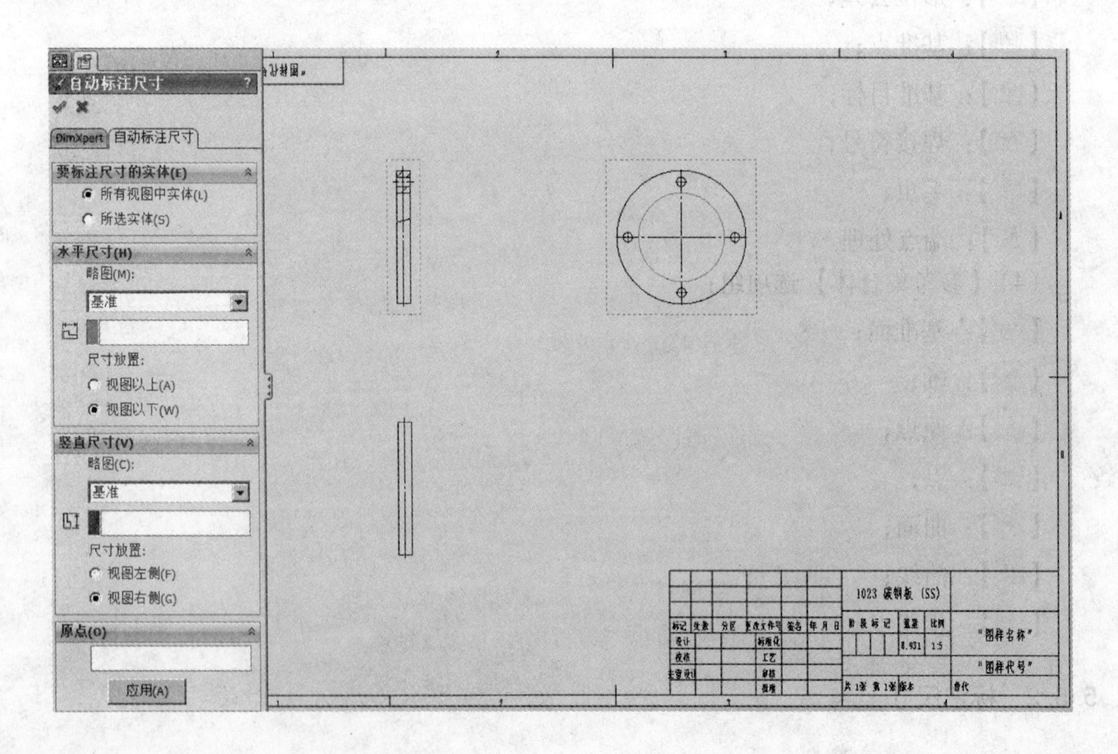

(a)

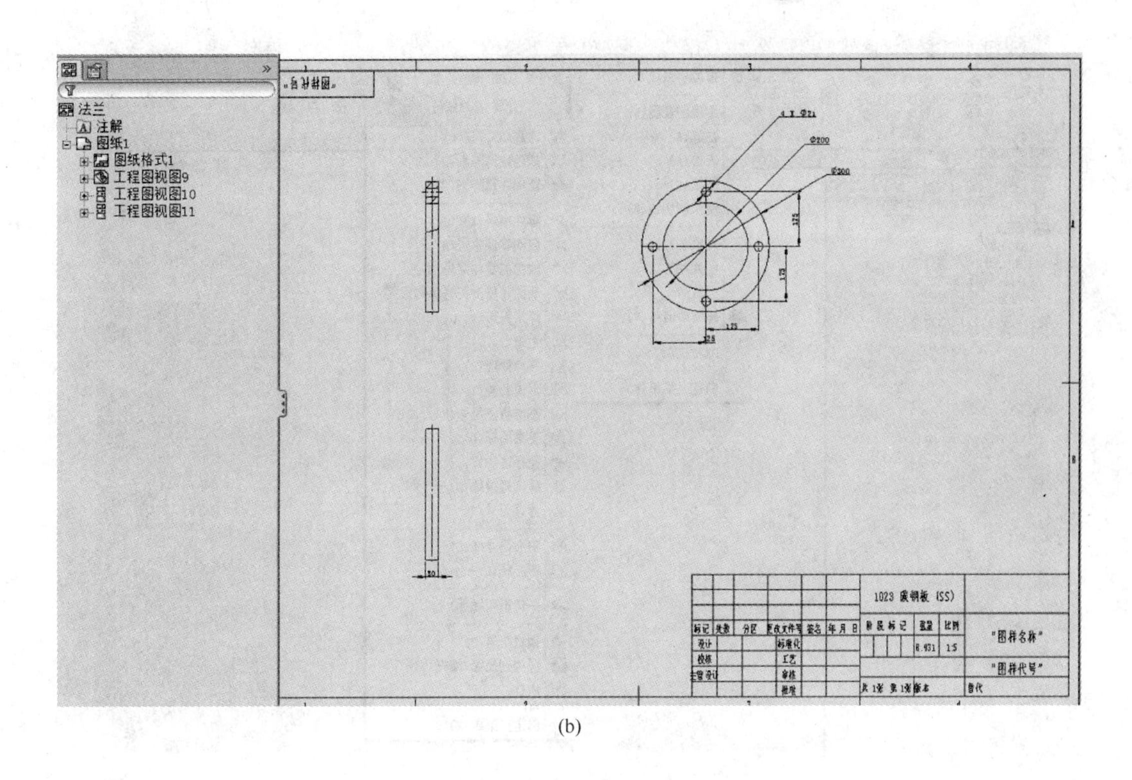

(b)

图 5-32 智能尺寸中的自动标注

（a）“智能尺寸”管理器对话框；（b）自动标注

5.6 注解

SolidWorks 中的注解是给工程图添加信息的文本和符号，是工程图视图完成后加入的标注部分。一般的图纸标注包括文字说明、引出说明、尺寸标注、基准符号、形位公差、表面粗糙度、表格、材料明细表等。本节注释部分不包括尺寸标注和材料明细表。

SolidWorks 2011 注解工具栏如图 5-33 所示，包括【注释】、【线性注释阵列】、【圆周注释阵列】、【表面粗糙度符号】、【形位公差】、【零件序号】、【自动零件序号】、【成组的零件序号】、【基准特征】、【焊接符号】、【毛虫】、【端点处理】、【基准目标】、【区域剖面线/填充】、【中心符号线】、【中心线】、【孔标注】、【装饰螺纹线】、【修订符号】、【多转折引线】、【销钉符号】、【模型项目】、【隐藏/显示注解】。本节只讲解重点和常用的工具。

5.6.1 注释

注释是一种文字注解，注释是给工程图添加文字和标号（相当于 GB 图纸中的文字说明和引出说明）。在文档中，注释可为自由浮动或固定，也可带有一条指向某项（面、边线或顶点）的引线而放置。注释可以包含简单的文字、符号、参数文字或超文本链接，引线可能是直线、折弯线或多转折引线。

操作方法：单击菜单【插入】/【注解】/【注释】，或单击命令管理器中【注解】/【注释】，打开“注释”属性管理器对话框，如图 5-34 所示。

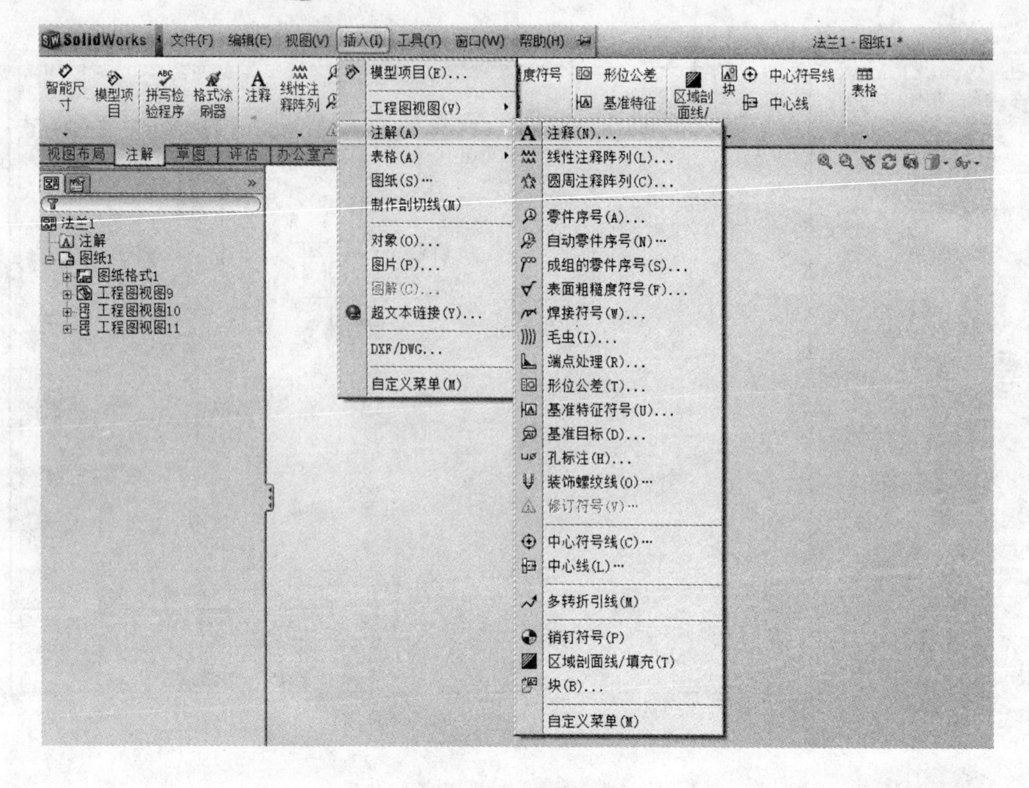

图 5-33 注解工具栏

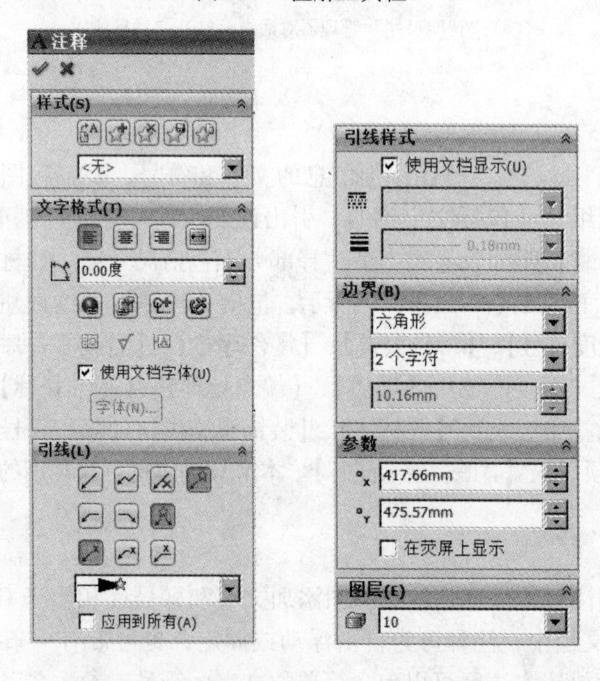

图 5-34 “注释”属性管理器对话框

“注释”属性管理器对话框设置：

(1)【样式】选项组：设置文字注释样式。

除了在样式中所说明的功能外，注释有两种常用类型：

带文字。如果在注释中键入文本并将其另存为一种样式，该文本便会随注释属性保存。当生成新注释时，选择该常用注释并将注释放在图形区域中，注释便会与该文本一起出现。如果选择文件中的文本，然后选择一种样式，便会应用该样式的属性，而不更改所选文本。

不带文字。如果生成不带文本的注释并将其另存为一种样式，则只保存注释属性。

【将默认属性应用到所选注释】：将默认类型应用到所选注释。

【添加或更新常用样式】：单击该按钮，在弹出的对话框中输入新名称，然后单击【确定】按钮，即可将常用类型添加到文件中。

【删除样式】：从【设定当前常用类型】中选择一种样式，单击该按钮，即可将常用类型删除。

【保存常用类型】：在【设定当前常用类型】中显示一种常用类型，单击该按钮，在弹出的“另存为”对话框中选择保存该文件的文件夹，编辑文件名，最后单击【保存】按钮。

【装入样式】：单击该按钮，在弹出的“打开”对话框中选择合适的文件夹，然后选择一个或者多个文件，单击【打开】按钮，装入的常用尺寸出现在【设定当前常用类型】列表中。

(2)【文字格式】选项组：设置文字格式。

【左对齐】：左对齐。

【居中】：居中。

【右对齐】：右对齐。

【套合文字】：单击以压缩或扩展选定的文本。

【角度】：设置注释文字的旋转角度，正角度值表示逆时针方向旋转。

【插入超文本链接】：单击该按钮，可以在注释中包含超文本链接。

【链接到属性】：单击该按钮可以将注释链接到文件属性。

【添加符号】：将鼠标指针放置在需要显示符号的【注释】文本框中，单击【添加符号】按钮，弹出“符号”对话框，选择一种符号，单击【确定】按钮，符号显示在注释中，如图5-35所示。

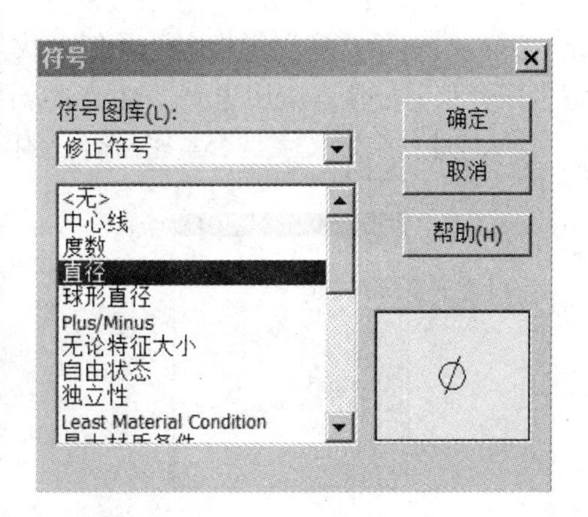

图5-35 “符号”对话框

【锁定/解除锁定注释】：将注释固定到位。当编辑注释时，可以调整其边界框，但不能移动注释本身，只可用于工程图。

【插入形位公差】：可以在注释中插入形位公差符号。

【插入表面粗糙度符号】：可以在注释

中插入表面粗糙度符号。

【插入基准特征】：可以在注释中插入基准特征符号。

使用文档字体(U)【使用文档字体】：选择该复选框，使用文件设置的字体；取消选择该复选框，【字体】按钮处于可选择状态。单击【字体】按钮，弹出“选择字体”对话框，可以选择字体样式、大小及效果。

(3)【引线】选项组。

【引线】：直线引线。

【多转折引线】：多转折引线。

【无引线】：无引线。

【自动引线】：自动引线。

【引线靠左】：引线靠左。

【引线向右】：引线向右。

【引线最近】：引线最近。

【直引线】：直引线。

【折弯引线】：折弯引线。

【下划线引线】：下划线引线。

【箭头样式】：选择一种箭头样式。

应用到所有(A)【应用到所有】：将更改应用到所选注释的所有箭头。如果所选注释有多条引线，而自动引线没有被选择，则可以为每个单独引线使用不同的箭头样式。

(4)【引线样式】选项组。

使用文档显示(U)【使用文档显示】：选择此复选框可使用文档注释中所置的样式和线粗。清除此选项可设定引线样式或线粗。

【引线样式】：可设定引线样式。

【引线粗度】：线粗。

(5)【边界】选项组。

【样式】：给文字周围指定一几何形状（或无）。可选择的形状如图5-36所示，可以对整个注释和部分注释应用边界。对于部分注释，选取注释的任何部分并选择边界。

【大小】：指定文字是否紧密配合、固定的字符数，或者用户定义，如图5-37所示。

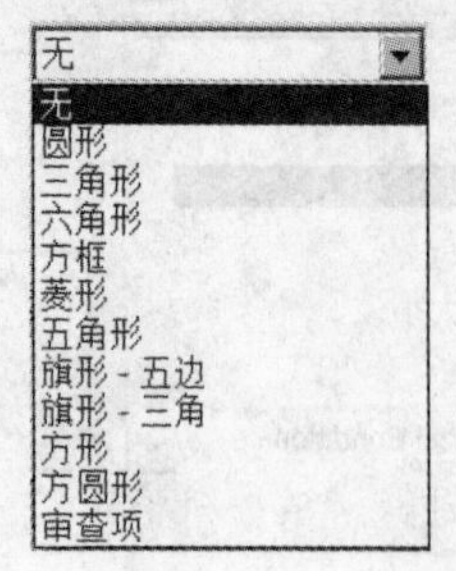

图5-36 样式选项

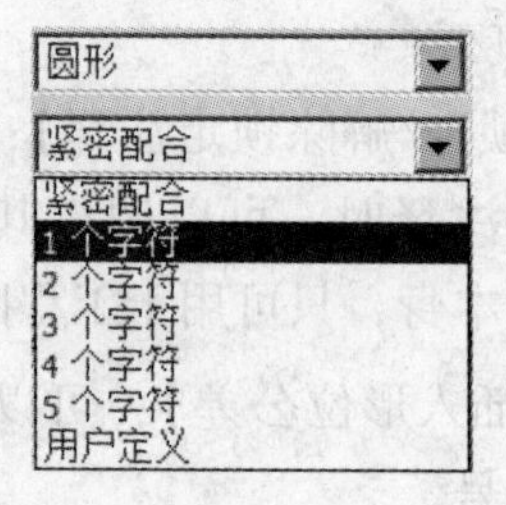

图5-37 固定的字符数

（6）【参数】选项组。

【X 坐标】：注释的中央位置 X 坐标值。

【Y 坐标】：注释的中央位置 Y 坐标值。

通过输入 X 坐标和 Y 坐标，来指定注释的中央位置，或选择在荧屏上显示，以便输入注释在图形区域中的位置。如使用在荧屏上显示，X 和 Y 坐标在键入坐标的图形区域中显示。（0，0）位置是工程图图纸的左下角。

（7）【图层】选项组。

【图层】：在带命名图层的工程图中选择一图层，如图 5-38 所示。

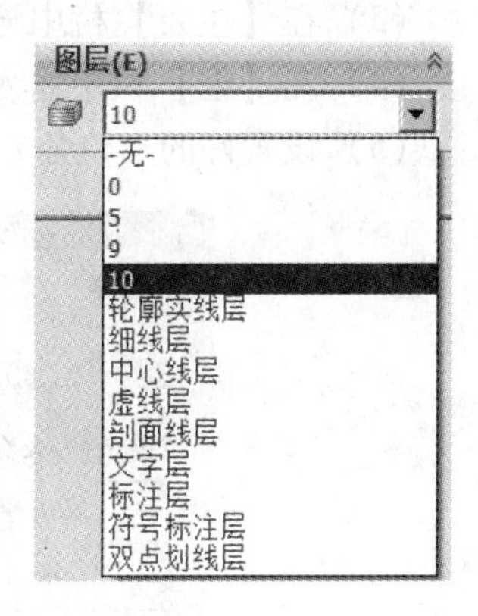

图 5-38　图层选择

5.6.2　形位公差

形位公差是零件的实际形状、位置对其理想形状、位置的变动量。任何零件在加工过程中由于各种因素的影响会产生的形状、位置方面的误差。各种形状和位置误差都将会对零件的装配和使用性能产生不同程度的影响。

形位公差标注操作方法：单击菜单栏中的【插入】/【注解】/【形位公差】，或单击命令管理器中【注解】/【形位公差】，系统弹出“形位公差”管理器属性对话框和“属性”对话框，如图 5-39 所示。

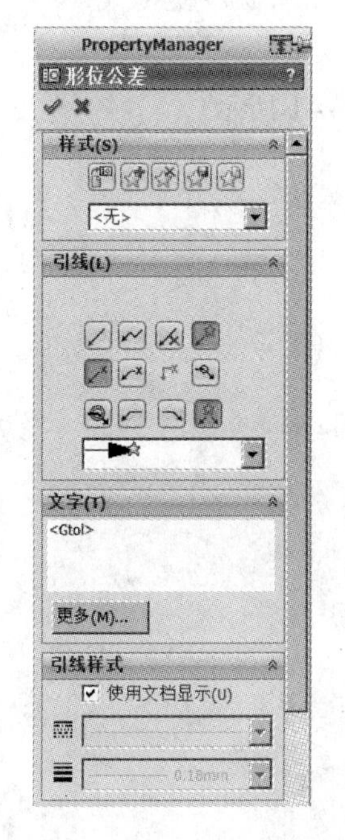

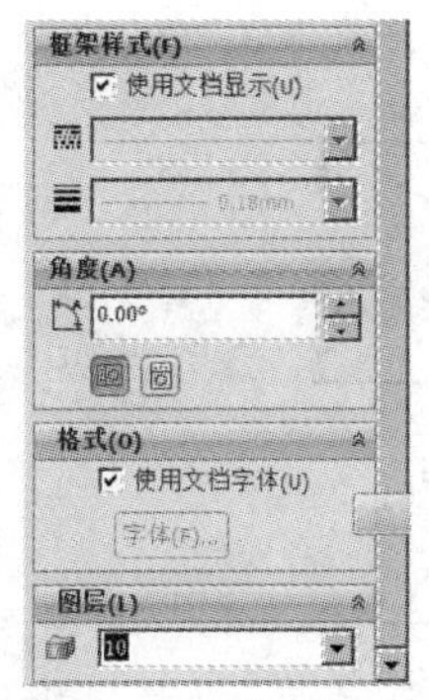

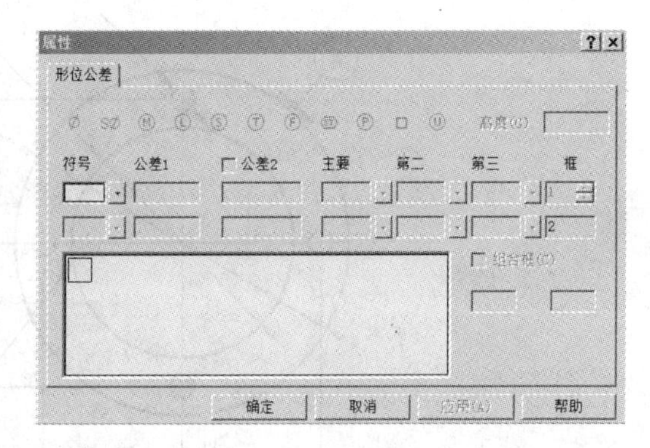

图 5-39　“形位公差”管理器属性对话框和“属性”对话框

“形位公差”管理器属性对话框设置说明：【样式】、【引线】、【文字】、【引线样式】、【框架样式】、【角度】、【格式】、【图层】选项组设置与“注释”属性管理器对话框设置

相同，不再重复。

“属性”对话框设置方法：

（1）在【符号】下拉列表中选择形位符号。

（2）在【公差 1】栏中输入形位公差值，【公差 2】栏中输入第二形位公差值。

（3）在【主要】栏中输入基准如“A”，【第二】、【第三】输入第二、三基准符号。

（4）在【框】栏中输入第二框，切换第二框选择形位符号、公差值、基准符号。

（5）设置好的形位公差会在下半部对话框中显示，如图 5-40 所示。

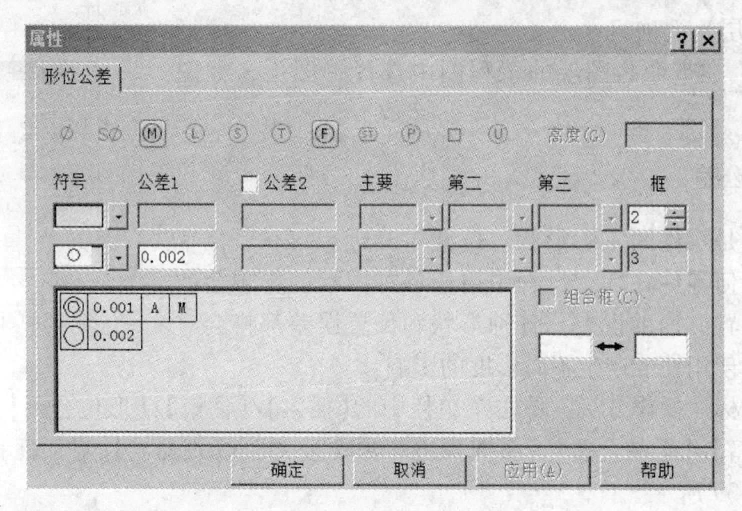

图 5-40 选择公差符号公差值

（6）在图形区域中单击要标注的要素，放置形位公差，如图 5-41 所示。

（7）可以不关闭对话框，设置多个形位公差到图形上。

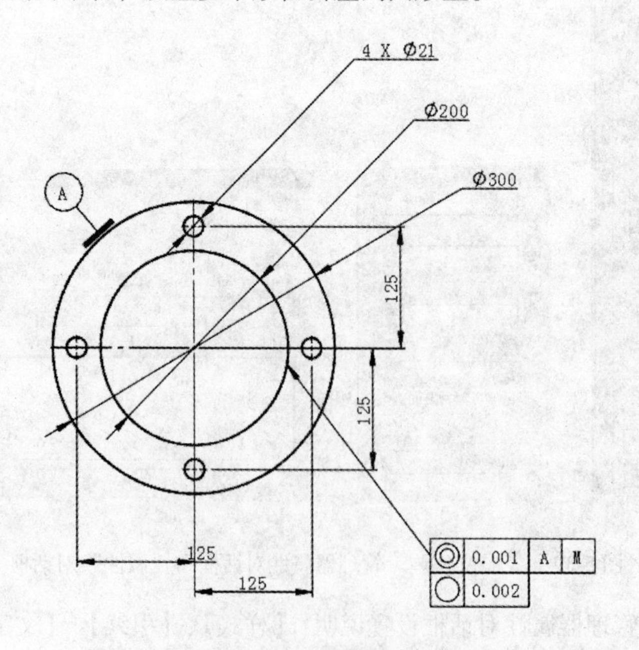

图 5-41 在图中放置形位公差

（8）单击【确定】按钮，完成形位公差的标注。

5.6.3 表面粗糙度

表面粗糙度原称表面光洁度，是指加工表面上所具有的较小间距和峰谷所组成的微观几何形状特性，表面粗糙度是评定零件表面粗糙状况的一项质量指标。表面粗糙度影响零件的耐磨性、耐腐蚀性、疲劳强度、配合性能、密封性、流体阻力以及外观质量等特性。

表面粗糙度标注的方法：单击菜单栏中的【插入】/【注解】/【表面粗糙度】，或单击命令管理器中【注解】/【表面粗糙度】，打开“表面粗糙度”属性管理器对话框，如图 5-42 所示。选择符号、填写数值、角度、引线等，在图形中单击放置。

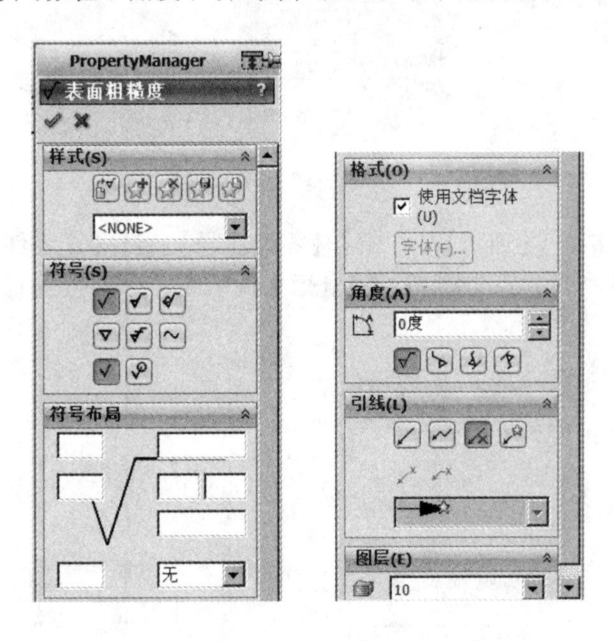

图 5-42　“表面粗糙度”属性管理器对话框

5.6.4 基准特征

基准特征是图纸中基准代号的标注，用来表示模型平面或参考基准面。

标注方法：单击菜单栏中的【插入】/【注解】/【基准特征】，或单击命令管理器中【注解】/【基准特征】，打开“基准特征”属性管理器对话框，如图 5-43 所示。选择标号、引线等，在图形中单击放置。

5.6.5 零件序号

零件序号包括：零件序号、自动零件序号、成组的零件序号。

【零件序号】：零件序号用于标记装配体中零件，将零件与材料明细表 BOM 中的项目序号相关联，零件序号文字以参数方式链接到材料明细表，包括在材料明细表中更改项目将传播到零件序号。以及当零件序号所参考的零部件被压缩时，零件序号也自动被压缩等。

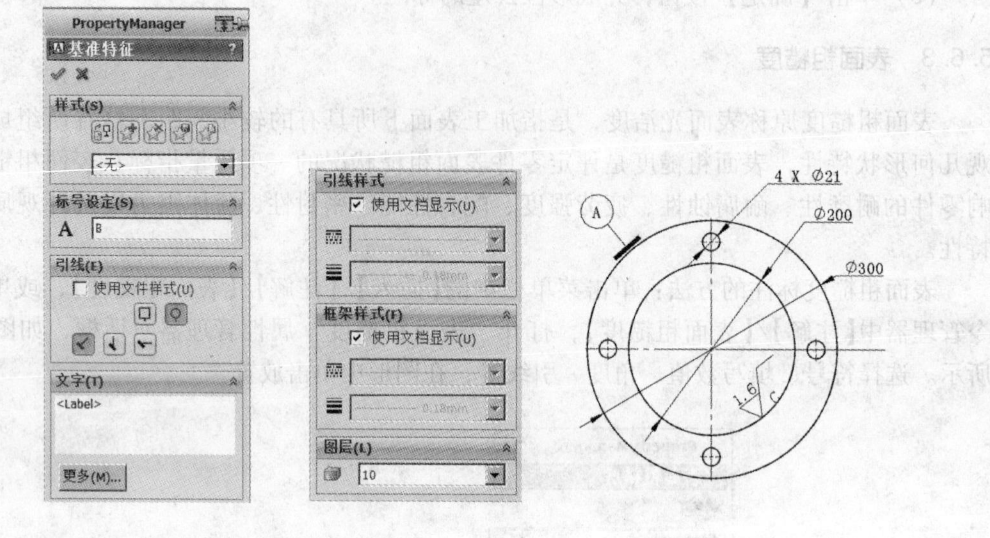

图 5-43　“基准特征”属性管理器对话框

标注方法：单击菜单【插入】/【注解】/【零件序号】，弹出“零件序号”属性管理器对话框，如图 5-44 所示。点击视图，随鼠标出现引线，分别点选每个零件引出零件序号，如图 5-45 所示。

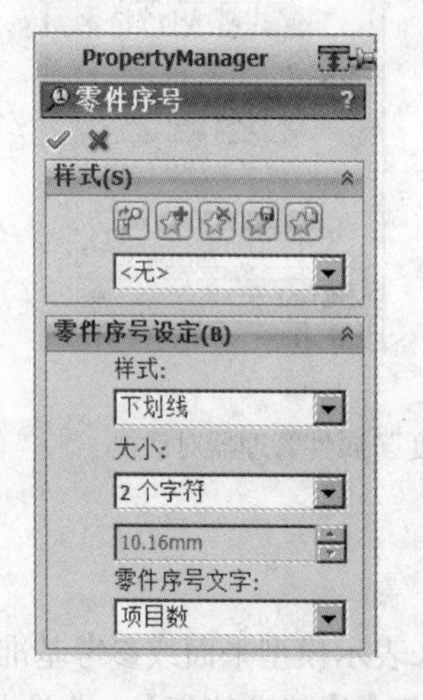

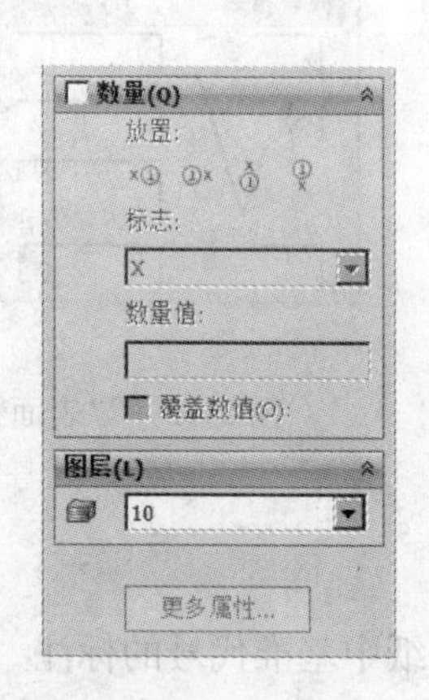

图 5-44 “零件序号”属性管理器

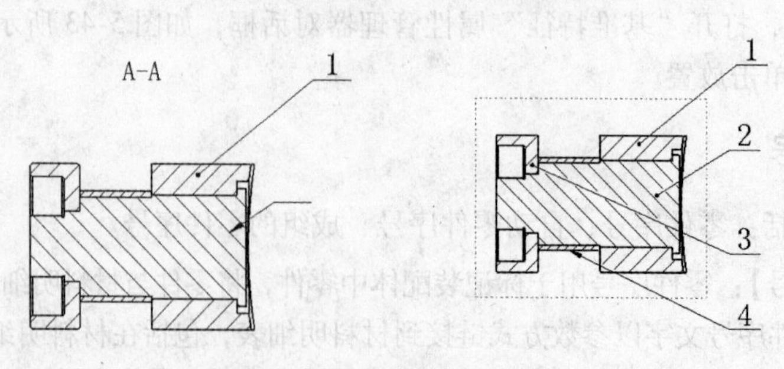

图 5-45　零件序号标注

【自动零件序号】选中装配图中要标注零件号的视图，单击菜单【插入】/【注解】/【自动零件序号】，弹出“零件序号”属性管理器对话框，如图5-46所示，视图中自动生成全部零件序号，如图5-47所示。

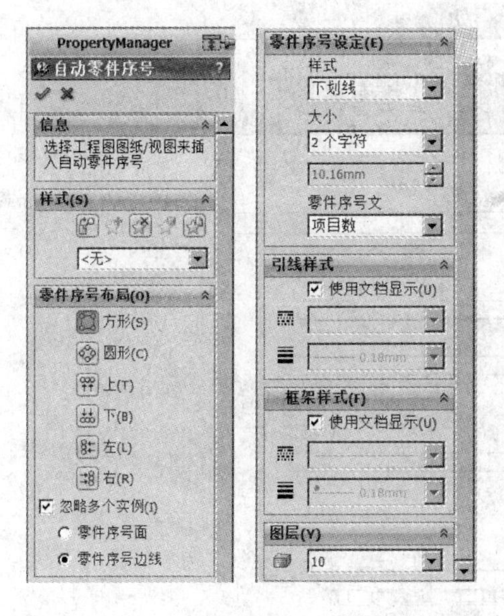

图5-46 “自动零件序号”属性管理器

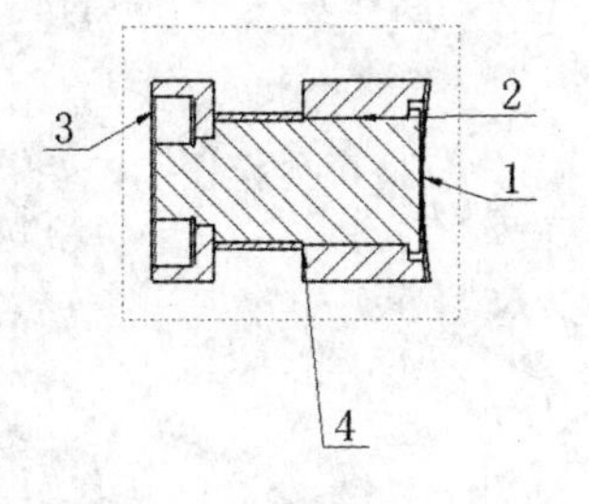

图5-47 自动零件序号标注

5.7 材料明细表

SolidWorks工程图中，表格分为装配图的材料明细表、焊接零件切割清单、孔表、修订表及其他用户订制表格。本节主要介绍材料明细表。

插入材料明细表方法：单击菜单栏中的【插入】/【表格】/【材料明细表】，如图5-48(a)所示。系统弹出“材料明细表”特征管理器，对话框“信息”提示“选择一工程视图为生成材料表制定模型”，按照提示选择视图，如图5-48(b)所示，弹出“材料明细表”特征管理器“表格模板”、“表格位置”、“配置”、“零件配置分组”、“项目号”等对话框，如图5-48(c)所示。

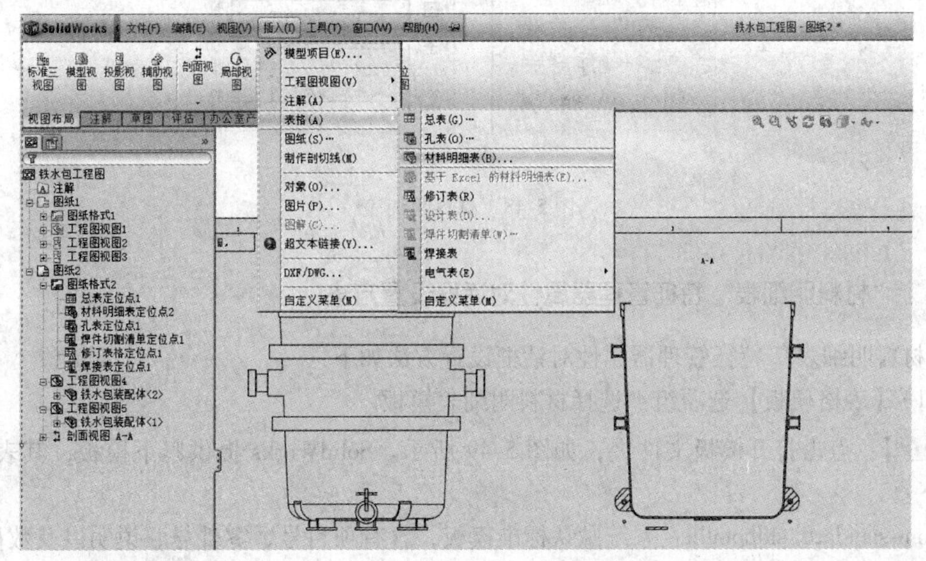

(a)

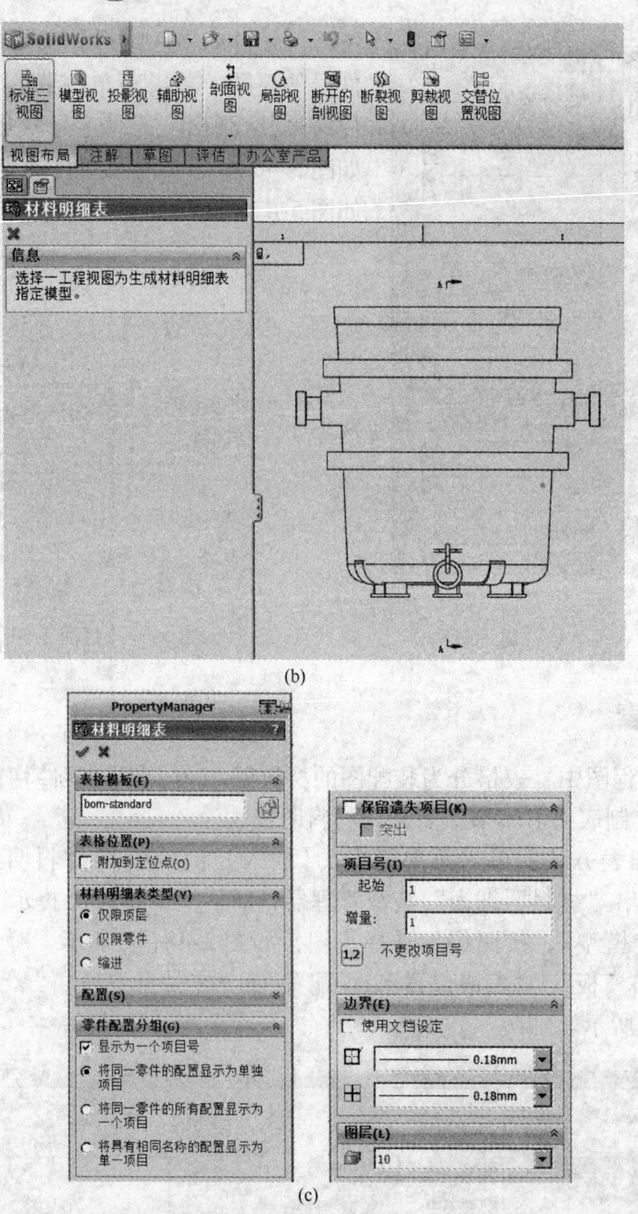

(b)

(c)

图 5-48 材料明细表

5.7.1 “材料明细表”特征管理器属性对话框设置方法

“材料明细表”特征管理器属性对话框设置方法如下：

（1）【表格模板】选项组：选择材料明细表模板。

【】：点击打开模板文件夹，如图 5-49 所示。SolidWorks 提供以下模板，其表格内容如下：

bom-standard. sldbomtbt：系统默认标准模板，含有项目号、零件号、说明以及数量列；

gb-bom-material. sldbomtbt：国标材料表；

bom-all. sldbomtbt：在标准列上再加上材质、库存大小、重量、卖方等额外列；

bom-circuit-summary. sldbomtbt：含有零件名称、导体—电线 ID、颜色、长度、从、到等列，适合管线、电路用；

bom-stock size. sldbomtbt：在标准列上再加上“库存大小”列；

bom-vendor. sldbomtbt：在标准列上再加上“卖方”列；

bom-weight. sldbomtbt：在标准列上再加上“重量”列；

bom-weldment cut list. sldbomtbt：在标准列上再加上“长度”列。

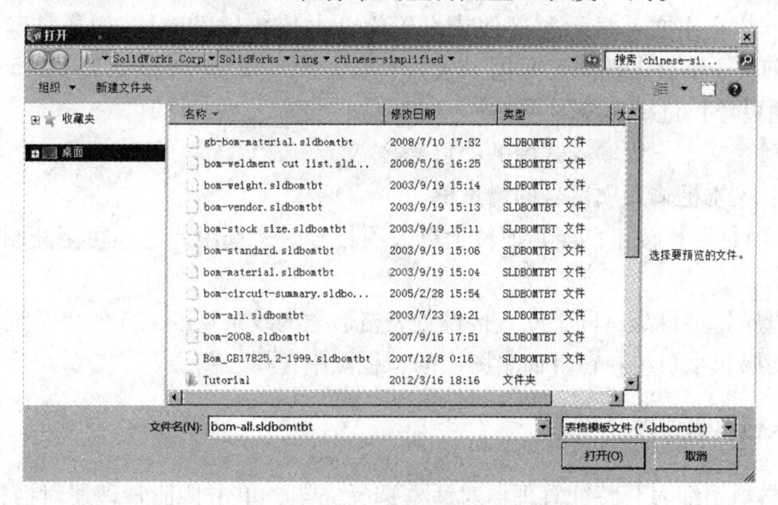

图 5-49 材料明细表模板文件夹

（2）【表格位置】选项组。

☑ 附加到定位点(O)：选中【附加到定位点】复选框，当添加新的行和列时，表格的“恒定边角”会自动更改方向（当表格固定于左上角时，新添加的列自动位于表格右方，而新添加的行自动列于表格下方）。如果不使用表格定位点，可以拖动材料明细表并使其吸附到图纸格式的端点和边线上。

（3）【材料明细表类型】选项组。

【仅限顶层】：列出零件及子装配体，但不列出子装配体的零部件。

【仅限零件】：不列出子装配体，即将子装配体的零部件列为单独的项目。

【缩进】：列出子装配体，即将子装配体零部件内含后置于子装配体之下，提供“无数目”、“详细编号”和“简单编号”三种显示方式。

【配置】：在数量列中显示配置。

（4）【零件配置分组】选项组。

【显示为一个项目号】：在不同的最上层装配体模型配置中，为零部件的不同模型配置使用相同的项目编号。每个独特的零部件模型配置只能是 BOM 装配体的模型配置之一。此选项会在第一次生成 BOM 时应用。如果在 BOM 生成之后切换选项，则不会有变化。当使用此选项时，请设置 BOM 类型为“只有上层”。

【将同一零件的配置显示为单独项目】：如果零部件有多个模型配置，每一个组态都会列在材料明细表中。

【将同一零件的所有配置显示为一个项目】：如果零部件有多个模型配置，零部件只会列在材料明细表的一个列中。

【将具有相同名称的配置显示为单一项目】：如果多个零件都具有相同的配置名称，就会被列在 BOM 的一个列中，也就是同栏。若名称相同，则为数量累加的含义。要让此选项能正常运作，必须设置相同的名称与相同的配置名称。

【保留遗失项目】：该选项用来确定当压缩零部件时材料明细表中会出现何种情况。如果零部件为子装配体，则认为子装配体中的所有零部件已丢失。

【突出】：以突出文字显示零部件或设置为【零值数量显示】。如果是隐藏一个零部件，材料明细表中不会出现任何变化。

(5)【项目号】选择项组。

【起始于】：文本框中输入开始的项目号。

【增量】：文本框输入项目号的增量值。

【不更改项目号】按钮：当其他位置更改项目号时，选中此选项可阻止材料明细表项目号的更新。

(6)【边界】项目组：可于此直接设置表格边框的线条宽度，或使用系统的默认值。

(7)【图层】项目组：在带命名图层的工程图中选择一图层。

5.7.2 插入材料明细表

以上“材料明细表”特征管理器对话框选择完毕，单击特征管理器对话框上部【✔确定】，或绘图区右上角【✔确定】。明细表跟随鼠标在合适的位置点击定位，完成材料明细表插入，如图 5-50 所示。

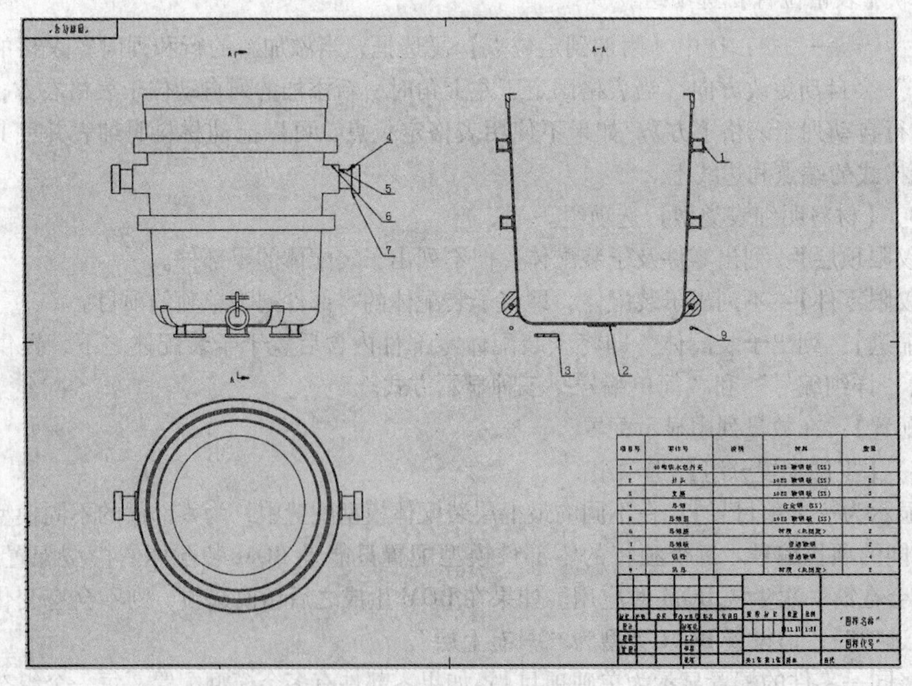

图 5-50 插入材料明细表

5.8 分离的工程图

分离的工程图是指与模型分离的工程图。利用分离的工程图，用户无需将模型文件装入内存即可打开工程图并进行操作。如果在分离的工程图中某个操作需要参考模型，系统会提示用户装入模型文件。

5.8.1 生成分离的工程图

用户可以将现有的工程图转换为分离的工程图，分离的工程图也可以转化为标准的工程图，这两类工程图使用相同的文件后缀。

操作方法：打开欲存为分离的工程图文件，单击菜单【文件】/【另存为】，或单击工具栏【另存为】，打开“另存为”对话框，如图 5-51 所示，保存类型选择“分离的工程图”，指定文件名称和路径，单击保存。

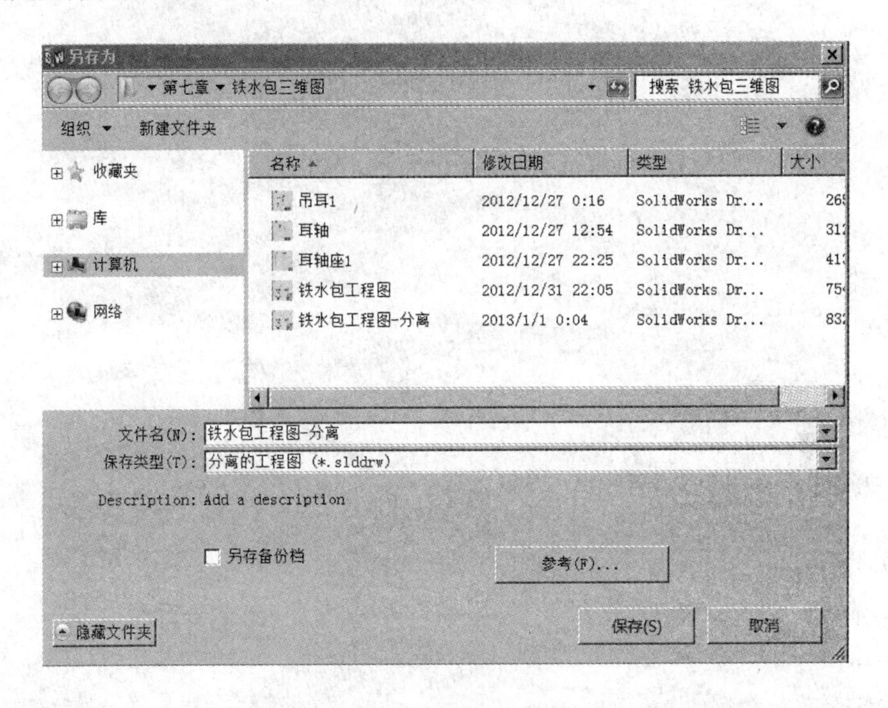

图 5-51 分离的工程图

5.8.2 分离的工程图的优点

用户可以将分离的工程图传送给其他的 SolidWorks 用户而不传送模型文件。另外，用户相对于模型的更新方面也有更多的控制。例如，当设计组的设计员编辑模型时，其他设计员可以独立地在工程图中进行操作，对工程图添加细节及注解。当工程图及模型达到同步阶段时，添加到工程图中的细节及尺寸会因模型上几何及拓扑的修改而更新。

由于没有装入模型文件，以分离的模式打开工程图的时间大幅缩短。因为模型数据未

被转入内存，所以有更多的内存可以用来处理工程图数据，这对大型装配体工程图来说性能得到了很大的改善。

分离的工程图会保存较多的边线数据及较少的曲面数据。因此，当转换成分离的工程图时，有些文件会更大而有些文件会较小。一般而言，如果工程图中含有剖面视图，文件的大小会降低。如果工程图中没有剖面视图，文件的大小可能增加。文件的大小与工程图中可见的边线数量有直接关系。例如，如果零件带有多个实例的阵列特征，当转换为分离的工程图时，文件的大小很可能会增加。

6 渲染

6.1 渲染概念

渲染原指中国画的一种技法，用水墨或颜色涂抹画面，使被描绘的形象分出阴阳向背，从而加强艺术效果的技法，渲染的英文是 Render，也称为着色。

特征建模建立的模型在屏幕中产生了基本三维图形，将这些模型制作出逼真的效果就需要用渲染软件进行处理，最初开发的渲染软件都是独立软件，后来被各种三维设计系统合并，或以插件形式与三维软件整合。

目前常见的渲染软件有以下几种：Lightscape、Artlantis、Maxwell Render、Brazil、SolidWorks、AccuRender、VRay、Cinema4D。

6.1.1 常见的渲染软件

6.1.1.1 Lightscape

Lightscape 是一种先进的光照模拟和可视化设计系统，用于对三维模型进行精确的光照模拟和灵活方便的可视化设计。Lightscape 是世界上唯一同时拥有光影跟踪技术、光能传递技术和全息技术的渲染软件；它能精确模拟漫反射光线在环境中的传递，获得直接和间接的漫反射光线；使用者不需要积累丰富实际经验就能得到真实自然的设计效果。Lightscape 可轻松使用一系列交互工具进行光能传递处理、光影跟踪和结果处理。Lightscape3.2 是 Lightscape 公司被 Autodesk 公司收购之后推出的第一个更新版本。

Lightscape 现已合并到 3DMAX 里面。

6.1.1.2 Artlantis 渲染器

Artlantis 是法国 Advent 公司重量级渲染引擎，也是 SketchUp 的一个天然渲染伴侣，它是用于建筑室内和室外场景的专业渲染软件，其超凡的渲染速度与质量、无比友好和简洁的用户界面令人耳目一新，被誉为建筑绘图场景、建筑效果图画和多媒体制作领域的一场革命。其渲染速度极快，Artlantis 与 SketchUp、3DMAX、ArchiCAD 等建筑建模软件可以无缝链接，渲染后所有的绘图与动画影像的呈现让人印象深刻。

Artlantis 中许多高级的专有功能为任意的三维空间工程提供真实的基于硬件和灯光现实仿真技术。对于许多主流的建筑 CAD 软件，如 ArchiCAD、VectorWorks、SketchUp、AutoCAD、Arc + 等，Artlanits 可以很好地支持输入通用的 CAD 文件格式，如 dxf、dwg、3ds 等。

理念的诞生造就了 Artlantis 渲染软件的成功，它拥有 80 多个国家超过 65000 之多的用户群。虽然在国内，还没有更多的人接触它、使用它，但是 Artlantis 的高科技创新在任何的 3D 建模软件中是不可否认的同伴，其操作理念、超凡的速度及相当好的质量证明它是

一个难得的渲染软件。

6.1.1.3　Maxwell Render

Maxwell Render 由 NextLimit 发布，是一款可以不依附其他三维软件就可独立运行的渲染软件，采用了光谱的计算原理，打破了长久以来光能传递等渲染技术，使结果更逼真。

Maxwell 是一个基于真实光线物理特性的全新渲染引擎，按照完全精确的算法和公式来重现光线的行为。Maxwell 中所有的元素，比如灯光发射器、材质、灯光等，都是完全依靠精确的物理模型产生的，可以纪录场境内所有元素之间相互影响的信息，所有的光线计算都是使用光谱信息和高动态区域数据来执行的。其主要功能有：

（1）内部没有采用传统的 RGB 色彩空间，而是用光谱来定义光线的颜色。完全把光线当作携带能量的电磁波来看待。

（2）声称可以避免传统的 Photon Map、Radiocity 等算法的缺点。

（3）内置真实的摄影机镜头算法，而不用 Post 的 Camera Shader。直接可以计算白光色散等光学现象。

（4）先进的 Caustics 算法。

（5）严格的光源定义，不允许没有面积的光源，并且支持众多数量的光源。

（6）完全真实的 Motion Blur。

（7）未来的广泛的支持，涉及各种主流软件，包括 SketchUp 4 ~ 5，3DsMAX 6 ~ 8，Cinema4D 8.5 ~ 9.x，Formz 5.5，Lightwave 7.5 ~ 8.2，Maya 6 ~ 7，Rhino 3，SolidWorks 2006 目前都有其插件接口。

6.1.1.4　Brazil 渲染器（巴西渲染器）

Brazil 渲染器是美国 SplutterFish 公司的产品，以高质量的渲染结果享誉业界，与其他主流渲染器相比，其软件界面简洁，易学易用，是工业产品及建筑外观渲染的利器。此软件还包含了二十多个免费的工具。

Brazil 渲染软件展现给用户的全新特征包括：3D motion blur、渲染时间置换、3DsMAX 肌理渲染支持、加强的 GI 特征（如渲染隐蔽处（发光处、区域高光、表层下的散射等））、加强的核心性能（存储器、CPU 等）及许多其他内容。Brazil 渲染器的目标是成为最易操纵的高性能渲染器，保持高质量高产量，以及成为以艺术为中心的顶级 CG 专业人士之选。

6.1.1.5　AccuRender 3.0

AccuRender 3 是美国 Robert McNeel 公司开发的渲染软件新版本，拥有图形学最新技术——辐射度算法（Radiosity），与光线跟踪算法结合；直接从 AutoCAD 三维模型中生成与照片类似的真实感渲染图像。

可精确计算阴影，以及用户定义的各种材料表面的透明度、漫射、反射和折射的光学效应。精确计算的光学模拟可以产生包括 16700000 种颜色（24 位/像素），无限分辨率，十分逼真的复杂影像。它将用于渲染的全部信息与图形一起存盘，由于在 AutoCAD 内部运行，具有与 AutoCAD 一致的工作环境，直观的渲染工作界面；天正建筑提供的快速渲染接口支持 AccuRender 2.1，大大简化了学习过程，带来了前所未有的方便。

6.1.1.6 VRay

VRay 是由 Chaosgroup 和 Asgvis 公司出品，中国由曼恒公司负责推广的一款高质量渲染软件。VRay 是目前业界最受欢迎的渲染引擎。基于 VRay 内核开发的有 VRay for 3DsMAX、Maya、SketchUp、Rhino 等诸多版本，为不同领域的优秀 3D 建模软件提供了高质量的图片和动画渲染。除此之外，VRay 也可以提供单独的渲染程序，方便使用者渲染各种图片。

VRay 渲染器提供了一种特殊的材质——VrayMtl。在场景中使用该材质能够获得更加准确的物理照明（光能分布），更快的渲染，反射和折射参数调节更方便。使用 VrayMtl，可以应用不同的纹理贴图，控制其反射和折射，增加凹凸贴图和置换贴图，强制直接全局照明计算，选择用于材质的 BRDF。

6.1.1.7 Cinema4D

德国 MAXON 公司出品的 Cinema4D，是一套整合 3D 模型、动画与算图的高级三维绘图软件，一直以高速图形计算速度著名，并有令人惊奇的渲染器和粒子系统，其渲染器在不影响速度的前提下，使图像品质有了很大提高，可以面向打印、出版、设计及创造产品视觉效果。现已发布最新版本 Cinema4D R11。

Cinema4D 有以下优点：

（1）包含了多种现代 3D 艺术家所需要的强大易用建模工具，包含 Bones、NURBS 和最简单、易用、有效的灯光选项。

（2）100 多个艺术创作建模工具允许用户交互的创作甚至是最复杂的模型。

（3）超过 50 基本元素（立方体、球体等），这意味着用户可以只需花很少的经验去建模。

（4）内置的基本变形参数（扭曲、弯曲等），允许用户拖拽鼠标就可以交互控制模型。

（5）强大的材质系统让建立相片级真实度的材质轻而易举（如石头、布料、玻璃等）。

（6）13 个材质通道提供超越需求的特性，让用户可以在完美模型上建立完美材质。

Cinema4D 软件是个功能异常强大操作却极为简易的软件。该软件的推出，自 2004 年 R9 版本的推出后，其功能大大完善，已引起业界的极大关注及无数赞誉，被业界誉为“新一代的三维动画制作软件”，并开始大量应用于各类大片中。2006 年的版本 R10 的推出，更被广大用户誉为“革命性的升级”。现在，无论你是拍摄电影、电视、游戏开发、医学成像、工业、建筑设计、印刷设计或网络制图，Cinema4D 都将以其丰富的工具包为用户带来比其他 3D 软件更多的帮助和更高的效率。

与众所周知的其他 3D 软件一样（如 Maya、Softimage XSI、3DMAX 等），Cinema4D 同样具备高端 3D 动画软件的所有功能。所不同的是在研发过程中，Cinema4D 的工程师更加注重工作流程的流畅性、舒适性、合理性、易用性和高效性。因此，使用 Cinema4D 会让设计师在创作设计时感到非常轻松愉快，赏心悦目，在使用过程中更加得心应手，有更多的精力置于创作之中，即使是新用户，也会感觉到 Cinema4D 的上手非常容易。

6.1.1.8 HyperShot

由 Bunkspeed 公司所出品一款基于 Luxrender 的即时着色渲染软件 HyperShot。Hyper-

Shot 为一套即时 3DRendering，制作即时照片质量的图像软件。即时渲染技术，可以让使用者更加直观和方便地调节场景的各种效果，在很短的时间内作出高品质的渲染效果图，甚至是直接在软件中表达出渲染效果，大大缩短了传统渲染操作所需要花费的大量时间。

目前版本为 v1.9.21，可直接以插件的形式支持 Pro/Enginner、SolidWorks、Rhino 及 Google SketchUp；即时着色不再需要任何专门技术，任何设计师都可以为他们的 3D 电脑设计预先做出逼真的着色渲染图像，而这仅仅需要几分钟，节省了大量做实体模型的金钱和时间耗费。现在，有了 Bunkspeed 提供的 HyperShot 强大功能，渲染已成为创建过程和工作流程（从设计构思到营销图像）中一个简单而必要的部分。

HyperShot 操作简单，仅仅 6 个图标即可操作实现渲染着色，再搭配自行研发申请的专利技术可实现直接渲染，让用户可以实时创作和处理高分辨率 3D 数字图像。设计的渲染是动态进行的，其效果极为真实，并且是在显示全部图形细节的状态下。以前要由相关专业人士进行的工作，现在团队中的任何人都可以独立完成。

6.1.2 SolidWorks 渲染简介

三维设计中的模型渲染是利用背景、颜色和贴图等来表述物体的外观，只要能给模型上色的手段都称为渲染，可称为广义渲染，从这个角度讲，SolidWorks Standard 标准版基本建模中的线框视图、着色视图 RealView 也是渲染。要获得照片级的图片效果则需要 SolidWorks 专业版中的插件 PhotoView 360，可产生具有真实感的渲染，我们称此为狭义渲染，也是现在人们常说的渲染。因此 SolidWorks 软件中渲染可以分为三个级别，下面分别介绍。

6.2 线框视图

线框图是 SolidWorks 在绘图区模型的基本显示模式，是基于底层程序 OpenGL 图形，OpenGL 除了建模功能外还有颜色模式设置、光照和材质设置、纹理映射功能，这些功能是基本渲染功能。

我们在建模过程中以此模式进行建模、变换操作，在设计过程中根据选择不同的线型或面，经常在线架图、隐藏线可见、消除隐藏线、上色、带边线上色样式之间转换，转换操作在前导视图工具栏中【 ▾】显示样式下拉箭头下选择，如图 6-1 所示。

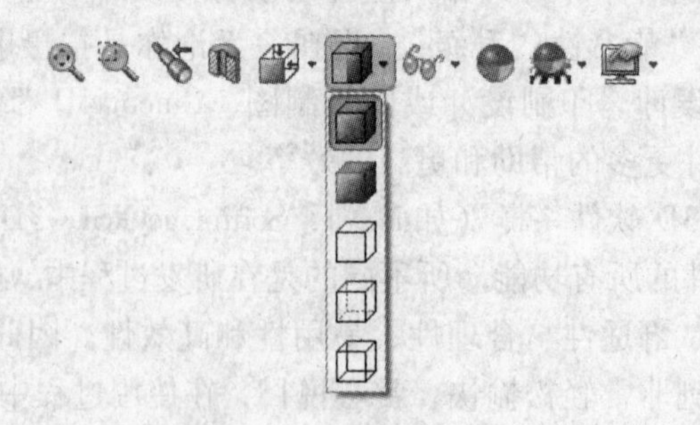

图 6-1 前导视图工具栏

线框显示样式可分为以下 5 种，如图 6-2 所示。

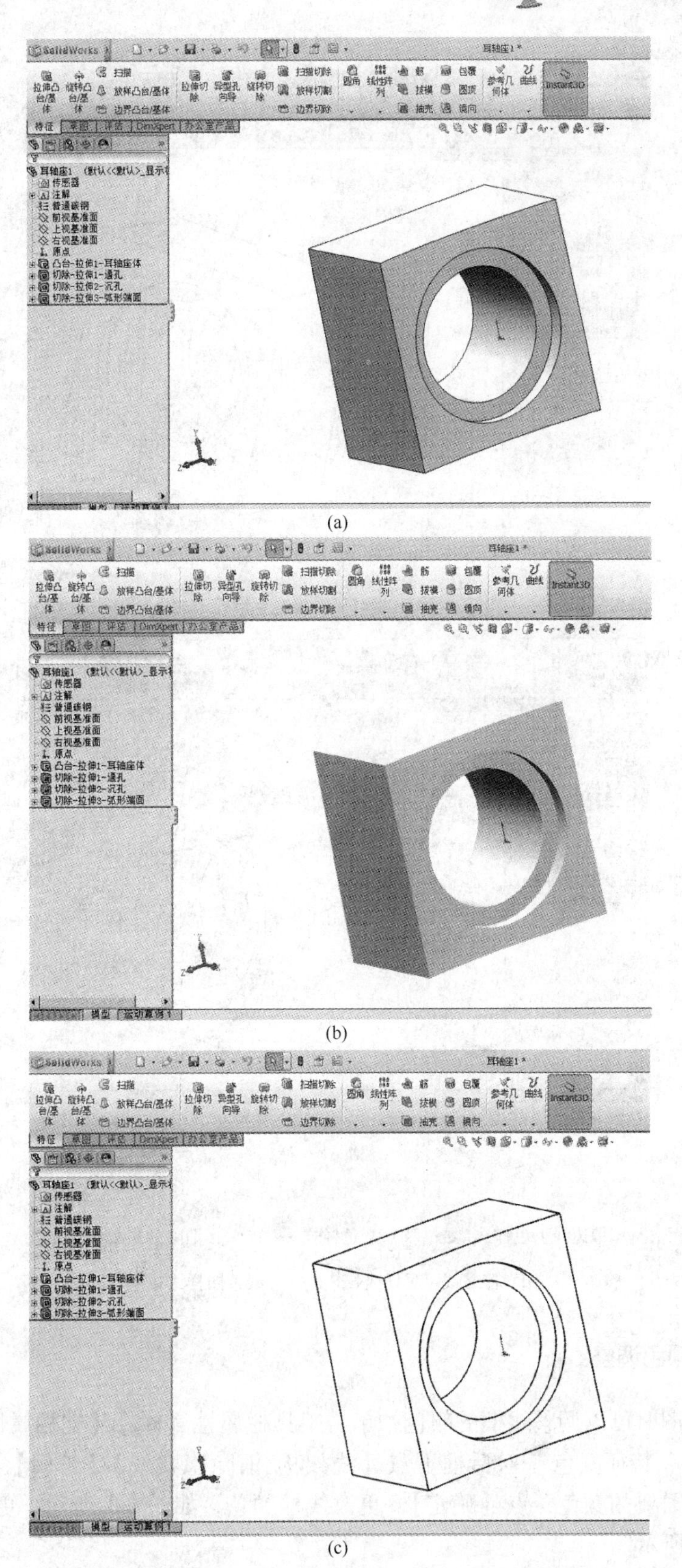

SolidWorks
耳轴座1 *
拉伸凸台/基体
旋转凸台/基体
扫描
放样凸台/基体
边界凸台/基体
拉伸切除
异型孔向导
旋转切除
扫描切除
放样切割
边界切除
圆角
线性阵列
筋
拔模
抽壳
包覆
圆顶
镜向
参考几何体
曲线
Instant3D
特征
草图
评估
DimXpert
办公室产品
耳轴座1 (默认<<默认>_显示
传感器
注解
普通碳钢
前视基准面
上视基准面
右视基准面
原点
凸台-拉伸1-耳轴座体
切除-拉伸1-通孔
切除-拉伸2-沉孔
切除-拉伸3-弧形端面
模型
运动算例1

(a)

(b)

(c)

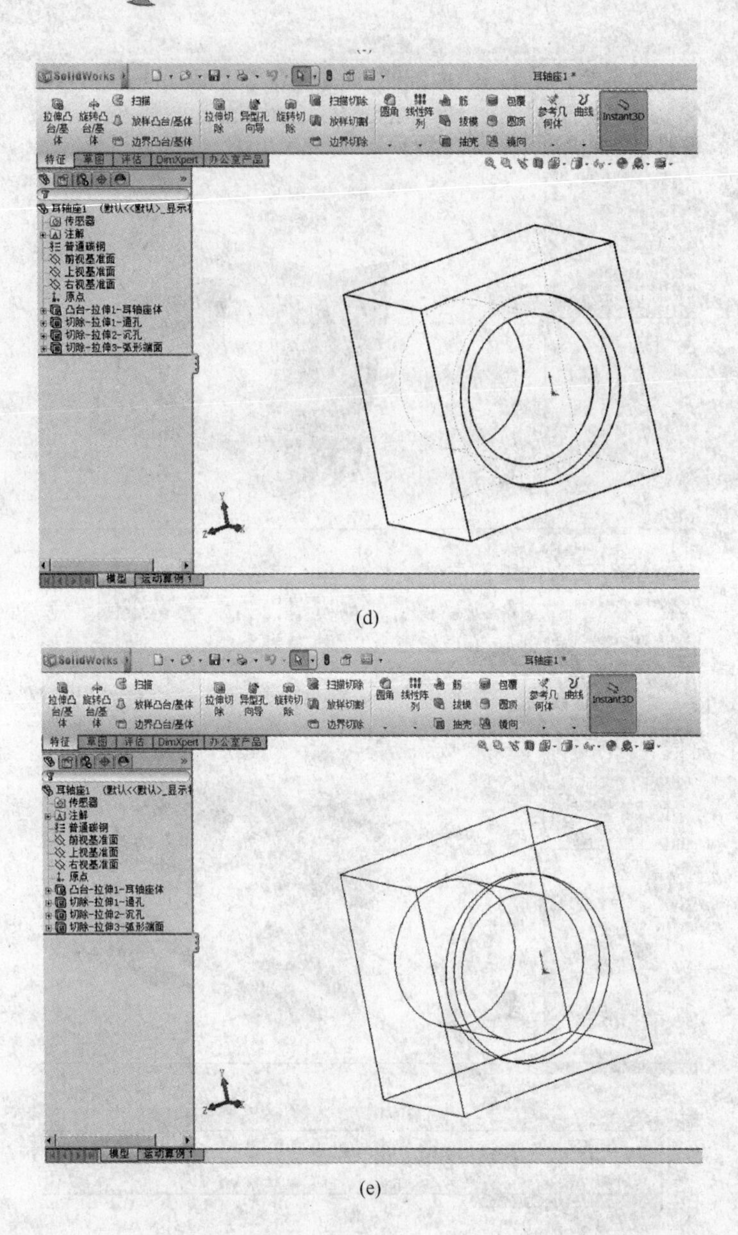

图 6-2　线框显示样式

(a) 带边线上色样式；(b) 上色样式；(c) 消除隐藏线样式；
(d) 隐藏线可见样式；(e) 线架图样式

6.2.1　线框颜色调整

显示线框图时可以调整线框的颜色，单击工具栏属性【 】/【文档属性】/【模型显示】，在“模型/特征颜色”对话框下点【线架构/消除隐藏线】/【编辑】，出现“颜色”对话框，点选需要的颜色，点【确定】，更改线框颜色，如图 6-3 所示。更改后的线框图模型如图 6-4 所示。

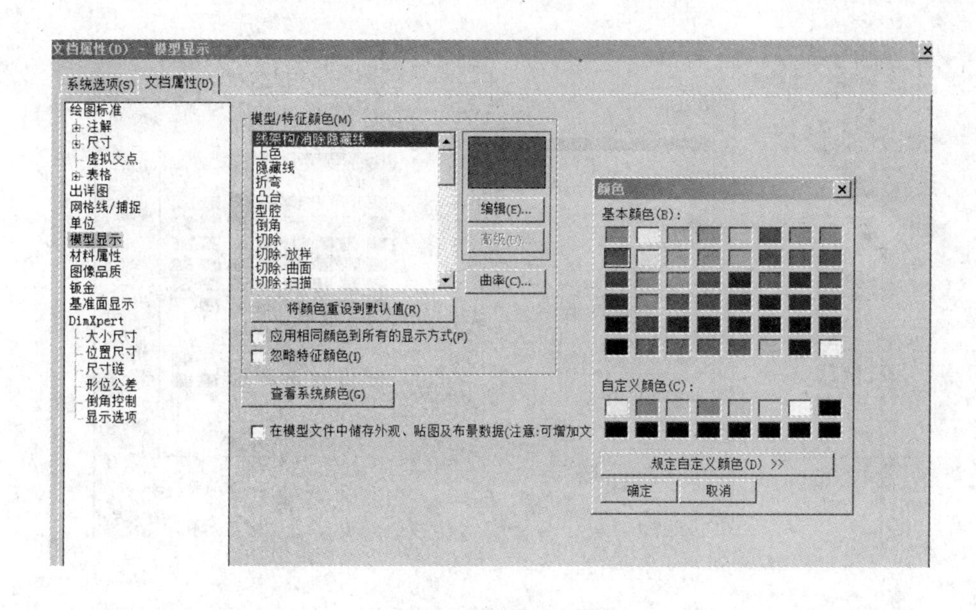

图 6-3 更改线框颜色

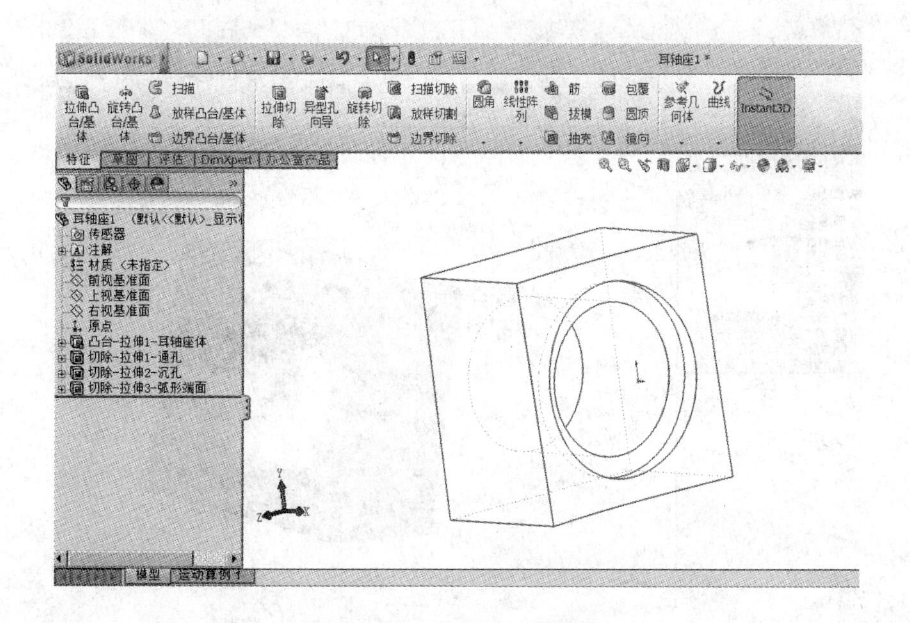

图 6-4 更改后的线框图模型

6.2.2 线框显示时模型上色调整

显示线框图的模型面的颜色可以调整：单击工具栏属性【 】/【文档属性】/【模型显示】，在“模型/特征颜色”对话框下点【上色】/【编辑】，出现“颜色”对话框，点选需要的颜色，点【确定】，更改线框颜色，如图 6-5 所示。更改模型上色后如图 6-6 所示。

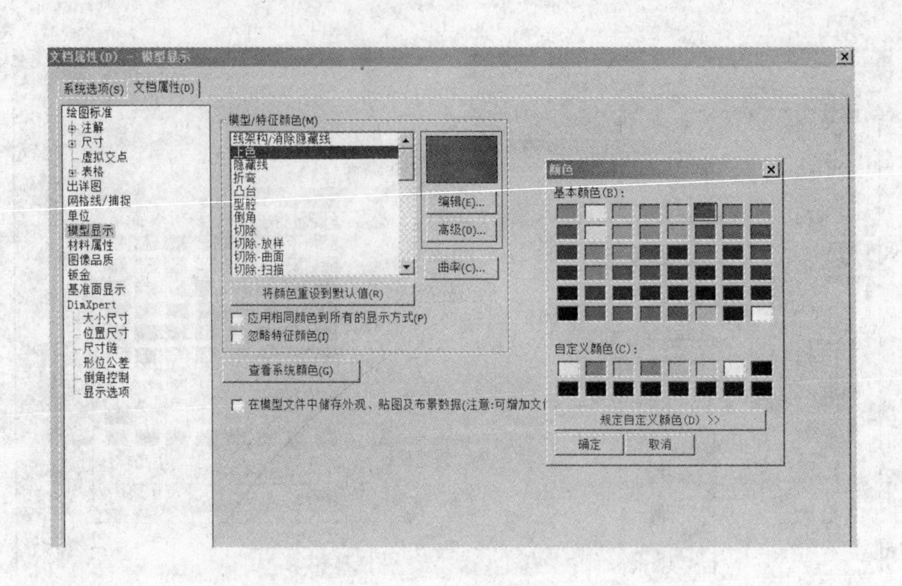

图 6-5 “颜色”对话框

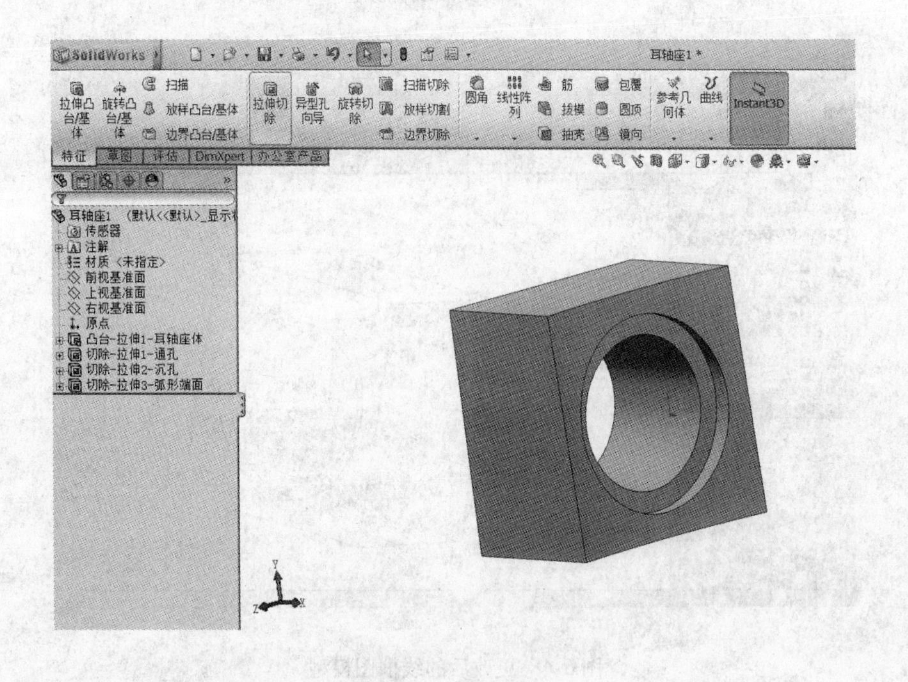

图 6-6 模型上色改变

6.2.3 显示线框图模式下材质编辑

线框显示模式下模型可以制定并编辑材质，鼠标指针指向设计树中【材质】右键快捷菜单【编辑材料】，弹出“材料”对话框，选择材质，点选右下方【应用】/【关闭】，如图 6-7 所示。

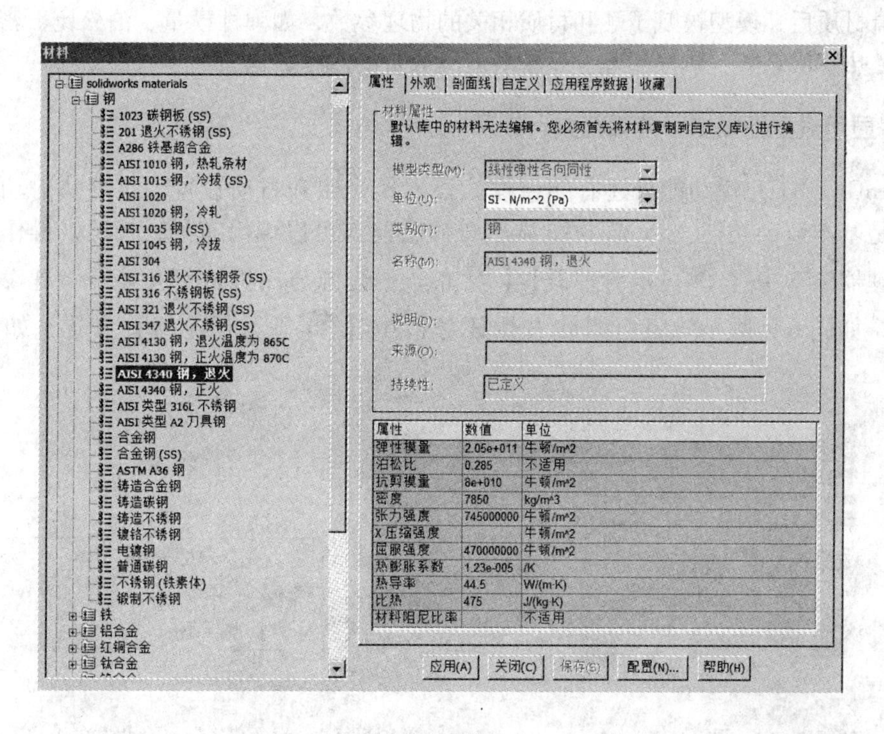

图 6-7 编辑材质

模型材质编辑后，模型被渲染上了颜色和纹理，但颜色只是均匀单一的颜色，纹理是简单缺少变化的图案，如图 6-8 所示。

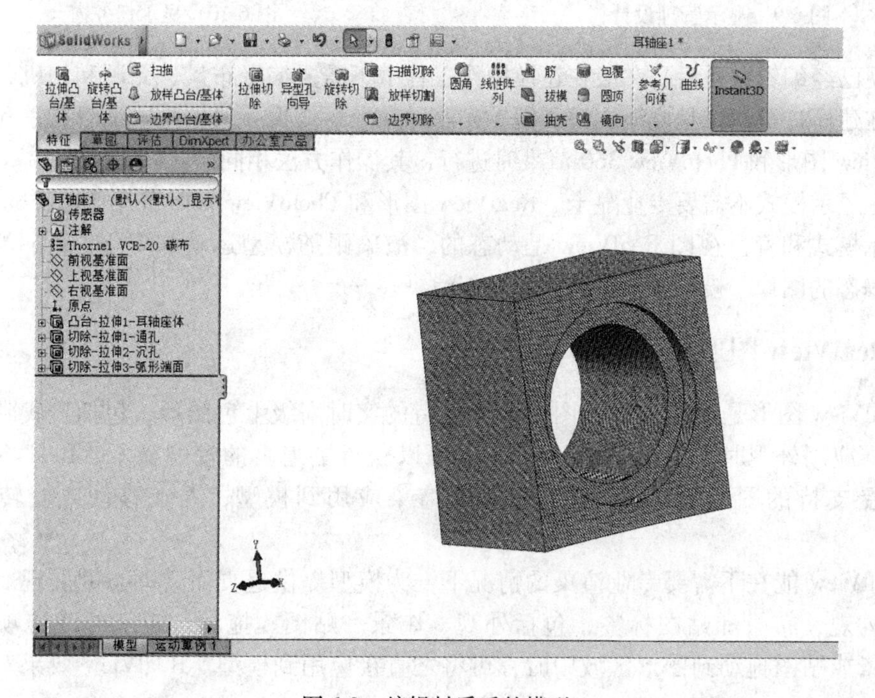

图 6-8 编辑材质后的模型

编辑材质后，模型被赋予了和材质相关的物理参数，如弹性模量、泊松比、密度、屈服强度、热膨胀系数、热导率等，是模型后续分析的基本数据。

6.2.4 显示线框图模式下编辑布景、光源

OpenGL 除了建模功能外还有颜色模式设置、光照和材质设置、纹理映射功能，这些功能是基本渲染功能。SolidWorks 显示线框图模式可以编辑布景、光源，操作方法为单击管理器窗口中【显示管理器】/【布景、光源与相机】打开显示管理设计树进行设置，如图 6-9 所示。也可以在右侧任务窗中【显示任务窗】设置，如图 6-10 所示。

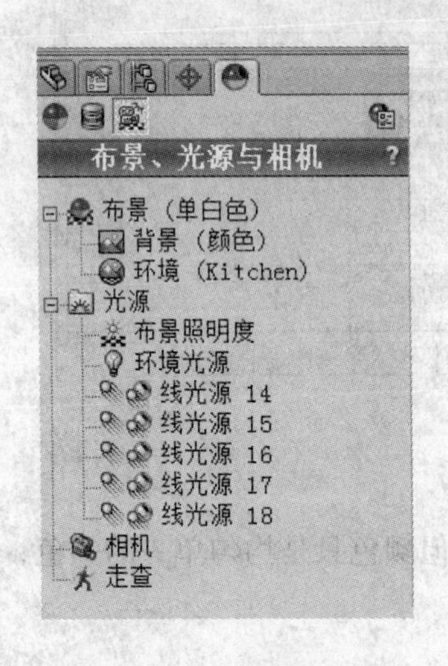

图 6-9 显示管理设计树

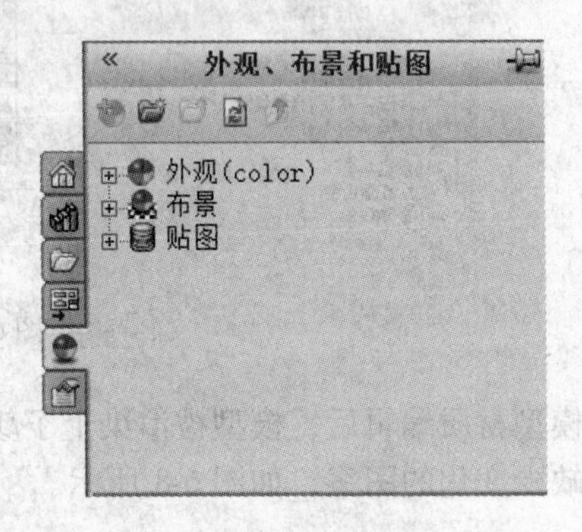

图 6-10 显示任务窗

外观已经编辑材质后，一般在建模操作工程中不需要编辑布景、光源和相机，一是此时重点在建模过程，二是此显示模式编辑光源和布景的效果一般，所以编辑布景和光源放在 RealView 图形和 PhotoView 360 渲染时进行，其操作方法相同。

线框显示模式不需要专业显卡，RealView 图形和 PhotoView 360 都需要专业显卡支持。线框显示模式和着色视图 RealView 是动态的，渲染跟随模型运动和变化，PhotoView 360 渲染是静态的图像，模型运动变化后需重新渲染。

6.3 RealView 图形

RealView 图形是硬件（专业图形卡）支持的实时高级上色图形，包括自我阴影和布景反射。应用外观时，使用 RealView 图形可以获得更逼真的模型显示。RealView 图形只可随受支持的图形卡所使用。RealView 渲染应用到模型，并在移动或旋转零件时保留。

RealView 能在不需要专业渲染的情况下，为模型提供逼真而又动态的展现。任务窗格上的外观、布景和贴图标签，包括外观、布景、贴图、拖动，当从外观选项卡将外观、布景或贴图拖动到图形区域中时，可将之直接应用到模型。RealView 效果对比见表 6-1。

表 6-1 RealView 效果对比

项　目	RealView 打开	RealView 关闭
外　观	更多逼真展现 环境反射 可见隆起表面粗糙度 多重颜色效果（汽车漆）	基本 OpenGL 颜色和纹理 基于纹理的外观的标准纹理映射
布　景	第一个线光源的自身阴影 地板阴影和反射	地板上的基本细柔阴影 无反射地板

RealView 默认状态下是关闭的，欲打开 RealView 图形操作：单击菜单中【视图】/【显示】/【RealView 图形】打开，或单击前导视图工具栏中【视图设定】/【RealView 图形】，打开。零件耳轴座编辑普通碳钢后，打开 RealView 图形前后对照，如图 6-11 所示。

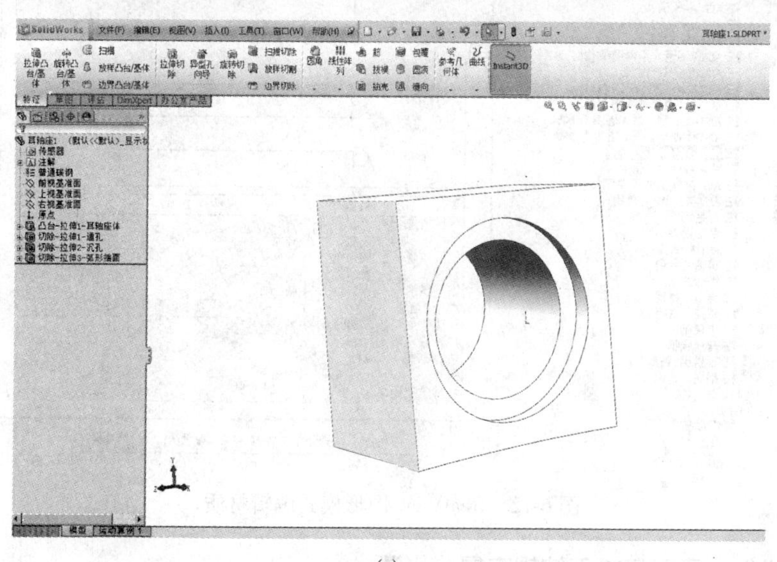

(a)

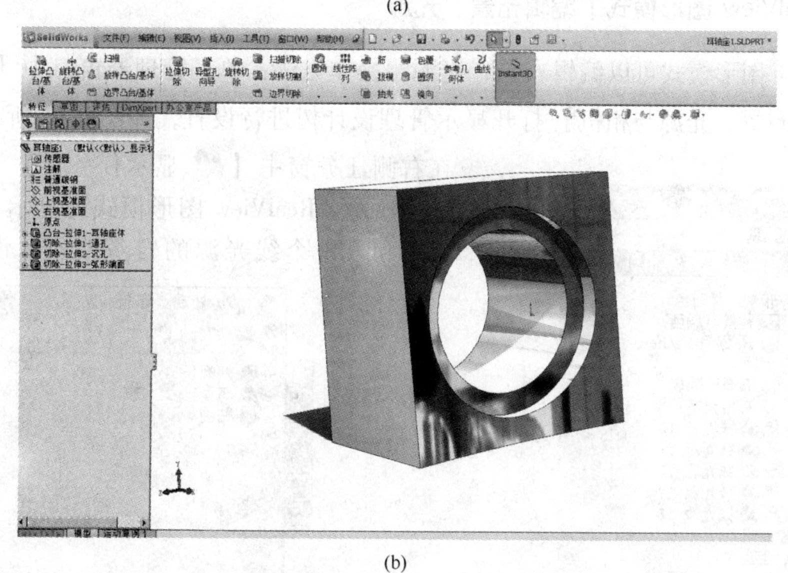

(b)

图 6-11 打开 RealView 图形前后对照
（a）RealView 图形打开前；（b）RealView 图形打开后

6.3.1 RealView 图形模式下材质编辑

RealView 图形模式下模型可以制定并编辑材质，鼠标指针指向设计树中【材质】右键快捷菜单【编辑材料】，“材料”对话框弹出，选择材质，点选右下方【应用】/【关闭】，如图 6-12 所示。赋予材质后，RealView 图形模型显示相应的颜色和纹理。

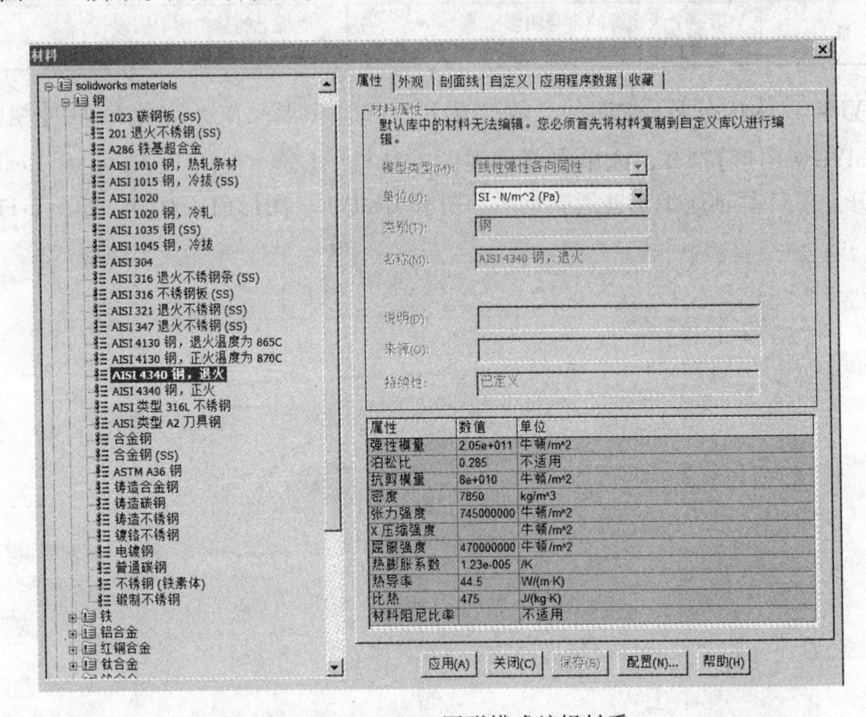

图 6-12 RealView 图形模式编辑材质

6.3.2 RealView 图形模式下编辑布景、光源

RealView 图形模式可以编辑布景、光源，操作方法：单击管理器窗口中【显示管理器】/【布景、光源与相机】打开显示管理设计树进行设置，如图 6-13 所示。也可以在右侧任务窗中【显示任务窗】设置，如图 6-14 所示。RealView 图形模式还显示布景、环境反射和第一个线光源的自身阴影。设置方法与

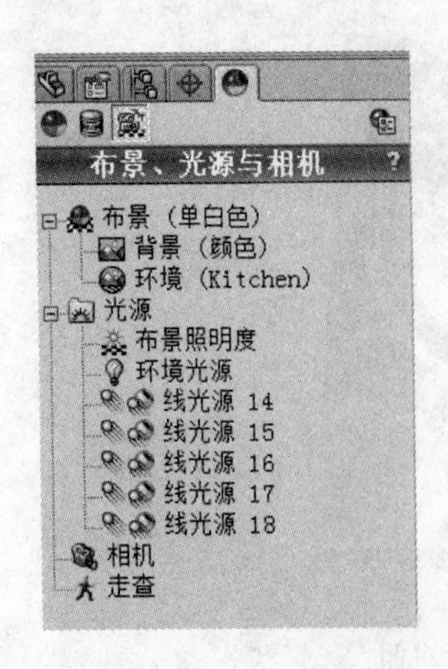

图 6-13 显示管理设计树

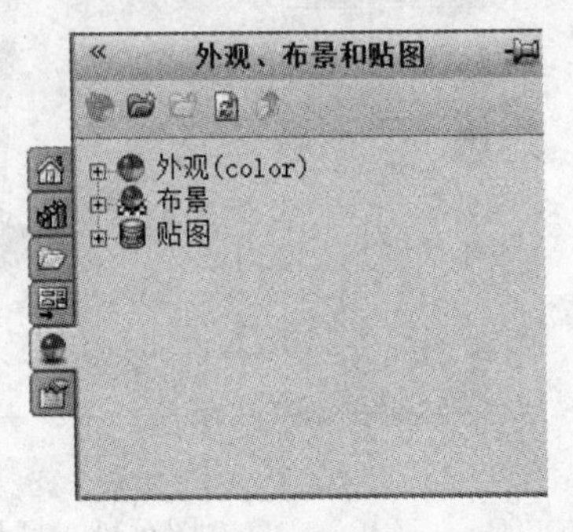

图 6-14 显示任务窗

PhotoView 360 中外观、布景、光源设置相同。

RealView 图形模式靠硬件支持（专业图形卡），为模型提供了一个动态渲染，但与 PhotoView 360 比较仍有较大差别，表 6-2 是 RealView 图形与 PhotoView 360 渲染对比表。

表 6-2 RealView 图形与 PhotoView 360 渲染对比表

RealView 图形	PhotoView 360 渲染
硬件	软件
动态	静态图像
在运动过程中保留渲染	在运动后必须再次渲染
显示布景、环境反射和第一个线光源的自身阴影	提供可自定义的布景控制；显示交互反射、所有光源的阴影、景深和高动态范围反射

6.4 PhotoView 360

PhotoView 360 是一个 SolidWorks 插件，可产生 SolidWorks 模型具有真实感的渲染。渲染的图像组合包括在模型中的外观、光源、布景及贴图。PhotoView 360 包含在 SolidWorks Professional 专业版 和 SolidWorks Premium 白金版中。

PhotoView 360 是 SolidWorks 最新的视觉效果和渲染解决方案，以前版本中渲染模块是 PhotoWorks 高级渲染，有的版本同时存在 PhotoWorks 和 PhotoView 360。PhotoView 360 是 SolidWorks 公司与 Luxology 公司基于 SolidWorks 智能特征技术（SWIFT）共同开发而成。PhotoView 360 界面简单易用，针对 SolidWorks 的模型以逼真的材质渲染出极为拟真的图像。并且使用高度互动的接口以创造逼真的效果图来预览设计结果，可产生高质量且逼真的图片展示设计结果。能让使用者在同一个画面中实时预览出很逼真的相片质量，而不用像其他类似软件要花时间等待场景完成计算才能看到结果。即使是 CAD 的初学者，不需要经过冗长的学习及繁杂的设定也能迅速达到专家等级的输出结果。

PhotoView 360 主要的关键技术在于提供一个能与使用者高度互动的预览环境，能使模型的摆放位置和材质装饰能实时反馈于使用者，并且能任意调整相机视角，对画面做出实时操控。

PhotoView 360 能快速呈现在 SolidWorks 中设定好的 RealView 材质的算图结果。此软件内建了一系列的环境设定，其中包括工作室照明设定和丰富的背景选项。材质设定可选择应用于组合件、零件、本体甚至个别面以达到预想的结果。

这些简单易用的工具，能让使用者在同一个画面中实时预览出很逼真的相片质量，而不用像其他类似软件要花时间等待场景完成计算才能看到结果。

PhotoView 360 工作步骤如下：

（1）启动 PhotoView 360 插件；

（2）编辑外观、布景及贴图；

（3）设定光源；

（4）设定 PhotoView 选项；

（5）进行最终渲染并保存图像。

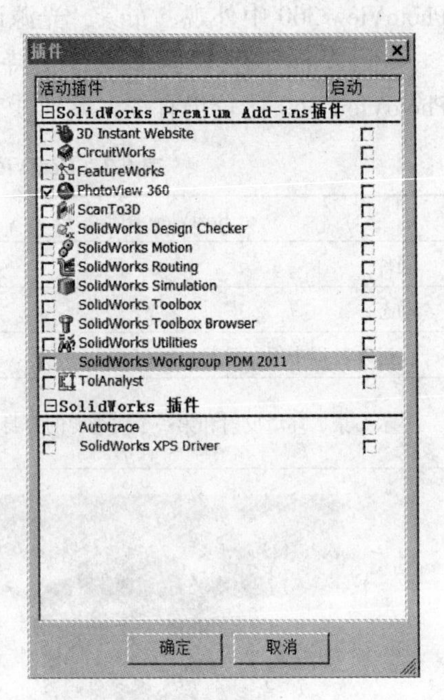

图 6-15 插件选项框

6.4.1 启动 PhotoView 360 插件

方法一：单击菜单【工具】/【插件】，显示插件选项框，如图 6-15 所示，选择 PhotoView 360，单击【确定】按钮，菜单栏显示 PhotoView 360 命令，如图 6-16 所示，选中 PhotoView 360 左侧窗口，只在本文件这次操作菜单栏显示 PhotoView 360 命令，选中右侧窗口，SolidWorks 每次启动菜单栏都显示 PhotoView 360 命令。

文件(F) 编辑(E) 视图(V) 插入(I) 工具(T) PhotoView 360 窗口(W) 帮助(H)

图 6-16 菜单栏显示 PhotoView 360 命令

方法二：单击命令管理器【办公室产品】/【PhotoView 360】，命令管理器中出现【渲染工具】命令，如图 6-17 所示。

图 6-17 【渲染工具】命令

6.4.2 编辑外观

单击菜单中【PhotoView 360】/【编辑外观】按钮；或单击命令管理器【办公室产品】/【PhotoView 360】/【编辑外观】按钮；或单击前导视图工具栏【】按钮，在属性管理器中弹出"外观"属性管理器对话框，如图 6-18 所示，对话框分基本和高级选项，包括【颜色/图像】、【照明度】、【表面粗糙度】三个选项卡。

"外观"属性管理器对话框：

（1）【颜色/图像】选项卡。

1）【所选实体】选项组如图 6-19 所示。

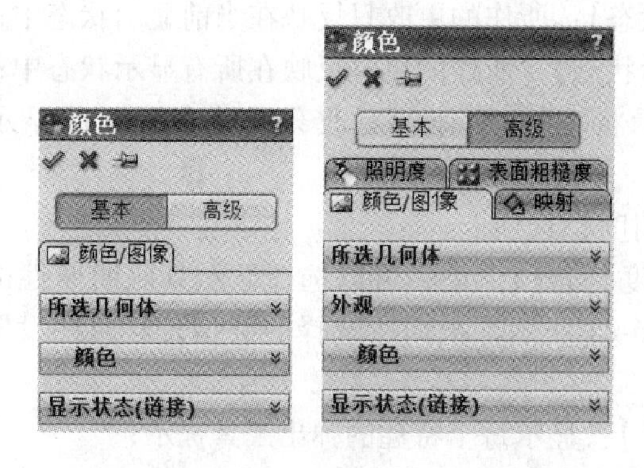

图 6-18 “外观”属性管理器对话框

图 6-19 【所选实体】选项组

：选择该按钮，则进行设置时，对于所选择的实体，更改颜色以所指定的配置应用到零件文件；

：选取面；

：选取曲面；

：选取实体；

：选取特征。

【移除外观】：单击该按钮可以从选择的对象上移除设置好的外观。

2）【外观】选项组如图 6-20 所示。

【外观文件路径】：标识外观名称和位置；

【浏览】：单击以查找并选择外观；

【保存外观】：单击以保存外观的自定义复件。

3）【颜色】选项组如图 6-21 所示。

可以添加颜色到所选实体的所选几何体中所列出的外观。

4）【显示状态】选项组如图 6-22 所示。

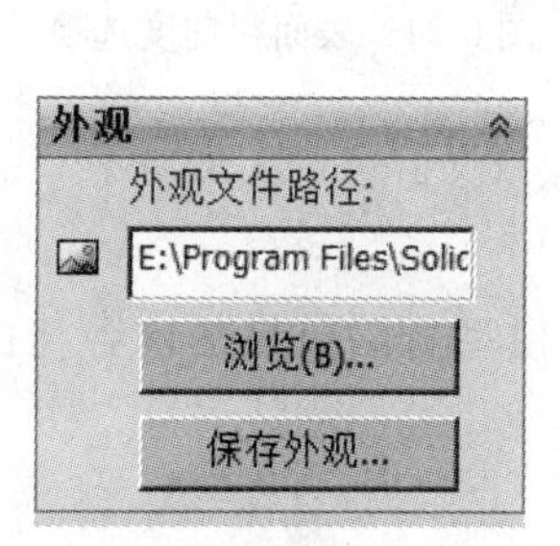

图 6-20 【外观】选项组

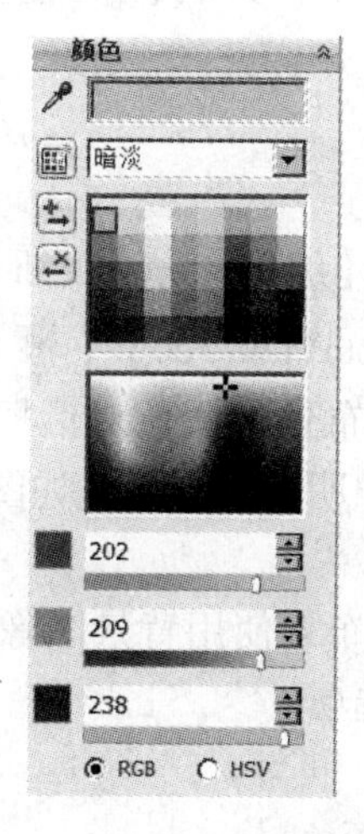

图 6-21 【颜色】选项组

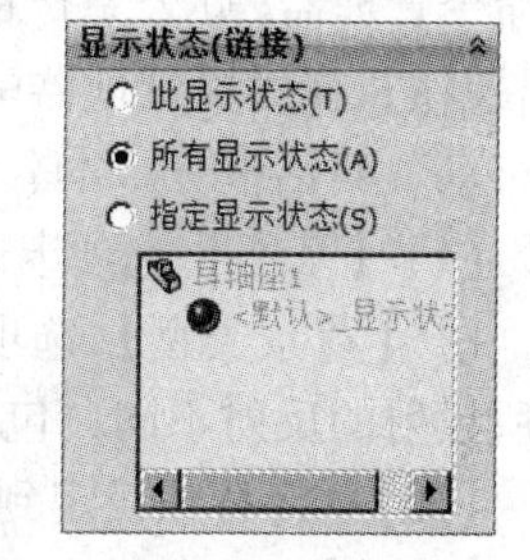

图 6-22 【显示状态】选项组

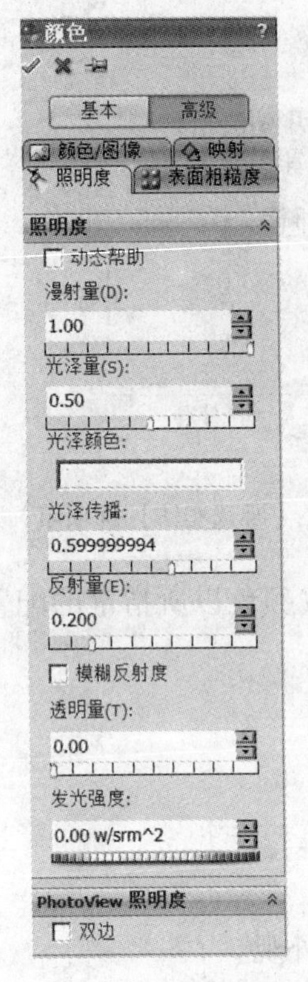

图 6-23 照明度选项卡

【此显示状态】：所作的更改只反映在当前显示状态中；

【所有显示状态】：所作的更改反映在所有显示状态中；

【指定显示状态】：所作的更改只反映在所选的显示状态中。

(2)【照明度】选项卡。

在【照明度】选项卡中，可以选择显示其照明属性的外观类型，如图 6-23 所示，根据所选择的类型，其属性设置发生改变。

【动态帮助】：显示每个特性的弹出工具提示；

【漫射量】：控制面上的光线强度，值越高，面上显得越亮；

【光泽量】：拉制高亮区，使面显得更为光亮。如果使用较低的值，则会减少高亮区；

【光泽颜色】：控制光泽零部件内反射高亮显示的颜色；

【光泽传播】：控制面上的反射模糊度，使面显得粗糙或光滑，值越高，高亮区越大越柔和；

【反射量】：以 0 到 1 的比例控制表面反射度。如果设置为 0，则看不到反射；如设置为 1，表面将成为完美的镜面；

【模糊反射度】：在面上启用反射模糊，模糊水平由光泽传播控制。当光泽传播时，不发生模糊；

【透明量】：控制面上的光通透程度，该值降低，不透明度升高；如果设置为 0 时，完全不透明。该值升高，透明度升高；如果设置为 100，则完全透明；

【发光强度】：设置放光强度的数值。

(3)【表面粗糙度】选项卡如图 6-24 所示。

在【表面粗糙度】选项卡中，可以选择表面粗糙度类型，如图所示，根据所选择的类型，其属性设置会发生改变。

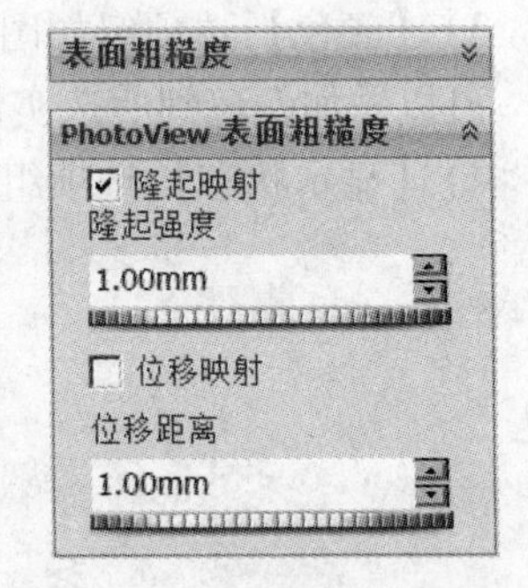

图 6-24 表面粗糙度选项卡

6.4.3 编辑布景

单击菜单中【PhotoView 360】/【编辑布景】按钮；或单击命令管理器【办公室产品】/【PhotoView 360】/【编辑布景】按钮；在属性管理器中弹出“布景”属性对话框，“编辑布景”对话框分基本、高级、照明度选项卡，如图 6-25 所示：

(1)【基本】选项卡。

1)【背景类型】选项组：随布景使用背景图像，这样在模型背后可见的内容与由环境所投射的反射不同，包括如下选项：

【无】：将背景设定到白色；

【颜色】：将背景设定到单一颜色；

【梯度】：将背景设定到由顶部渐变颜色和底部渐变颜色所定义的颜色范围；

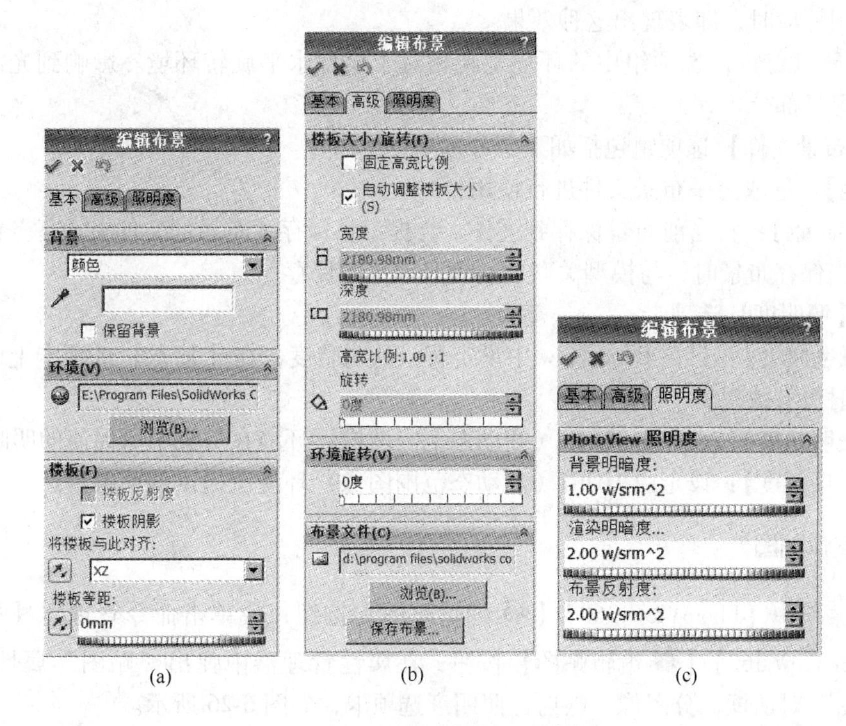

图 6-25 “编辑布景”对话框

（a）编辑布景基本选项卡；（b）编辑布景高级选项卡；（c）编辑布景照明度选项卡

【图像】：将背景设定到选择的图像；

【使用环境】：移除背景，从而使环境可见。

2）【环境】选项组：可以选取任何球状映射为布景环境的图像。

3）【楼板】选项组包括如下选项：

【楼板反射度】：在楼板上显示模型反射；

【楼板阴影】：在楼板上显示模型所投射的阴影；

【将楼板与此对齐】：将楼板与基准面对齐，选取【XY】、【YZ】、【XZ】之一或选定的基准面；

【反转楼板方向】：绕楼板移动虚拟天花板 180°，用来纠正在布景中看起来颠倒的模型；

【楼板等距】：将模型高度设定到楼板之上或之下；

【反转等距方向】：交换楼板和模型的位置。

（2）【高级】选项卡。

1）【楼板大小旋转】选项组包括如下选项：

【固定高宽比例】：当更改宽度或高度时均匀缩放楼板；

【自动调整楼板大小】：根据模型的边界框调整楼板大小；

【宽度】和【深度】：调整楼板的宽度和深度；

【高宽比例】（只读）：显示当前的高宽比例；

【旋转】：相对环境旋转楼板，旋转环境以改变模型上的反射，当出现反射外观且背景类型是使用环境时，即表现出这种效果。

2）【环境旋转】选项组中的环境旋转相对于模型水平旋转环境。影响到光源、反射及背景的可见部分。

3）【布景文件】选项组包括如下部分选项：

【浏览】：选取另一布景文件进行使用；

【保存布景】：将当前布景保存到文件，会提示将保存了布景的文件夹在任务窗格中保持可见，当保存布景时，与模型关联的物理光源也被保存。

(3)【照明度】选项卡。

【背景明暗度】：只在 PhotoView 中设定背景的明暗度，在【基本】选项卡上的背景是无或白色时没有效果；

【渲染明暗度】：设定由 HDRI（高动态范围图像）环境在渲染中所促使的明暗度；

【布景反射度】：设定由 HDRI（高动态范围图像）环境所提供的反射量。

6.4.4 编辑贴图

单击菜单中【PhotoView 360】/【编辑贴图】按钮；或单击命令管理器【办公室产品】/【PhotoView 360】/【编辑贴图】按钮；在属性管理器中弹出“贴图”属性对话框，“编辑贴图”对话框，分图像、映射、照明度选项卡，如图 6-26 所示。

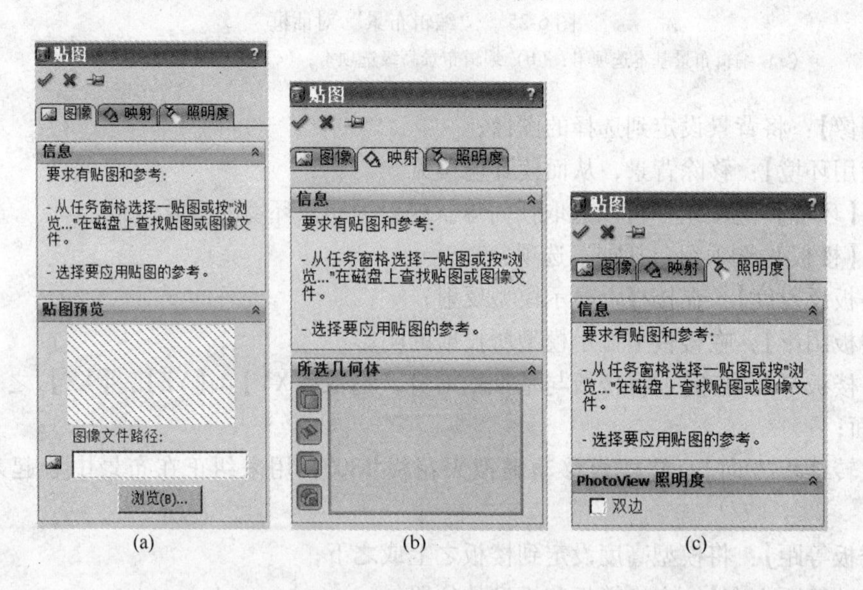

图 6-26 “编辑贴图”对话框

(a) 贴图基本选项卡；(b) 贴图映射选项卡；(c) 贴图照明度选项

“贴图”属性管理器对话框选项说明如下：

(1)【图像】选项卡：

【贴图预览】：显示贴图预览；

【浏览】：单击此按钮，选择浏览图形文件。

(2)【映射】选项卡：

【所选几何体】：选项组包括（过滤器），可以帮助选择模型中的几何实体。

(3)【照明度】选项卡：

【照明度】：可以选择贴图对照明度的反应，根据选择的选项不同，其属性设置也会发生改变；

【PhotoView 照明度】：选项在插入了 PhotoView 360 插件之后启用。

6.4.5 设定光源

SolidWorks 提供了三种光源类型，即线光源、点光源和聚光源。

6.4.5.1 线光源

在【管理器窗口】中展开【显示管理器】，单击【查看布景、光源和相机】按钮，右击【光源】图标，从弹出的快捷菜单中选择【添加线光源】命令，在【属性管理器】中弹出“线光源”属性设置框（根据生成的线光源、数字顺序排序），“线光源”对话框分基本、PhotoView 选项卡，如图 6-27 所示。

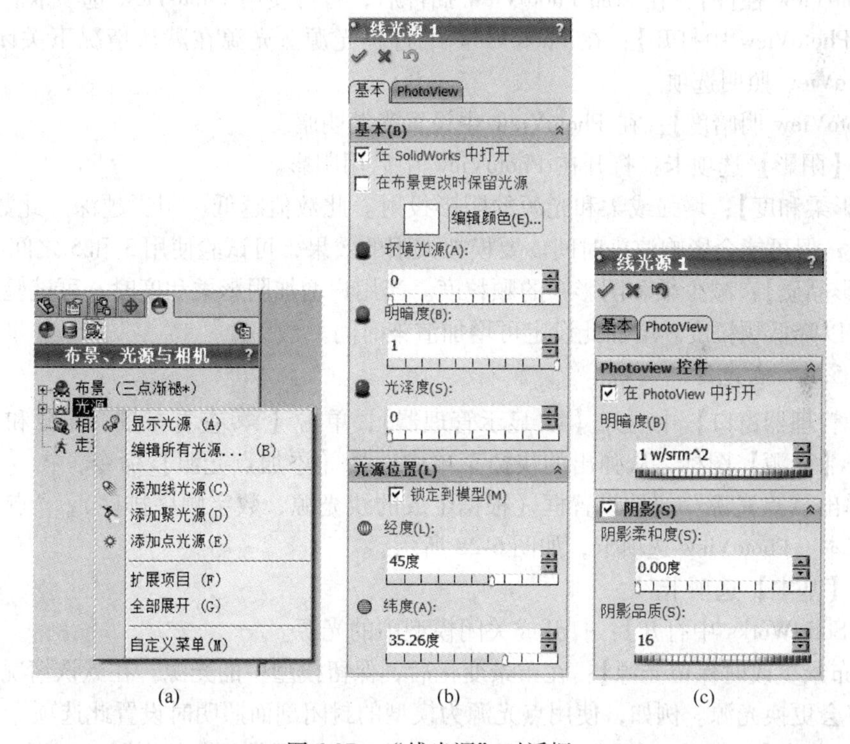

图 6-27 “线光源”对话框

（a）添加线光源；（b）线光源基本选项卡；（c）线光源 PhotoView 选项卡

“线光源”属性管理器对话框选项如下：

(1)【基本】选项卡。

【在 SolidWorks 中打开】：打开或关闭模型中的光源。

【在布景更改时保留光源】：在布景变化后保留模型中的光源。在默认情况下，布景变化时将会更换光源。

【编辑颜色】：显示颜色调色板，这样用户就可以选择带颜色的光源，而不是默认的白色光源。

【环境光源】: 设置光源的强度。移动滑杆或者在 0 ~ 1 之间输入数值。数值越高, 光源强度越强。

【明暗度】: 设置光源的明暗度。移动滑杆或者在 0 ~ 1 之间输入数值。数值越高, 在最靠近光源的模型一侧投射越多的光线。

【光泽度】: 设置光泽表面在光线照射处显示强光的能力。移动滑杆或者在 0 ~ 1 之间输入数值。数值越高, 强光越显著且外观更为光亮。

【光源位置】选项:

【锁定到模型】: 选择此复选框, 相对于模型的光源位置被保留; 取消选择此复选框, 光源在模型空间中保持联固定;

【经度】: 光源的经度坐标;

【纬度】: 光源的纬度坐标。

(2)【PhotoView】选项卡。

【PhotoView 控件】: 在添加 PhotoView 插件后, 将可使用 PhotoView 选项卡。

【在 PhotoView 中打开】: 在 PhotoView 中打开光源。光源在默认情况下关闭。同时, 启用 PhotoView 照明选项。

【PhotoView 明暗度】: 在 PhotoView 中设置光源明暗度。

(3)【阴影】选项卡: 打开在 PhotoView 中启用阴影。

【阴影柔和度】: 增强或柔和光源的阴影投射。此数值越低, 阴影越深。此数值越高, 阴影越浅, 但可能会影响渲染时间。要模拟太阳的效果, 可试验使用 3 和 5 之间的值。

【阴影品质】: 减少柔和阴影中的颗粒度。当用户增加阴影柔和度时, 可试验使用该设定较高值以降低颗粒度。增加此设定可增加渲染时间。

6.4.5.2 点光源

在【管理器窗口】中展开【显示管理器】, 单击【查看布景、光源和相机】按钮, 右击【光源】图标, 从弹出的快捷菜单中选择【添加点光源】命令, 在【属性管理器】中弹出"点光源"属性设置框 (根据生成的线光源、数字顺序排序), "点光源"对话框分基本、PhotoView 选项卡, 如图 6-28 所示。

(1)【基本】选项卡。

【在 SolidWorks 中打开】: 打开或关闭模型中的光源。

【在布景更改时保留光源】: 在布景变化后, 保留模型中的光源。在默认情况下, 布景变化时将会更换光源。例如, 使用点光源为模型的封闭剖面照明时设置此选项。

【编辑颜色】: 显示颜色调色板, 这样用户就可以选择带颜色的光源, 而不是默认的白色光源。

【环境光源】: 控制光源的强度。移动滑块或键入 0 到 1 之间的值。数值越高, 光源强度越高。光源强度在模型所有面上变化相同。

【明暗度】: 控制光源的明暗度。移动滑块或输入 0 到 1 之间的值。数值越高, 最靠近光源的模型面上投射光线越多。

【光泽度】: 控制光泽表面在光线照射处展示强光的能力。移动滑块或输入 0 到 1 之间的值。此数值越高则强光越显著, 且外观更为光亮。

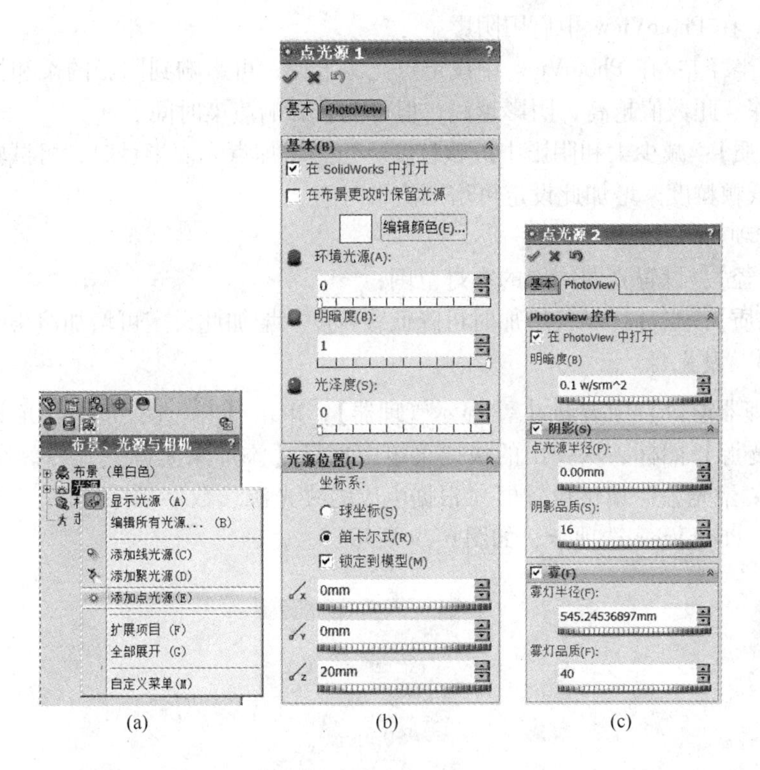

图 6-28 “点光源”对话框

（a）添加点光源；（b）点光源基本选项卡；（c）点光源 PhotoView 选项卡

【光源位置】选项：

【坐标系】：坐标系；

【球坐标】：使用球形坐标系来指定光源的位置，在图形区域中拖动操纵杆，或在 PropertyManager 中设置相应的值；

【锁定到模型】：保持光源相对于模型的位置，当消除选择时，光源在模型空间中保持固定；

【经度】：光源的经度坐标；

【纬度】：光源的纬度坐标；

【距离】：距离；

【笛卡尔式】：使用笛卡尔坐标系来指定光源的位置，在图形区域中拖动操纵杆，或在 PropertyManager 中设置相应的值；

【锁定到模型】：保持光源相对于模型的位置，当消除选择时，光源在模型空间中保持固定；

【 坐标】：点光源的 X 轴坐标；

【 坐标】：点光源的 Y 轴坐标；

【 坐标】：点光源的 Z 轴坐标。

（2）【PhotoView】选项卡。

【PhotoView 控件】选项：

【阴影】：在 PhotoView 中启用阴影。

【点光源半径】：在 PhotoView 中设定点光源半径，可影响到阴影的柔和性。此数值越低，阴影越深。此数值越高，阴影越浅，但可能会影响渲染时间。

【阴影品质】：减少柔和阴影中的颗粒度。当您增加点光源半径时，可试验使用该设定较高值以降低颗粒度。增加此设定可增加渲染时间。

【雾】选项：

【雾灯半径】：设置光源周围的雾灯范围；

【雾灯品质】：当雾灯半径增加时可降低颗粒度。增加此设定可增加渲染时间。

6.4.5.3　聚光源

在【管理器窗口】中展开【显示管理器】，单击【查看布景、光源和相机】按钮，右击【光源】图标，从弹出的快捷菜单中选择【添加聚光源】命令，在【属性管理器】中弹出"聚光源"属性设置框（根据生成的线光源、数字顺序排序），"聚光源"对话框分基本、PhotoView 选项卡，如图 6-29 所示。

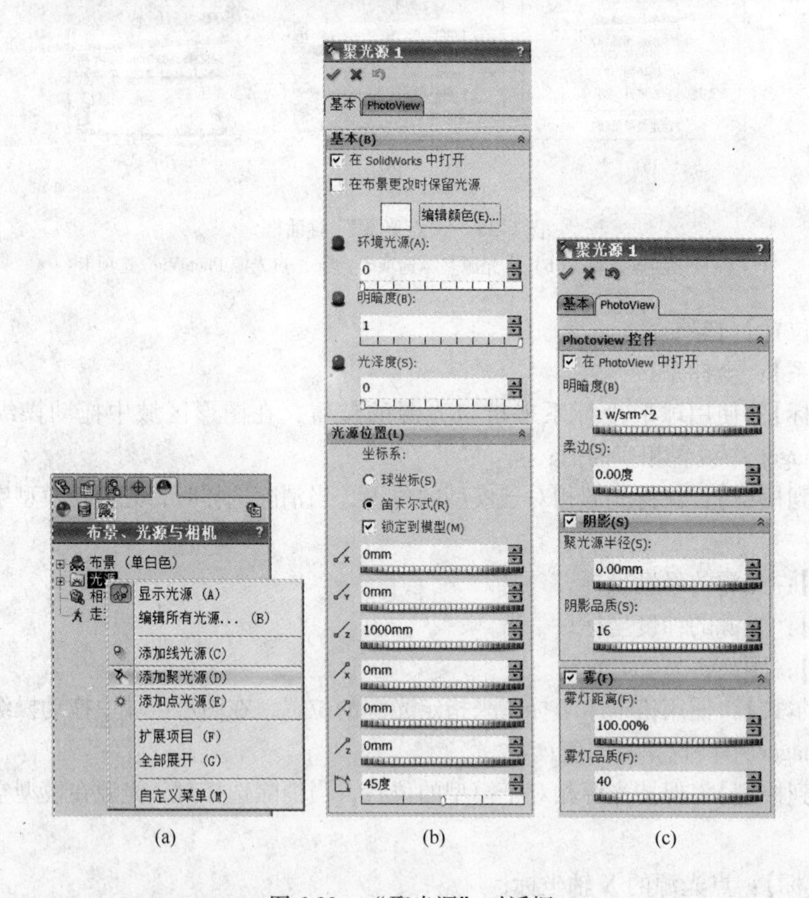

(a)　(b)　(c)

图 6-29　"聚光源"对话框

（a）添加聚光源；（b）聚光源基本选项卡；（c）聚光源 PhotoView 选项卡

"聚光源"属性管理器对话框选项如下：

（1）【基本】选项卡。

【在 SolidWorks 中打开】：打开或关闭模型中的光源。

【在布景更改时保留光源】：在布景变化后，保留模型中的光源。在默认情况下，布景变化时将会更换光源。例如，使用点光源为模型的封闭剖面照明时设置此选项。

【编辑颜色】：显示颜色调色板，这样用户就可以选择带颜色的光源，而不是默认的白色光源。

【环境光源】：控制光源的强度。移动滑块或键入 0 到 1 之间的值。数值越高，光源强度越高。光源强度在模型所有面上变化相同。

【明暗度】：控制光源的明暗度。移动滑块或输入 0 到 1 之间的值。数值越高，最靠近光源的模型面上投射光线越多。

【光泽度】：控制光泽表面在光线照射处展示强光的能力。移动滑块或输入 0 到 1 之间的值。此数值越高则强光越显著，且外观更为光亮。

【光源位置】选项：

【坐标系】：坐标系；

【球坐标】：使用球形坐标系来指定光源的位置，在图形区域中拖动操纵杆，或在 PropertyManager 中设置相应的值；

【锁定到模型】：保持光源相对于模型的位置，当消除选择时，光源在模型空间中保持固定；

【经度】：在坐标系中设置光源的经度坐标；

【纬度】：在坐标系中设置光源的纬度坐标；

【距离】：距离；

【 坐标】：目标是光源在模型上所投射到的点，在坐标系中设置光源的 X 轴坐标位置；

【 坐标】：目标是光源在模型上所投射到的点，在坐标系中设置光源的 Y 轴坐标位置；

【 坐标】：目标是光源在模型上所投射到的点，在坐标系中设置光源的 Z 轴坐标位置；

【 坐标】：指定光束传播的角度，较小的角度生成较窄的光束，在图形区域中，将指针移到定义圆锥基体的圆上，当指针变成 且圆颜色改变时，用户可以拖动圆以改变圆锥角度；

【笛卡尔式】：使用笛卡尔坐标系来指定光源的位置，在图形区域中拖动操纵杆，或在 PropertyManager 中设置相应的值；

【锁定到模型】：保持光源相对于模型的位置，当消除选择时，光源在模型空间中保持固定；

【 坐标】：在坐标系中设置光源的位置 X 轴坐标；

【 坐标】：在坐标系中设置光源的位置 Y 轴坐标；

【 坐标】：在坐标系中设置光源的位置 Z 轴坐标。

(2)【PhotoView】选项卡。

【PhotoView 控件】选项：

【阴影】：在 PhotoView 中启用阴影；

【点光源半径】：在 PhotoView 中设定点光源半径，可影响到阴影的柔和性，此数值越低，阴影越深，此数值越高，阴影越浅，但可能会影响渲染时间；

【阴影品质】：减少柔和阴影中的颗粒度，当用户增加点光源半径时，可试验使用该设定较高值以降低颗粒度，增加此设定可增加渲染时间。

【雾】选项：

【雾灯半径】：设置光源周围的雾灯范围；

【雾灯品质】：当雾灯半径增加时可降低颗粒度，增加此设定可增加渲染时间。

（3）光源指示符。

SolidWorks 和 PhotoView 360 的照明控件相互独立。

SolidWorks：在默认情况下，SolidWorks 中的点光源、聚光源和线光源打开。在 RealView 中无法使用布景照明，因此通常需要手动照亮模型。

PhotoView：在默认情况下，PhotoView 中的照明关闭。在关闭光源时，可以使用布景所提供的逼真光源，该光源通常足够进行渲染。在 PhotoView 中，通常需要使用其他照明措施来照亮模型中的封闭空间。

在此图中，DisplayManager 的布景、光源和相机窗格中特定光源的图标含义如图 6-30 所示。

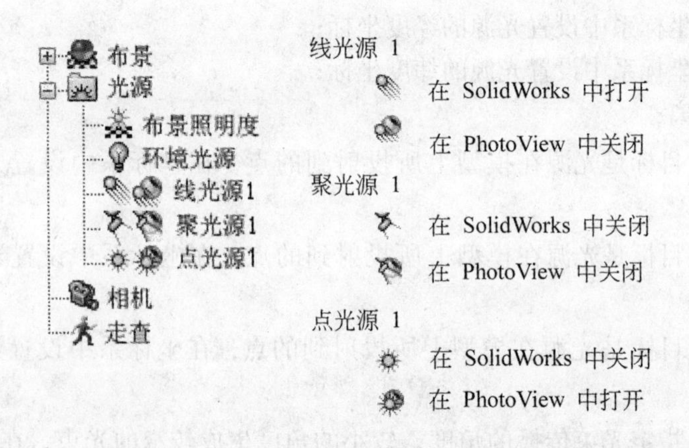

图 6-30 DisplayManager 的布景、光源和相机窗格中特定光源的图标含义

6.4.6 不同显示模式下布景与光源的关系

布景和其光源密切相关，二者在 SolidWorks 中与在 PhotoView 中作用不同：

（1）布景光源有这些来源：

点光源、聚光源与线光源，这些在 SolidWorks Open GL 图形、RealView 和 PhotoView 中看得见。

布景环境图像中的光源，这些只在 PhotoView 中看得见。该光源为高质量，在生成了环境图像时密切模仿可供使用的实际光源。

（2）除了控制点光源、聚光源与线光源之外，可在插入了 PhotoView 插件时控制布景照明度。这些控件可在布景 PropertyManager 中的照明度选项卡上使用。

(3) SolidWorks 和 PhotoView 360 的照明控件相互独立。

SolidWorks 在默认情况下，SolidWorks 中的点光源、聚光源和线光源打开。在 RealView 中无法使用布景照明，因此通常需要手动照亮模型。

PhotoView 在默认情况下，PhotoView 中的照明关闭。在关闭光源时，可以使用布景所提供的逼真光源，该光源通常足够进行渲染。在 PhotoView 中，通常需要使用其他照明措施来照亮模型中的封闭空间。

6.4.7 设定 PhotoView 选项

打开 PhotoView 360 插件后，单击管理器窗口中【显示管理器】/【PhotoView 360 选项】，弹出“PhotoView 360 选项”属性设置对话框。如图 6-31 所示。包含【输出图像设定】、【渲染品质】、【光晕】、【轮廓渲染】选项卡。

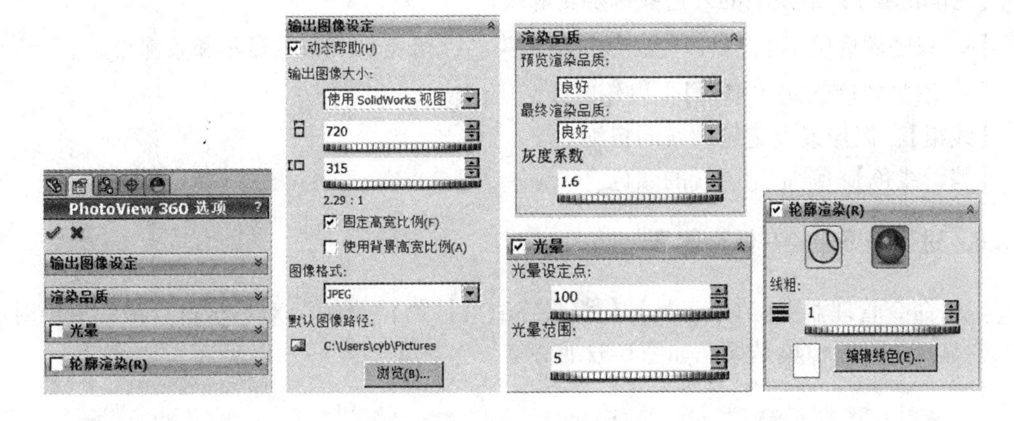

图 6-31 “PhotoView 360 选项”属性管理器对话框

“PhotoView 360 选项”属性管理器对话框选项：

(1)【输出图像设定】选项卡。

【动态帮助】：显示每个特性的弹出工具提示。

【输出图像大小】：将输出图像的大小设定到标准宽度和高度。也可选取指派到当前相机的设定或设置自定义值。

【图像宽度】：以像素设定输出图像的宽度。

【图像高度】：以像素设定输出图像的高度。

【固定高宽比例】：保留输出图像中宽度到高度的当前比率。

【使用相机高宽比例】：将输出图像的高宽比设定到相继视野的高宽比。在当前视图穿越相机时可供使用。

【使用背景高宽比例】：将最终渲染的高宽比设定为背景图像的高宽比。如果此选项已清除，背景图像可能会扭曲。在当前布景使用图像作为其背景时可供使用。当使用相机高宽比例激活时会忽略该设定。

【图像格式】：为渲染的图像更改文件类型。

【默认图像路径】：为使用 Task Scheduler 所排定的渲染设定默认路径。

(2)【渲染品质】选项卡。

【预览渲染品质】：为预览设定品质等级。高品质图像需要更多时间才能渲染。

【最终渲染品质】：为最终渲染设定品质等级。高品质图像需要更多时间才能渲染。

【灰度系数】：在荧屏上调整图像的明暗度以与输出图像相符。

(3)【光晕】选项卡。

【光晕】：添加光晕效果，使图像中发光或反射的对象周围发出强光。光晕仅在最终渲染中可见，预览中不可见。

【光晕设定点】：标识光晕效果应用的明暗度或发光度等级。降低百分比可将该效果应用到更多项目。增加则将该效果应用于更少的项目。

【光晕范围】：设定光晕从光源辐射的距离。

(4)【轮廓渲染】选项卡。

【轮廓渲染】：给模型的外边线添加轮廓线。

【只随轮廓渲染】：只以轮廓线进行渲染。保留背景或布景显示和景深设定。

【渲染轮廓和实体模型】：以轮廓线渲染图像。

【线粗】：以像素设定轮廓线的粗细。

【编辑线色】：设定轮廓线的颜色。

6.4.8 进行最终渲染并保存图像

点击命令管理器中【渲染工具】/【最终渲染】，"渲染帧"对话框进行最终渲染时出现。它显示统计及渲染结果，如图6-32所示。

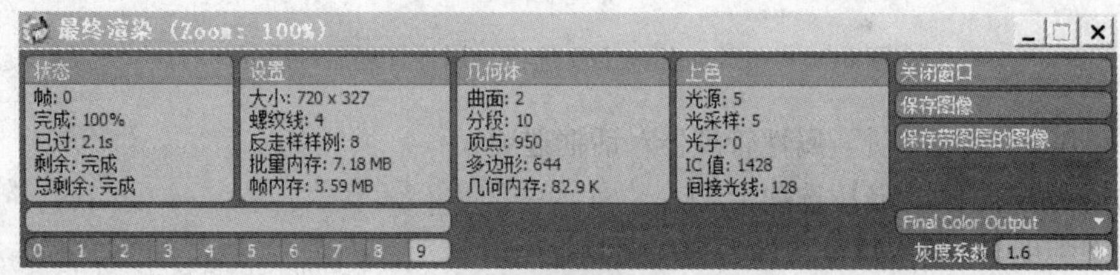

图6-32 最终渲染

0到9数目：显示10个最近渲染。

保存带图层的图像：在所指定的路径将渲染的输出内容及其对应的 alpha 图像保存为

单独文件。可从这些文件在外部图形程序中生成组合图像，例如，在新环境中显示模型。

保存图像：在所指定的路径中保存渲染的图像。保存后的图像如图 6-33 所示。

图 6-33 保存后的图像

冶金三维设计应用：铁水包三维设计

7.1 冶金设备三维设计步骤

7.1.1 冶金设备三维设计一般步骤

冶金设备按专业可分为采矿设备、选矿设备、焦化设备、烧结设备、炼铁设备、炼钢设备、轧钢设备、工业窑炉等，每个专业下又包含无数种类，如冶金炉又分为高炉、反射炉、中频电炉、电弧炉、矿热还原炉、转炉等。

冶金设备的特点是种类繁多、结构复杂、体积巨大，在高温环境下运行等，应用三维设计可以带来诸多便利。

传统冶金设备的设计是平面二维设计，已形成系列、成套、标准健全的设计图纸。在进行三维冶金设备设计时，首先选定设备种类，并准备全套完整的标准二维图纸。第二步，根据二维图纸进行零件建模。第三步，进行装配。第四步，在装配体基础上进行运动、干涉、仿真等分析，进行修改改进设计。第五步，由三维图转化为二维图并进行标注及说明等。因为现有加工制造行业多数仍采用二维图纸为制造依据，所以二维图目前不可能完全被三维图所取代，转换的二维图可以检查三维设计的合理性。

7.1.2 铁水包三维设计步骤

铁水包是冶金设备中常见的设备之一，容量有 0.3t、0.5t、1t、3t，大容量有 15t、20t、30t、120t 等。

铁水包三维设计的设计步骤分为三步，第一步，各零件建模；第二步，装配；第三步，分析。

铁水包二维平面图如图 7-1 所示，分析二维装配图，确定建模零件分为铁水包外壳、吊耳、耳轴、耳轴板、耳轴套、耳轴座、封头、锁母、支座。其中铁水包外壳结构最复杂，由多块钢板组成，其他零件结构较简单。

7.2 铁水包外壳三维设计

铁水包外壳结构最复杂，主体为钢板卷制而成，上沿口、中部、底部由加强板组成，在建模时视为一个模型，具体步骤如下：

（1）新建文件。单击菜单中【文件】/【新建】命令，或单击标准工具栏上【新建】

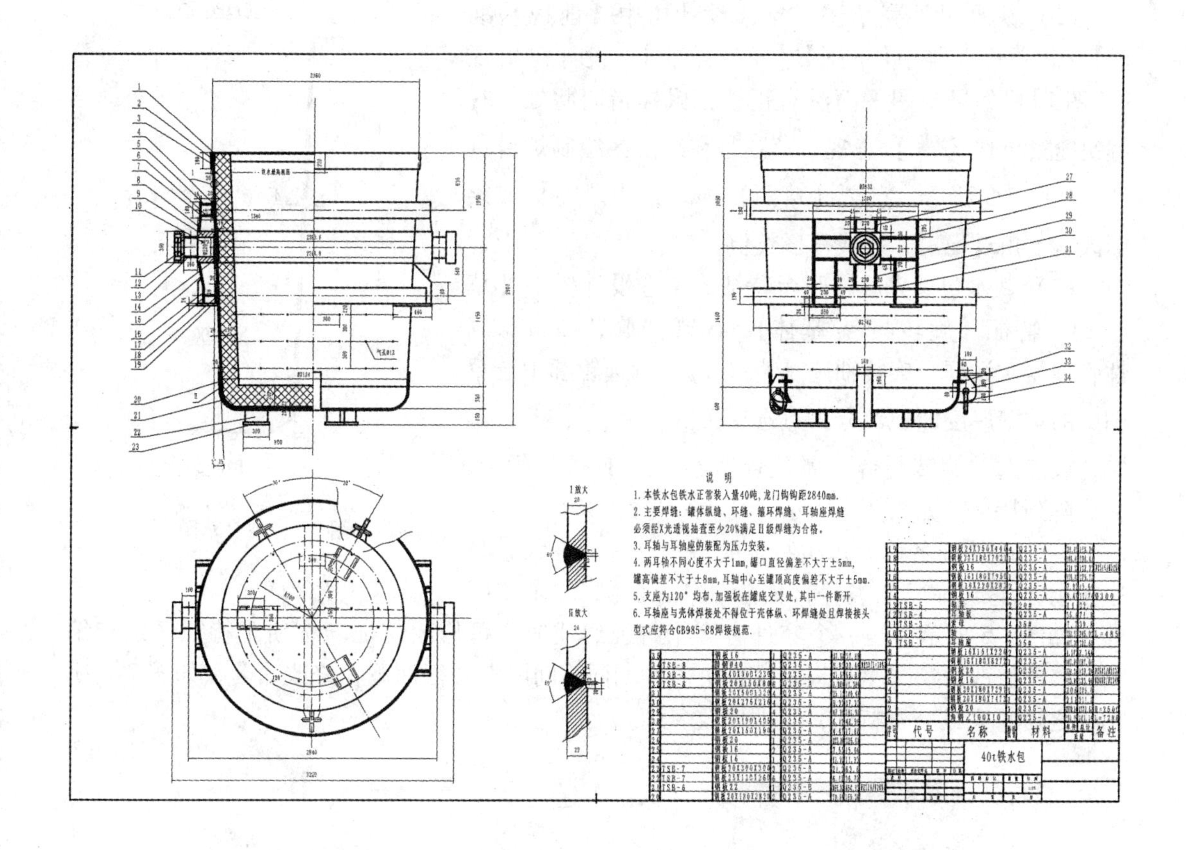

图 7-1　铁水包二维平面图

按钮，出现“新建 SolidWorks 文件”对话框，单击对话框【零件】/【确定】按钮，对话框可以在【新手】与【高级】界面切换，如图 1-13 和图 7-2 所示。命名文件名“铁水包外壳”，选择路径，保存。

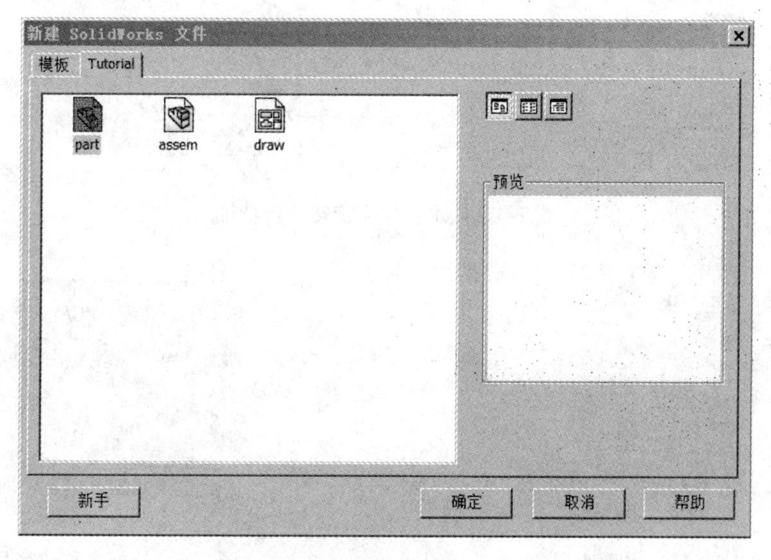

图 7-2　“新建 SolidWorks 文件”对话框—【高级】

（2）铁水包外壳草图。点选设计树中【前视基准面】/命令管理器中【草图】/【草图绘制】，设计树出现【草图1】，如果草图平面没有正视，鼠标指向此处，右键快捷菜单选【 】正视于草图，在绘图区绘制炉身草图，如图7-3所示。点击【草图】/【 退出草图】或绘图区右上角【 】，完成草图绘制。

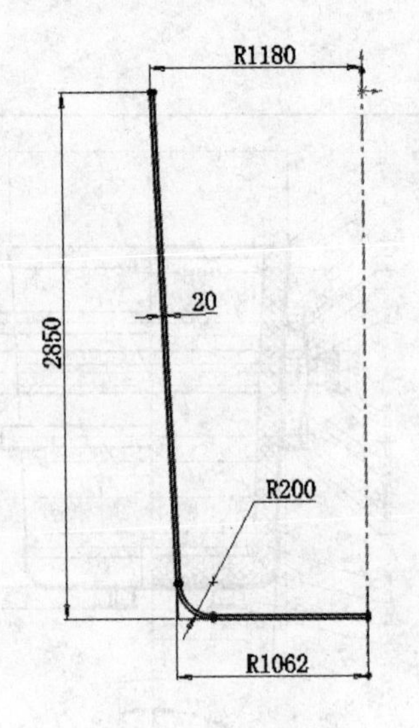

图7-3 炉身草图

（3）铁水包外壳旋转凸台特征。点选设计树中【草图1】/特征【旋转凸台/基体】，出现“旋转凸台”属性管理器对话框，旋转轴选【直线1】，所选轮廓中选草图中的炉壁厚度面积部分，点选绘图区右上角【 】确定，或点选“旋转凸台”属性管理器上方【 】确定，完成阵列特征，如图7-4所示。

（4）改特征名称。每次特征生成，软件会在设计树中按顺序生成特征加编号，如旋转1、切除2、拉伸3等，如图7-5所示，当一个零件有多个特征组成时，可修改特征名称便于特征区别与编辑，名称修改方法与Windows文件夹名称相同，间隔点特征两下，修改命名，如图7-6所示，之后每完成一个特征，立即修改名称。

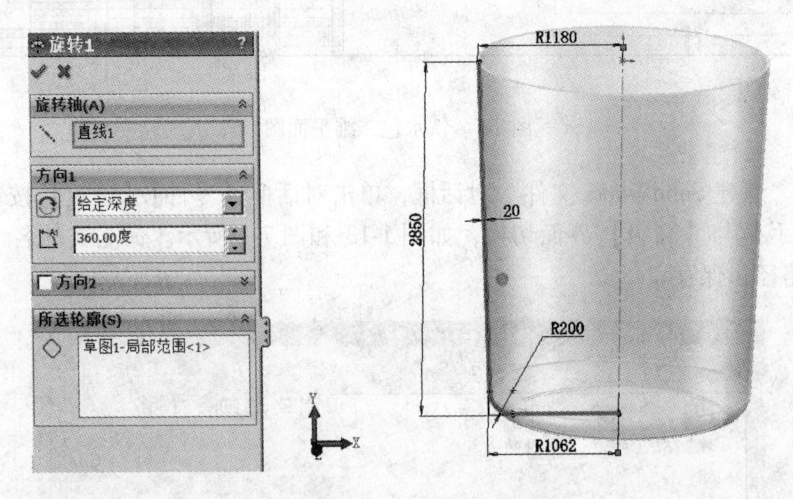

图7-4 铁水包外壳旋转凸台特征

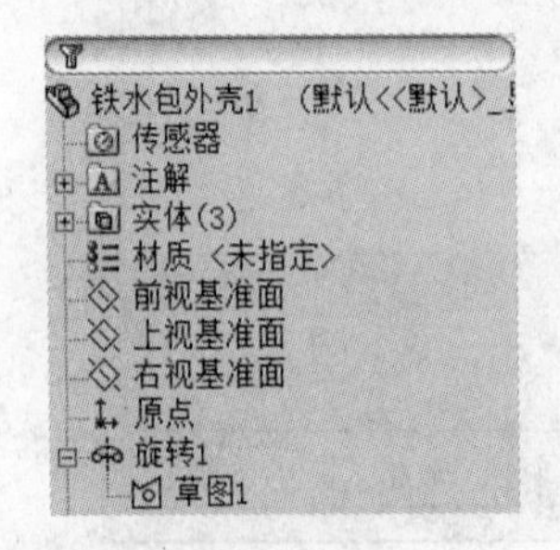

图7-5 特征名称改名前

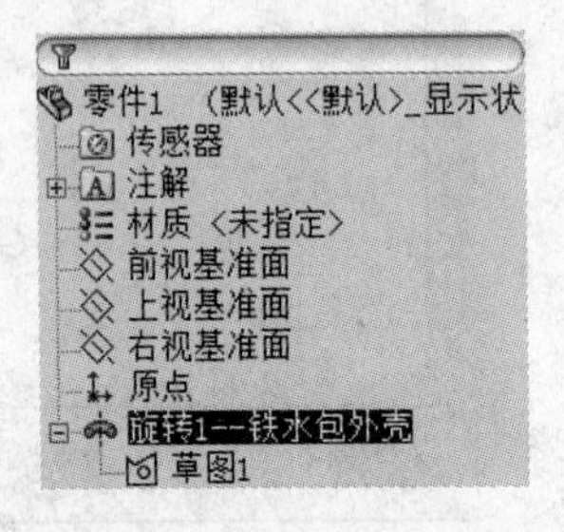

图7-6 特征名称改名后

（5）上沿口加强板草图。点选设计树中【前视基准面】/命令管理器中【草图】/【草图绘制】，设计树出现【草图5】，在绘图区绘制加强板草图，加强板外侧是180×20厚钢板，内侧为100×100角钢，如图7-7所示（提示：草图中中心线不能忘记）。完成草图后，点选命令管理器/【草图】/【退出草图】或绘图区右上角【】退出草图。

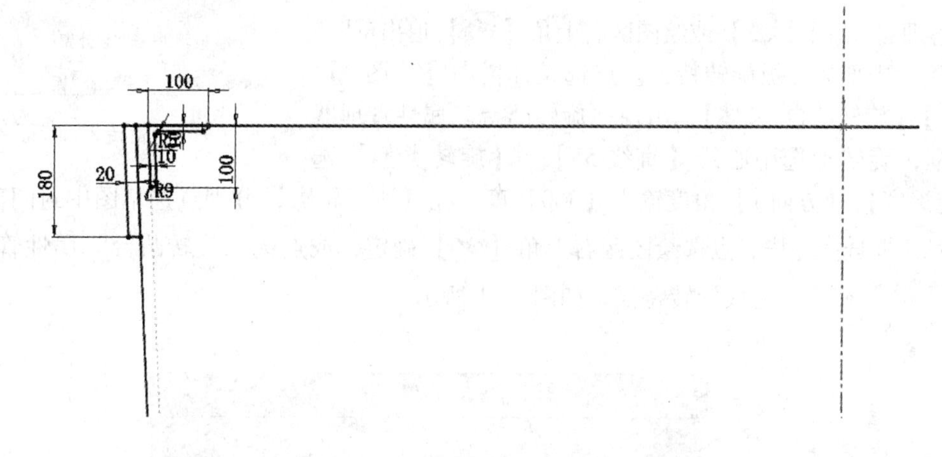

图7-7 上沿口加强板草图

（6）上沿口加强板旋转特征。点选设计树中【草图2】/【特征】/【旋转凸台/基体】，出现“旋转凸台”属性管理器对话框，旋转轴选中心线【直线14】；【旋转类型】选【给定深度】，【方向1】角度，输入【360】度（提示：如果没有先点选【草图2】，此时在“所选轮廓”对话框中选草图铁水包上沿口加强板截面部分）；属性对话框选择完毕，点选绘图区右上角【】确定，或点选“旋转凸台”属性管理器上方【】确定，完成旋转特征，如图7-8所示。

图7-8 上沿口加强板旋转特征

改【旋转2】特征名为【旋转2—上沿口加强板】，如图7-9所示。

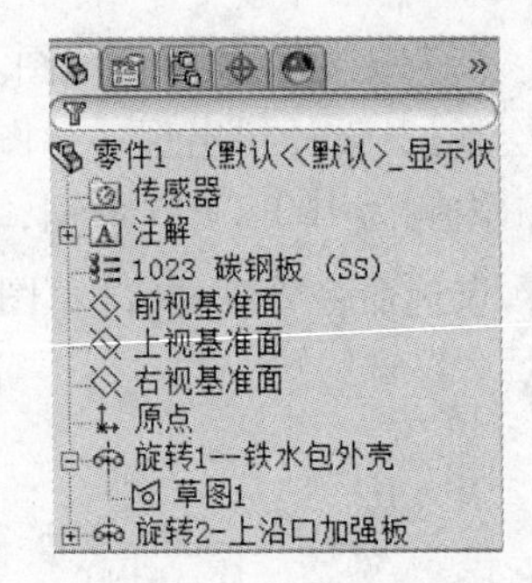

图7-9 “旋转2”特征名

（7）中部加强板草图。点选设计树中【前视基准面】/命令管理器中【草图】/【草图绘制】，设计树出现【草图3】，在绘图区绘制加强板草图如图7-10所示，完成草图后，点选命令管理器/草图【】或绘图区右上角【】退出草图。

（8）中部加强板旋转特征。点选设计树中【草图3】/【特征】/【旋转凸台/基体】，出现“旋转凸台”属性管理器对话框，旋转轴选中心线【直线55】；【旋转类型】选【给定深度】，【方向1】角度输入【360】度；在【所选轮廓】分别点选草图中封闭部分；属性对话框选择完毕，点选绘图区右上角【】确定，或点选“旋转凸台”属性管理器上方【】确定，完成旋转特征，如图7-11所示。

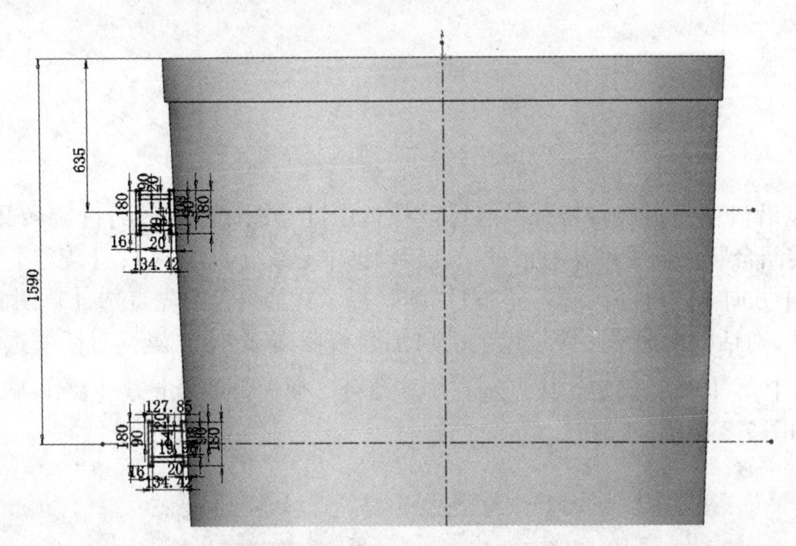

图7-10 中部加强板草图

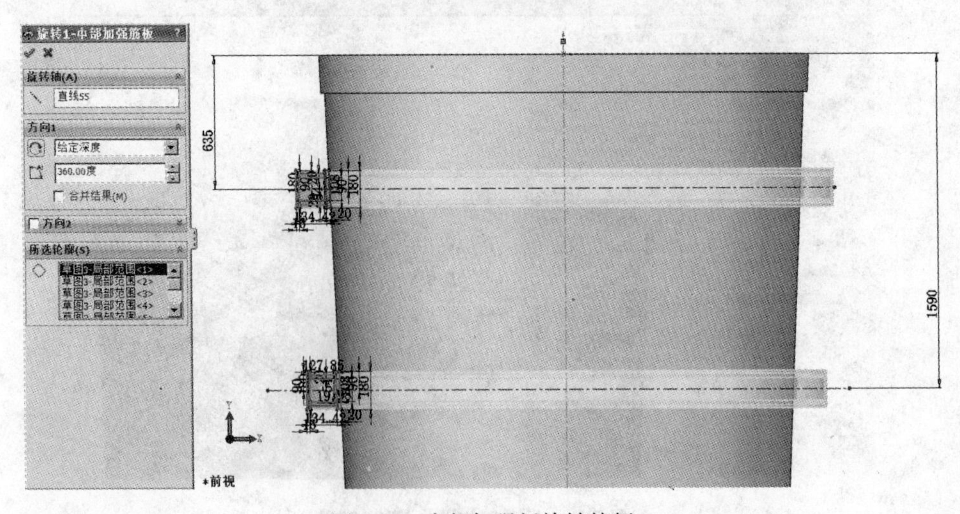

图7-11 中部加强板旋转特征

（9）耳轴安装孔草图。点选设计树中【右视基准面】/命令管理器中【草图】/【草图绘制】，设计树出现【草图4】，在绘图区绘制孔，标注尺寸280，距上部尺寸1050，如图7-12所示，完成草图后，点选命令管理器/【草图】/【退出草图】，或绘图区右上角【】退出草图。

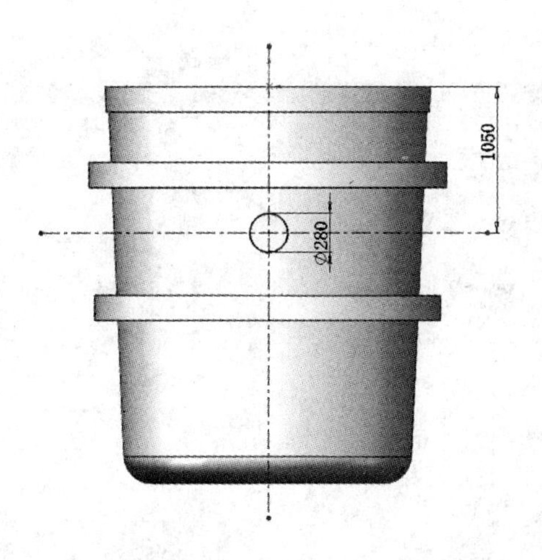

图7-12 耳轴安装孔草图

（10）耳轴安装孔切除拉伸特征。点选设计树中【草图4】/【特征】/【切除拉伸】，出现“切除拉伸”属性管理器对话框，【方向1】终止条件选【完全贯穿】，点【选方向2】，终止条件选【完全贯穿】，完成对话框选择，点选绘图区右上角【】确定，或点选“切除拉伸”属性管理器上方【】确定，完成切除拉伸特征，如图7-13所示。

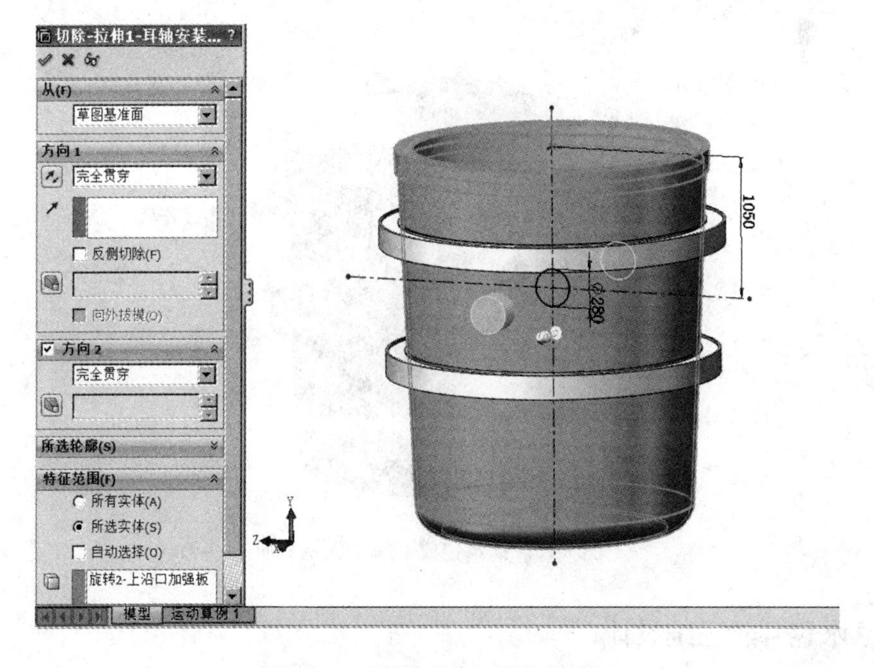

图7-13 耳轴安装孔切除拉伸特征

(11) 指定材质。鼠标指向设计树中【材质（未指定）】/右键快捷菜单【编辑材料】，出现“材料”属性管理器，点选【钢】/【1023 碳钢板（SS)】，点击右下角【应用】/【关闭】，如图 7-14 所示，铁水包模型颜色变为碳钢颜色，同时模型已被赋予了【碳钢】的物理属性，如密度、屈服强度、热导率等，如图 7-15 所示。

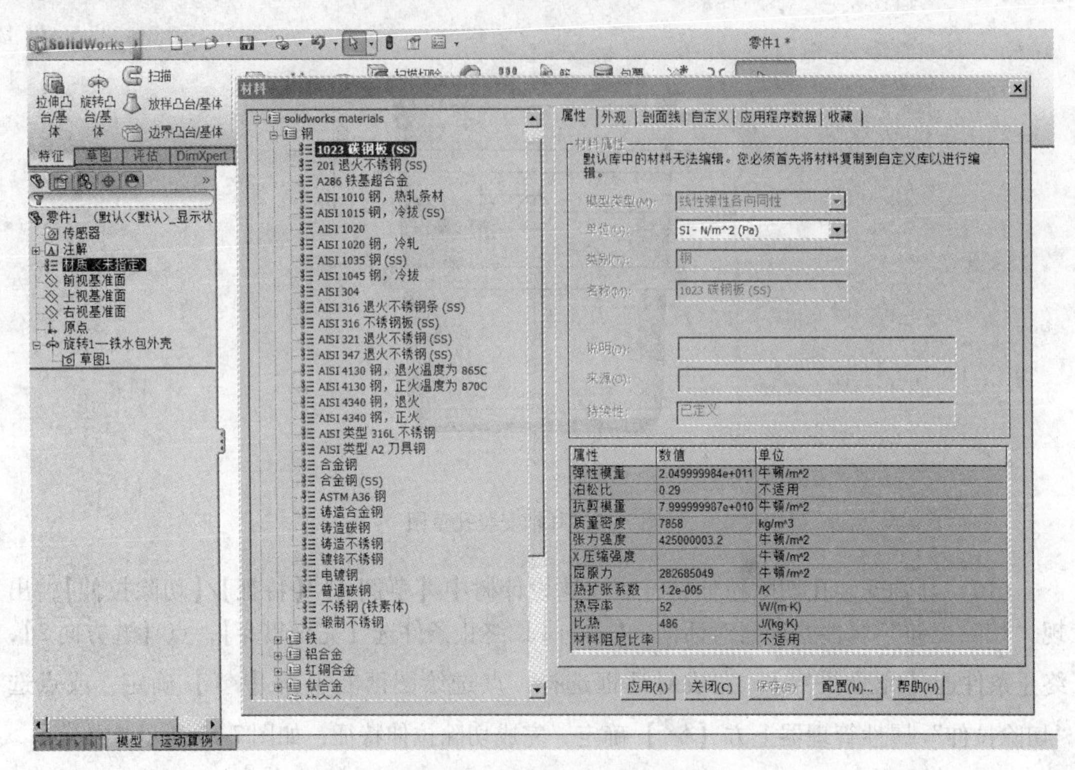

图 7-14 “材料”属性管理器

图 7-15 铁水包模型赋予碳钢材质

7.3 铁水包耳轴三维设计

铁水包耳轴的三维设计的具体步骤如下：

（1）新建文件。单击菜单中【文件】/【新建】命令，或单击标准工具栏上【新建】按钮，出现“新建 SolidWorks 文件”对话框，单击对话框【零件】/【确定】图标，命名文件名【耳轴】，选择路径，保存。

（2）耳轴草图。点选设计树中【前视基准面】/命令管理器中【草图】/【草图绘制】，设计树出现【草图 1】，如果草图平面没有正视，鼠标指向此处，右键快捷菜单选【】正视于草图，在绘图区绘制耳轴轴向剖面草图，如图 7-16 所示。点击【草图】/【退出草图】或绘图区右上角【】，完成草图绘制。

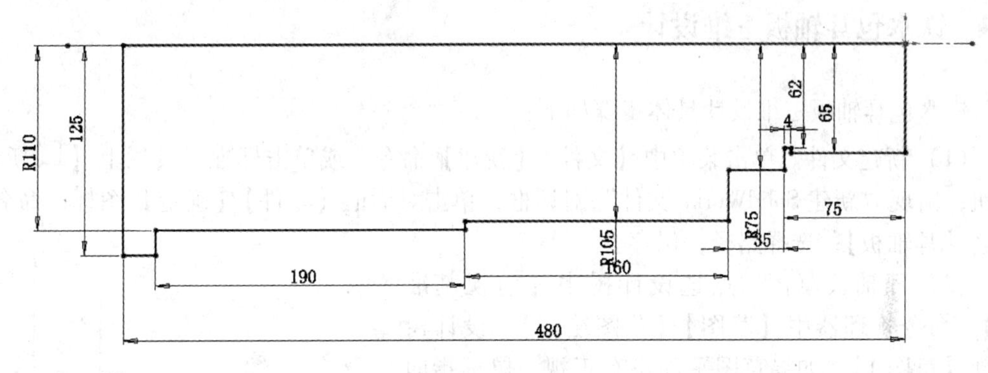

图 7-16　耳轴草图

（3）耳轴旋转特征。点选设计树中【草图 1】/特征【旋转凸台/基体】，出现“旋转凸台”属性管理器对话框，旋转轴选【直线 1】，【所选轮廓】选草图中轴向剖面封闭区域部分，点选绘图区右上角【】确定，或点选“旋转凸台”属性管理器上方【】确定，完成旋转特征，如图 7-17 所示。

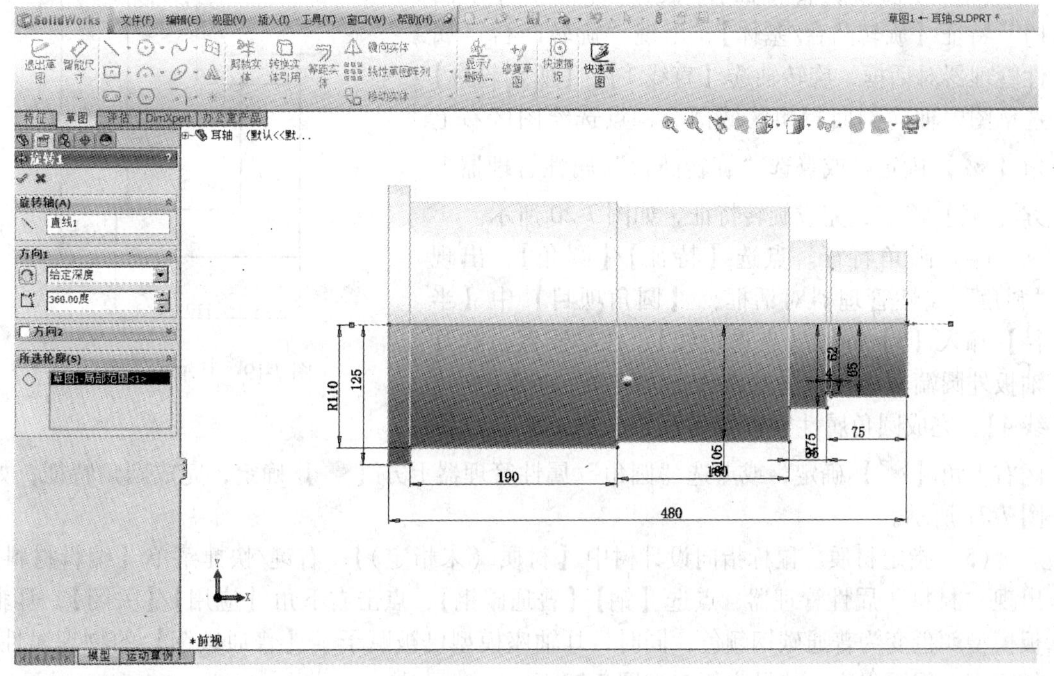

图 7-17　耳轴旋转特征

（4）指定材质。鼠标指向设计树中【材质（未指定）】/右键/快捷菜单【编辑材料】，出现“材料”属性管理器，点选【钢】/【合金钢（SS）】，点击右下角【应用】/【关闭】，耳轴模型颜色变为合金钢颜色，同时，耳轴模型已被赋予了【合金钢】的物理属性，如密度、屈服强度、热导率等，如图7-18所示。

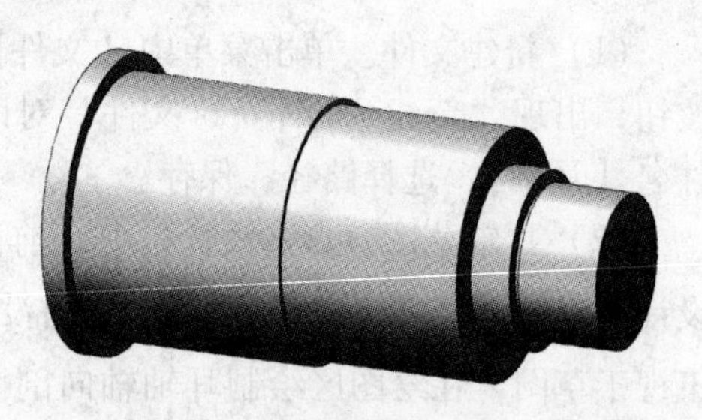

图7-18　耳轴材质【合金钢】效果

7.4　铁水包耳轴板三维设计

铁水包耳轴板三维设计具体步骤如下：

（1）新建文件。单击菜单中【文件】/【新建】命令，或单击标准工具栏上【新建】按钮，出现“新建SolidWorks文件”对话框，单击对话框【零件】/【确定】图标，命名文件名【耳轴板】，选择路径，保存。

（2）耳轴板草图。点选设计树中【前视基准面】/命令管理器中【草图】/【草图绘制】，设计树出现【草图1】，如果草图平面没有正视，鼠标指向此处，右键快捷菜单选【】正视于草图，在绘图区绘制耳轴板轴向剖面草图，如图7-19所示。点击【草图】/【退出草图】或绘图区右上角【】，完成草图绘制。

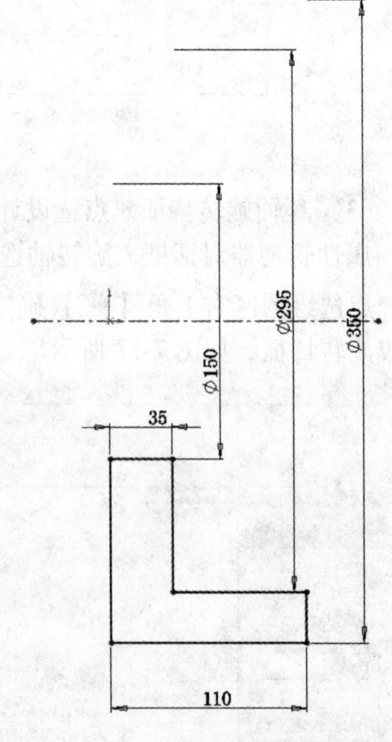

图7-19　耳轴板草图

（3）耳轴板旋转特征。点选设计树中【草图1】/特征【旋转凸台/基体】，出现“旋转凸台”属性管理器对话框，旋转轴选【直线1】，【所选轮廓】选草图中轴向剖面封闭区域部分，点选绘图区右上角【】确定，或点选“旋转凸台”属性管理器上方【】确定，完成旋转特征，如图7-20所示。

（4）圆角特征。点选【特征】/【圆角】，出现“圆角”属性管理器对话框，【圆角项目】中【半径】输入【5】mm，【点选边线】，在绘图区点选耳轴板外圆端面边角线【边线1、边线2、边线3、边线4】，完成圆角属性管理器对话框选择，点选绘图区右上角【】确定，或点选“圆角”属性管理器上方【】确定，完成圆角特征，如图7-21所示。

（5）指定材质。鼠标指向设计树中【材质（未指定）】/右键/快捷菜单【编辑材料】出现“材料”属性管理器，点选【钢】/【普通碳钢】，点击右下角【应用】/【关闭】，耳轴板模型颜色变为普通碳钢颜色，同时，耳轴座模型已被赋予了【普通碳钢】的物理属性，如密度、屈服强度、热导率等，如图7-22所示。

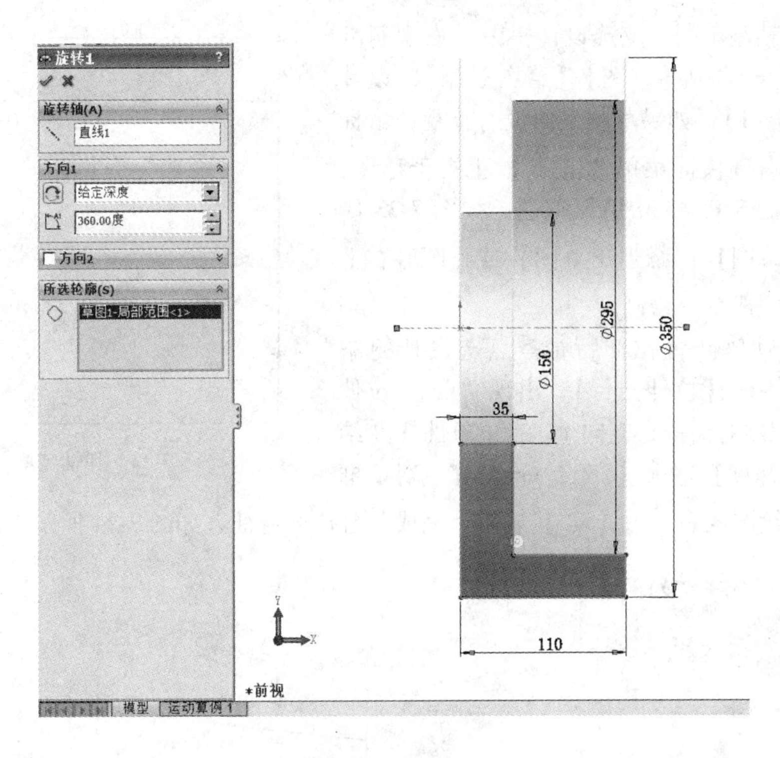

图 7-20 耳轴板旋转特征

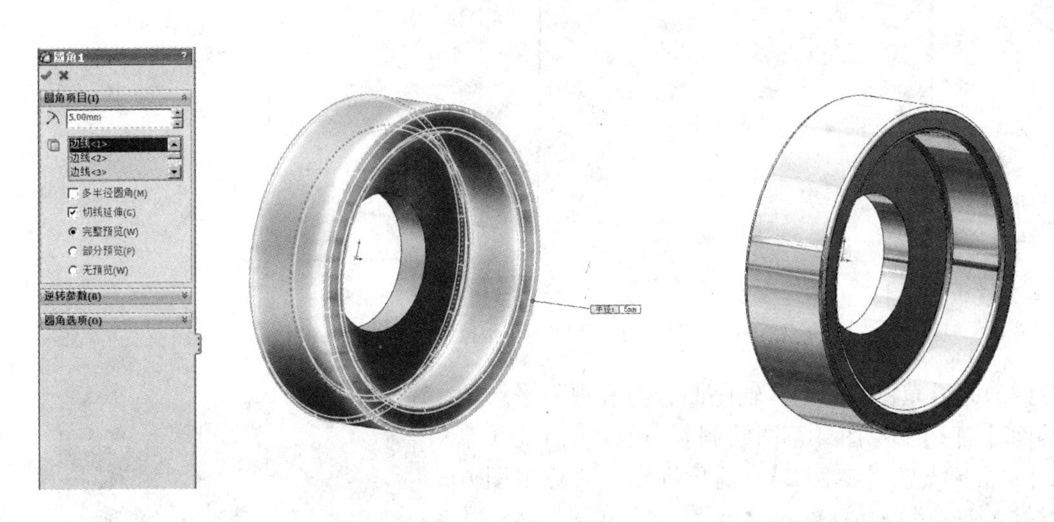

图 7-21 耳轴板圆角特征　　　图 7-22 耳轴板材质制定普通碳钢效果图

7.5 铁水包耳轴座三维设计

铁水包耳轴座三维设计具体步骤如下：

(1) 新建文件。单击菜单中【文件】/【新建】命令，或单击标准工具栏上新建按钮【 】，出现“新建 SolidWorks 文件”对话框，单击对话框【零件】/【确定】图标，命名文件名【耳轴座】，选择路径，保存。

（2）耳轴座草图。点选设计树中【右视基准面】/命令管理器中【草图】/【草图绘制】，设计树出现【草图 1】，如果草图平面没有正视，鼠标指向此处，右键快捷菜单选【】正视于草图，在绘图区绘制 350 × 350 矩形草图，如图 7-23 所示。点击【草图】/【退出草图】或绘图区右上角【】，完成草图绘制。

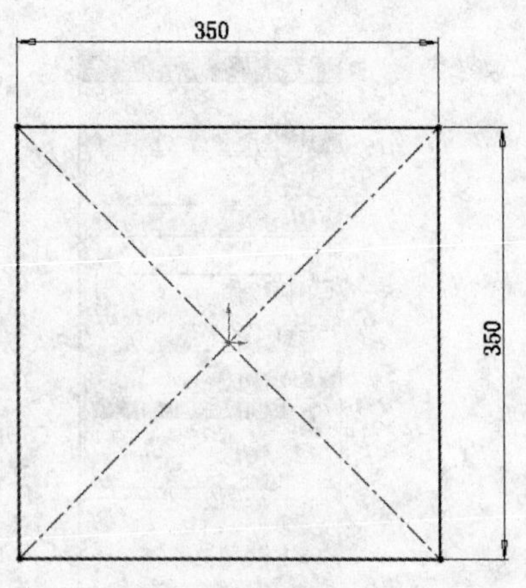

图 7-23　耳轴座草图

（3）耳轴座凸台拉伸特征。点选设计树中【草图 1】/特征【拉伸凸台】，出现“凸台-拉伸 1”属性管理器对话框，方向 1，终止条件选【给定深度】，【深度】输入【250】mm，完成对话框选择，点选绘图区右上角【】确定，完成凸台拉伸特征，如图 7-24 所示。

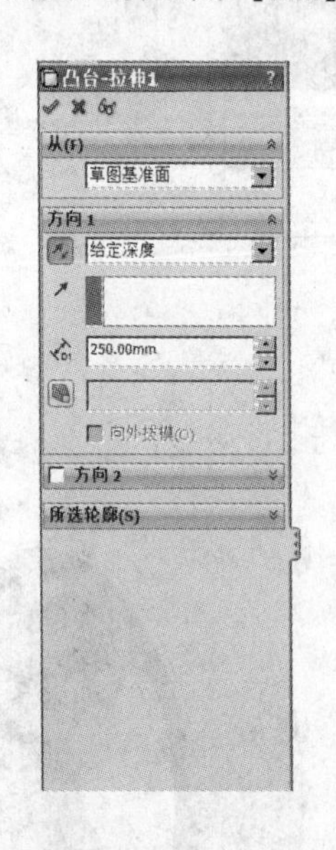

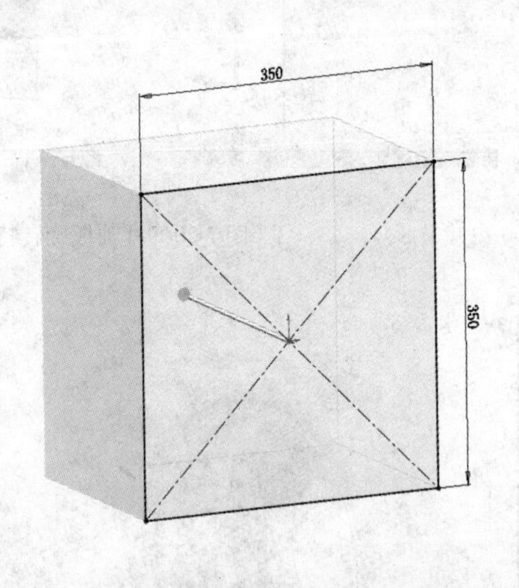

图 7-24　耳轴座凸台拉伸

（4）通孔草图。点选耳轴座凸台与右视面平行的一端面【面 1】/草图【草图绘制】，设计树出现【草图 2】/鼠标点选【草图 2】/前导视图工具栏视图方向【】，或右键快捷菜单【】正视草图，绘制通孔 $\phi220$，并标注尺寸，如图 7-25 所示。点击【草图】/【退出草图】或绘图区右上角【】，完成草图绘制。

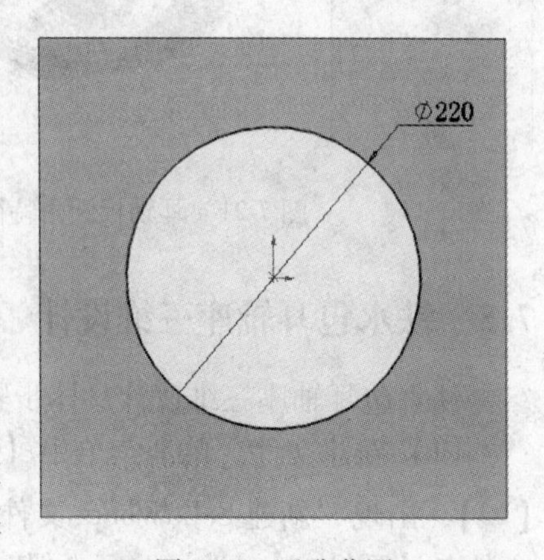

图 7-25　通孔草图

（5）通孔切除拉伸特征。在设计树中点选【草图 2】/特征中【拉伸切除】，出现“切除-拉伸 1”属性管理器对话框，【方向 1】中终止条件选【给定深度】，【深度】输入【250】mm，完成“切除-拉伸”

属性管理器对话框选择，点选绘图区右上角【✔】确定，或点选“切除-拉伸”属性管理器上方【✔】确定，完成通孔切除特征，如图 7-26 所示。

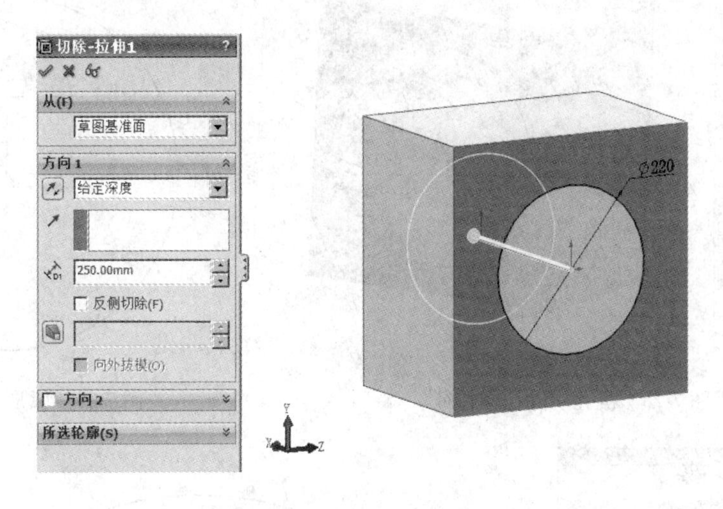

图 7-26 通孔切除拉伸特征

（6）沉孔草图。点选耳轴座凸台与右视面平行的一端面【面 1】/草图【草图绘制】，设计树出现【草图 3】/鼠标点选【草图 3】/前导视图工具栏视图方向【⬇】，或右键快捷菜单【⬇】正视草图，绘制通孔 ϕ280，并标注尺寸，如图 7-27 所示。点击【草图】/【退出草图】或绘图区右上角【✎】，完成草图绘制。

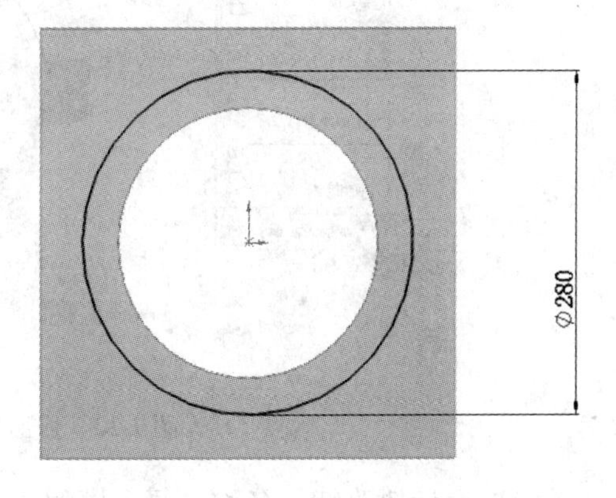

图 7-27 沉孔草图

（7）沉孔切除拉伸特征。在设计树中点选【草图 3】/特征中【拉伸切除】，出现“切除-拉伸 2”属性管理器对话框，【方向 1】终止条件选【给定深度】，【深度】输入【60】mm，完成“切除-拉伸”属性管理器对话框选择，点选绘图区右上角【✔】确定，或点选“切除-拉伸”属性管理器上方【✔】确定，完成沉孔切除特征，如图 7-28 所示。

（8）弧形端面草图。点选耳轴座凸台上平面【面 1】/草图【草图绘制】，设计树出现【草图 4】/鼠标点选【草图 4】/前导视图工具栏视图方向【⬇】，或右键快捷菜单【⬇】正视草图，绘制草图，并标注尺寸，如图 7-29 所示。点击【草图】/【✎退出草图】或绘图区右上角【✎】，完成草图绘制。

（9）弧形端面切除拉伸特征。在设计树中点选【草图 4】/特征中【拉伸切除】，出现“切除-拉伸 3”属性管理器对话框，【方向 1】终止条件选【给定深度】，【深度】输入【490】mm，【拔模开关】选开，【拔模角度】输入【2.5】度，完成“切除-拉伸 3”属性管理器对话框选择，点选绘图区右上角【✔】确定，或点选“切除-拉伸”属性管理器上方【✔】确定，完成弧形端面切除特征，如图 7-30 所示。

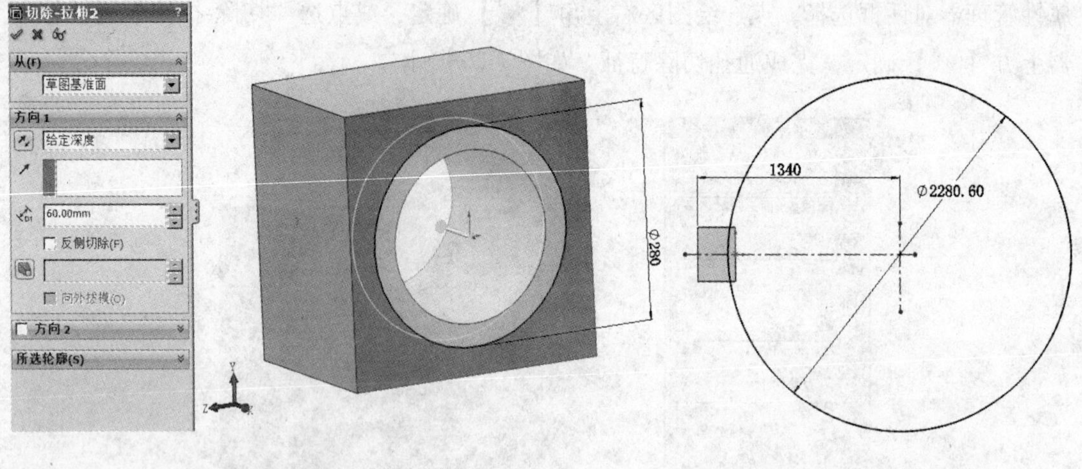

图 7-28　沉孔切除拉伸特征　　　　图 7-29　弧形端面草图

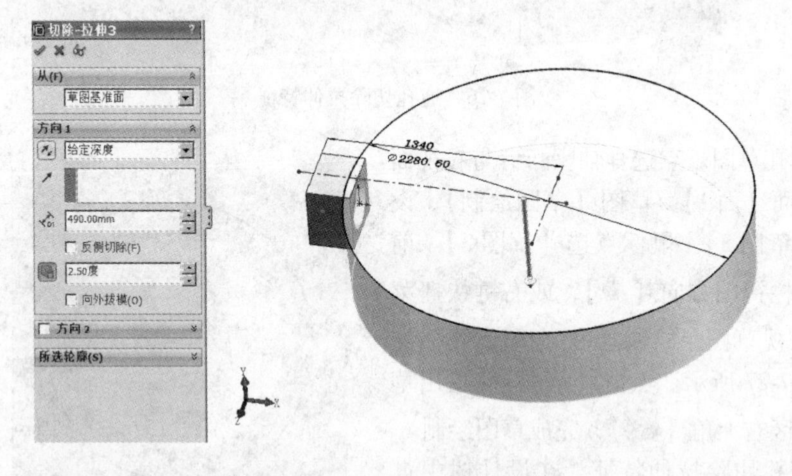

图 7-30　弧形端面切除拉伸特征

（10）设计树改特征名称。每个模型由多个特征组成，复杂的零件有几十甚至上百个特征，为了便于区别和修改时查找，应该对每个特征进行备注或改名，修改方法与 Windows 文件名改名方法相同，间隔点特征两下，修改命名，如图 7-31 所示，一般每完成一个特征，立即修改名称。耳轴座模型特征只有 4 个，可以在完成建模后一并修改，改名前如图 7-31 所示，改名后在每个特征名后加注具体名称，如图 7-32 所示。

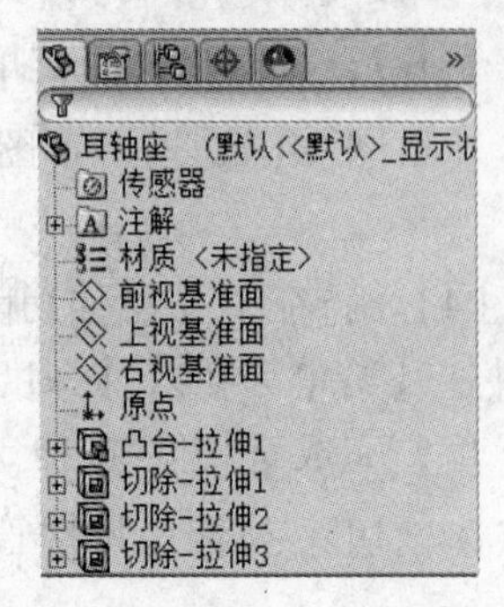

图 7-31　设计树名称改名前

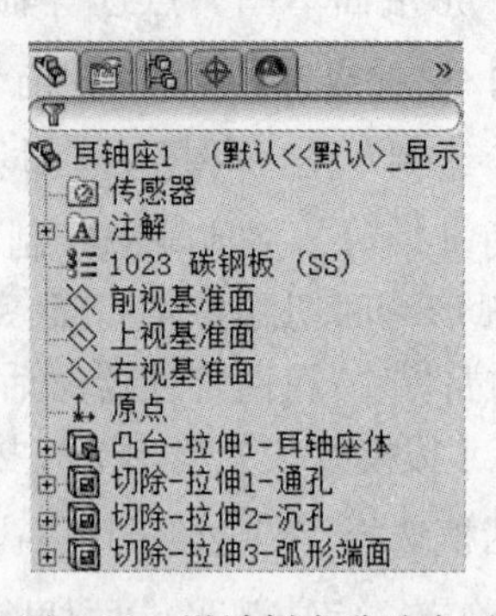

图 7-32　设计树名称改名后

（11）指定材质。鼠标指向设计树中【材质（未指定）】/右键/快捷菜单【编辑材料】出现“材料”属性管理器，点选【钢】/【普通碳钢】，点击右下角【应用】/【关闭】，耳轴座模型颜色变为普通钢颜色，同时，耳轴座模型已被赋予了【普通碳钢】的物理属性，如密度、屈服强度、热导率等，如图7-33所示。

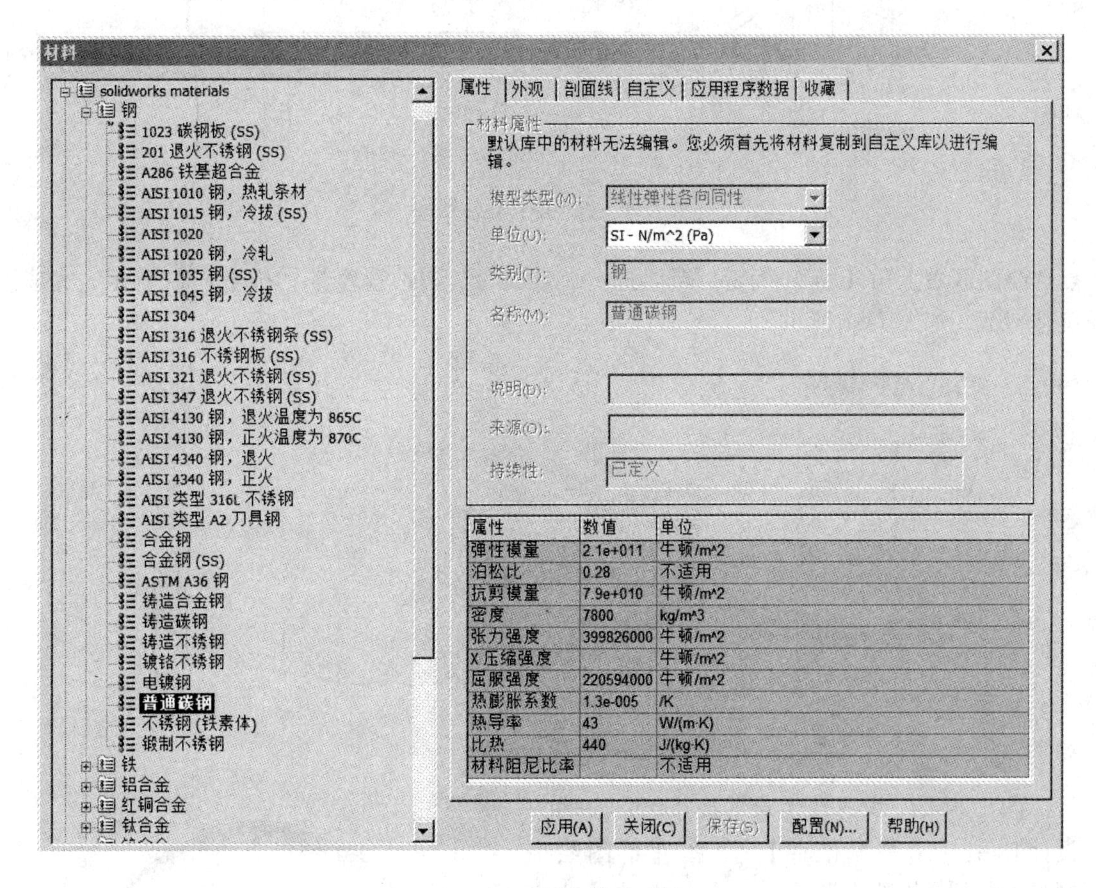

图 7-33 耳轴座材料编辑

7.6 铁水包封头三维设计

铁水包封头三维设计具体步骤如下：

（1）新建文件。单击菜单中【文件】/【新建】命令，或单击标准工具栏上新建按钮【 】，出现“新建 SolidWorks 文件”对话框，单击对话框【零件】/【确定】图标，命名文件名【封头】，选择路径，保存。

（2）封头旋转特征草图。点选设计树中【前视基准面】/命令管理器中【草图】/【草图绘制】，设计树出现【草图1】，如果草图平面没有正视，鼠标指向此处，右键快捷菜单选【 】正视于草图，在绘图区绘制草图，如图7-34所示。点击【草图】/【 退出草图】或绘图区右上角【 】，完成草图绘制。

（3）封头板旋转特征。点选设计树中【草图1】/特征【旋转凸台/基体】，出现“旋转凸台”属性管理器对话框，旋转轴选【直线1】，【所选轮廓】中选草图封闭区域部分，

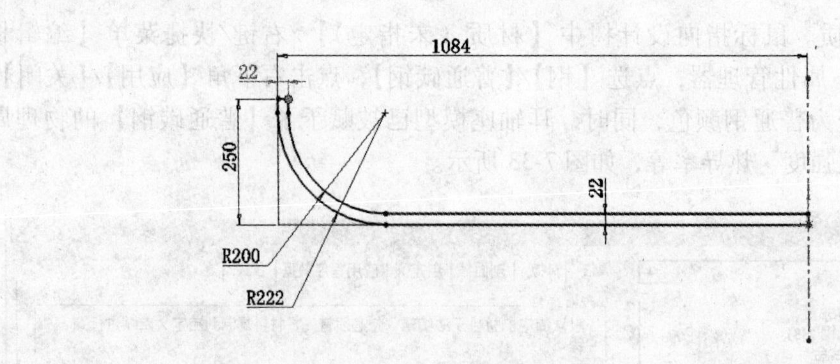

图 7-34 封头旋转特征草图

点选绘图区右上角【✔】确定，或点选“旋转凸台”属性管理器上方【✔】确定，完成旋转特征，如图 7-35 所示。

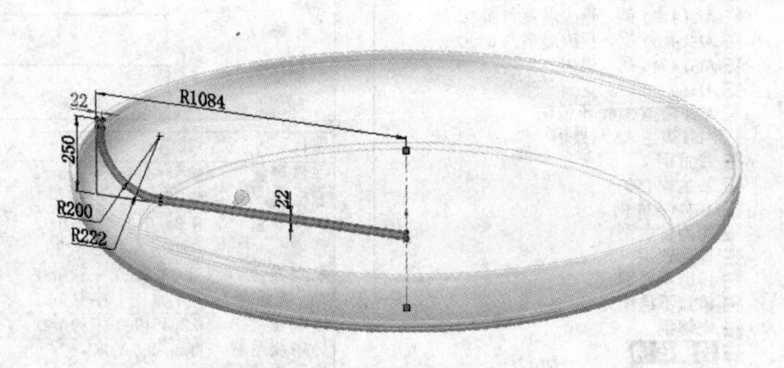

图 7-35 封头板旋转特征

（4）封头窄板形状切除特征草图。点选设计树中【上视基准面】/草图【草图绘制】，设计树出现【草图 2】，鼠标点选【草图 2】/前导视图工具栏视图方向【】，或右键快捷菜单【】正视草图，绘制矩形 2500×180，矩形中心与原点重合，并标注尺寸，如图 7-36 所示。点击【草图】/【退出草图】或绘图区右上角【】，完成草图绘制。

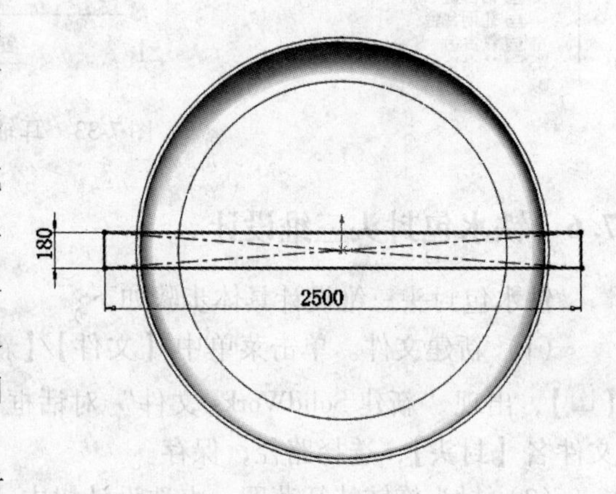

图 7-36 封头窄板形状切除特征草图

（5）封头窄板形状切除特征。在设计树中点选【草图 2】/特征中【拉伸切除】，出现“切除-拉伸 1”属性管理器对话框，【方向 1】终止条件选【完全贯穿】，【反向切除】选择【☑ 反侧切除(F)】开，完成“切除-拉伸 1”属性管理器对话框选择，点选绘图区右上角【✔】确定，或点选“切除-拉伸 1”属性管理器上方【✔】确定，完成切除特征，如图 7-37 所示。

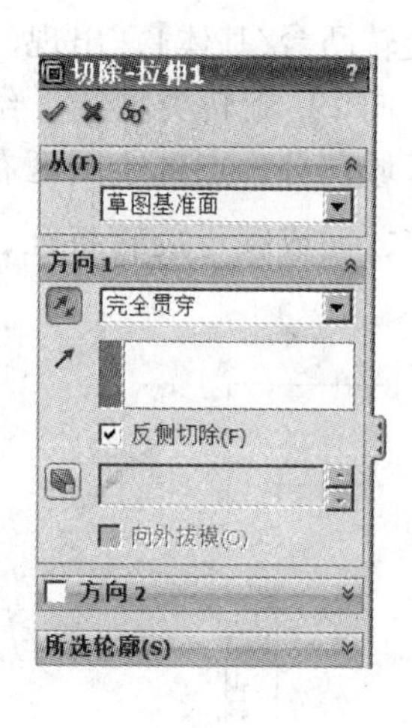

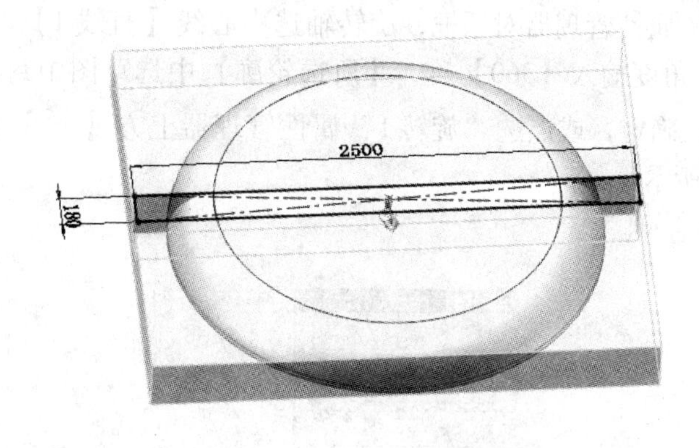

图 7-37 封头窄板形状切除特征

（6）封头特征改名与材质编辑。特征【旋转 1】改为【旋转 1-封头底部】，【切除-拉伸 1】改为【切除-拉伸 1-窄板形状】，材质编辑选【碳钢板】，如图 7-38 所示。

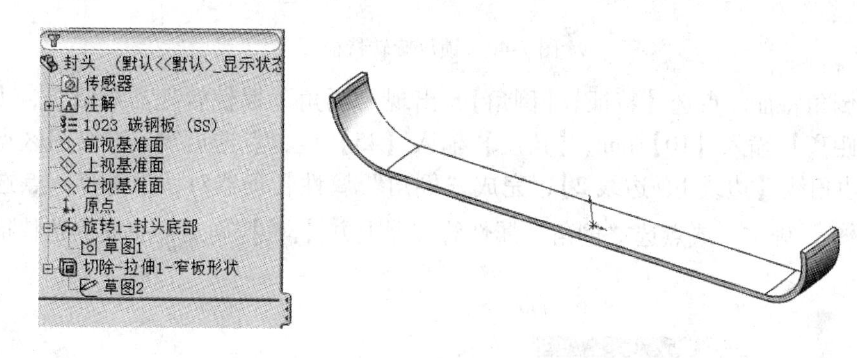

图 7-38 封头特征改名与材质编辑

7.7 铁水包锁母三维设计

铁水包锁母三维设计具体步骤如下：

（1）新建文件。单击菜单中【文件】/【新建】命令，或单击标准工具栏上【新建】按钮，出现“新建 SolidWorks 文件”对话框，单击对话框【零件】/【确定】图标，命名文件名【锁母】，选择路径，保存。

（2）锁母旋转特征草图。点选设计树中【上视基准面】/命令管理器中【草图】/【草图绘制】，设计树出现【草图 1】，如果草图平面没有正视，鼠标指向此处，右键快捷菜单选【】正视于草图，在绘图区绘制草图，如图 7-39 所示。点击【草图】/【退出草图】或绘图区右上角【】，完成草图绘制。

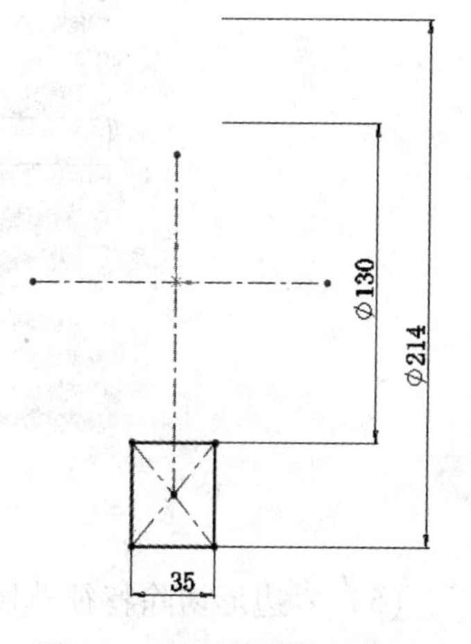

图 7-39 锁母旋转特征草图

（3）锁母旋转特征。点选设计树中【草图1】/特征【旋转凸台/基体】，出现“旋转凸台”属性管理器对话框，旋转轴选中心线【直线1】，【方向1】旋转类型选【给定深度】，角度输入【360】度，【所选轮廓】中选草图中封闭区域部分，点选绘图区右上角【✔】确定，或点选“旋转1”属性管理器上方【✔】确定，完成锁母旋转特征，如图7-40所示。

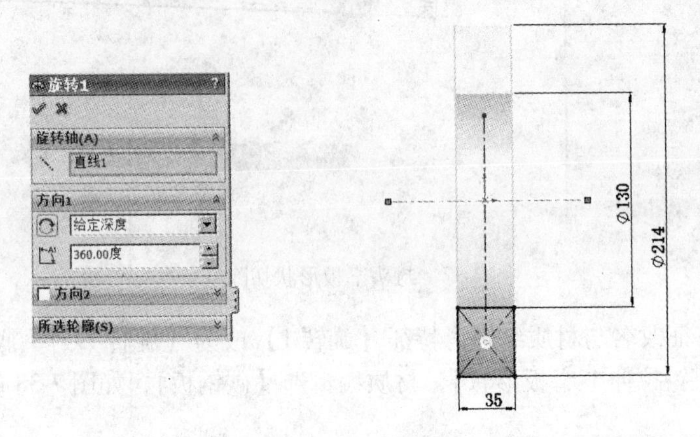

图7-40 锁母旋转特征

（4）倒角特征。点选【特征】/【倒角】，出现“圆角”属性管理器对话框，【倒角参数】中【距离】输入【10】mm，【角度】输入【45】度，点选边线，在绘图区点选锁母外圆端面边角线【边线1、边线2】，完成“倒角”属性管理器对话框选择，点选绘图区右上角【✔】确定，或点选“倒角”属性管理器上方【✔】确定，完成倒角特征，如图7-41所示。

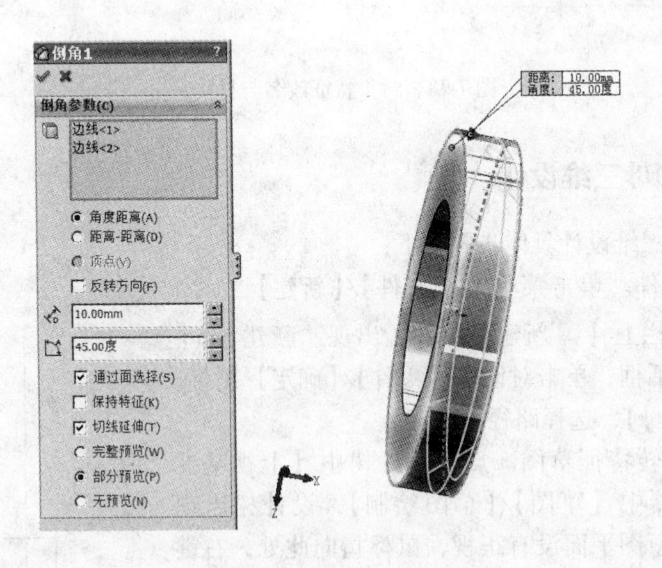

图7-41 倒角特征

（5）六边形切除特征草图。点选锁母上端面【面1】/草图【草图绘制】，设计树出现【草图3】，鼠标点选【草图3】/前导视图工具栏视图方向【⬇】，或右键快捷菜单

【】正视草图，绘制六边形，并标注尺寸，如图7-42所示。点击【草图】/【退出草图】或绘图区右上角【】，完成草图绘制。

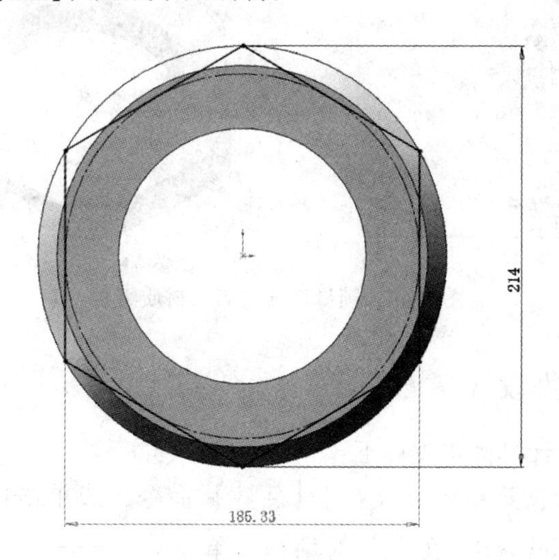

图7-42 六边形切除特征草图

（6）六边形切除特征。在设计树中点选【草图3】/特征中【拉伸切除】，出现“切除-拉伸1”属性管理器对话框，【方向1】终止条件选【完全贯穿】，【反向切除】选择【☑ 反侧切除(F)】开，完成“切除-拉伸1”属性管理器对话框选择，点选绘图区右上角【】确定，或点选“切除-拉伸1”属性管理器上方【】确定，完成切除特征，如图7-43所示。

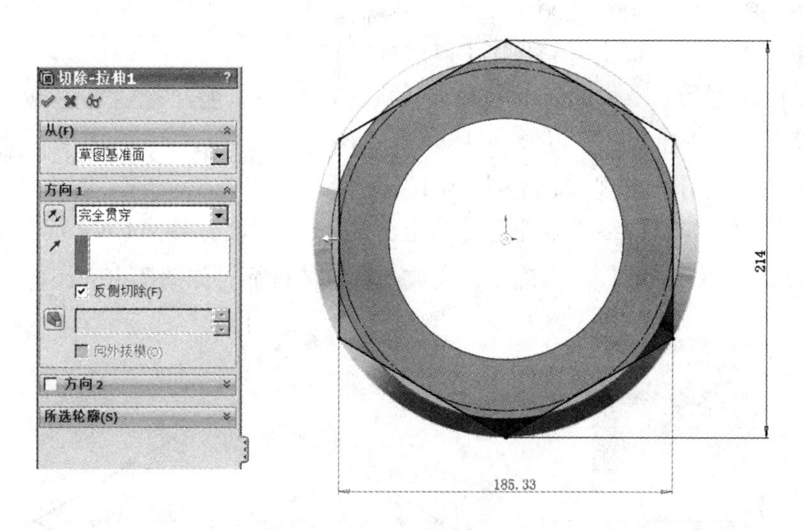

图7-43 六边形切除特征

（7）锁母特征改名与材质编辑。特征【旋转1】改为【旋转1-锁母】，【切除-拉伸1】改为【切除-拉伸1-六边形】，材质编辑选【普通碳钢】，如图7-44所示。点击【草图】/【退出草图】或绘图区右上角【】，完成草图绘制。

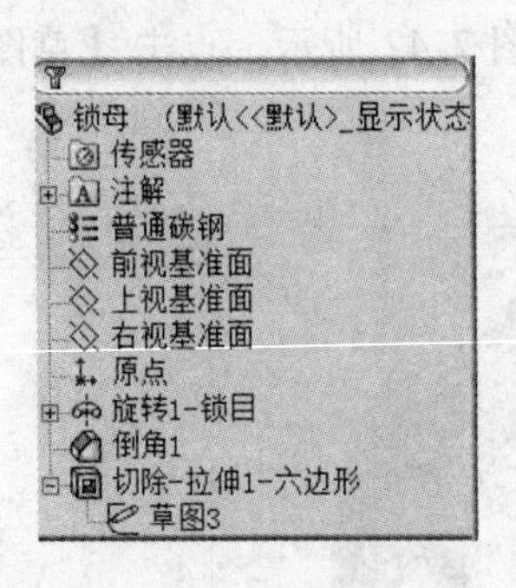

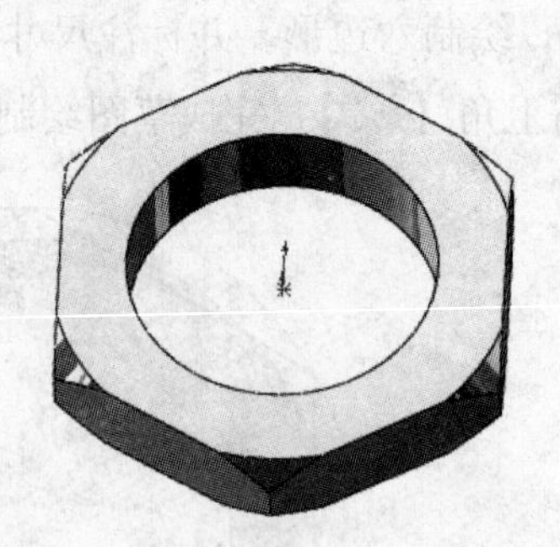

图 7-44 锁母特征改名与材质编辑

7.8 铁水包支座三维设计

铁水包支座三维设计具体步骤如下：

(1) 新建文件。单击菜单中【文件】/【新建】命令，或单击标准工具栏上新建按钮【】，出现“新建 SolidWorks 文件”对话框，单击对话框【零件】/【确定】图标，命名文件名【支座】，选择路径，保存。

(2) 支座底板拉伸特征草图。点选设计树中【上视基准面】/命令管理器中【草图】/【草图绘制】，设计树出现【草图 1】，如果草图平面没有正视，鼠标指向此处，右键快捷菜单选【】正视于草图，在绘图区绘制 300×300 正方形，并标注尺寸，如图 7-45 所示。点击【草图】/【退出草图】或绘图区右上角【】，完成草图绘制。

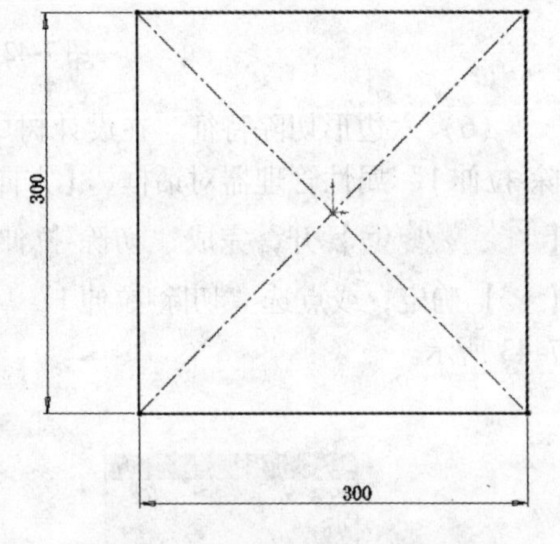

图 7-45 支座底板拉伸特征草图

(3) 支座底板拉伸特征。点选设计树中【草图 1】/特征【拉伸凸台】，出现“凸台-拉伸 1”属性管理器对话框，【方向 1】终止条件选【给定深度】，【深度】输入【30】mm，完成对话框选择，点选绘图区右上角【】确定，完成凸台拉伸特征，如图 7-46 所示。

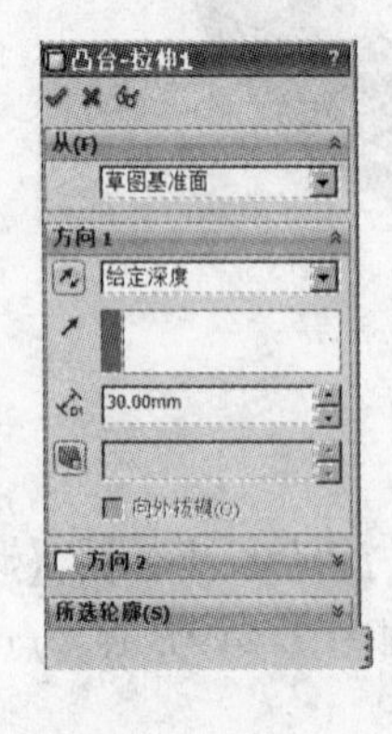

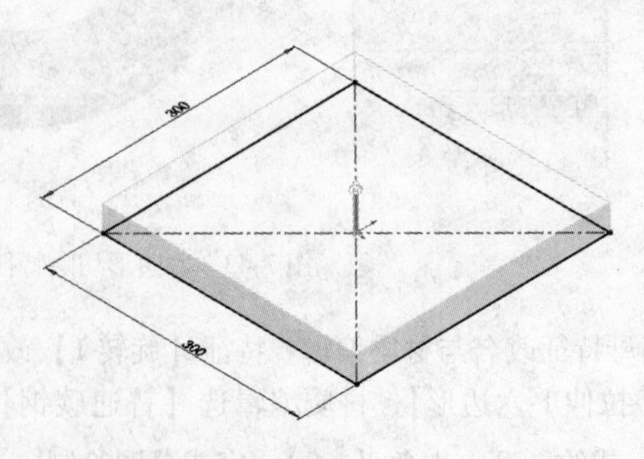

图 7-46 支座底板拉伸特征

（4）支座立板拉伸特征草图。点选设计树中【右视基准面】/命令管理器中【草图】/【草图绘制】，设计树出现【草图2】，如果草图平面没有正视，鼠标指向此处，右键快捷菜单选【 】正视于草图，在绘图区绘制草图，并标注尺寸，如图7-47所示。点击【草图】/【退出草图】或绘图区右上角【 】，完成草图绘制。

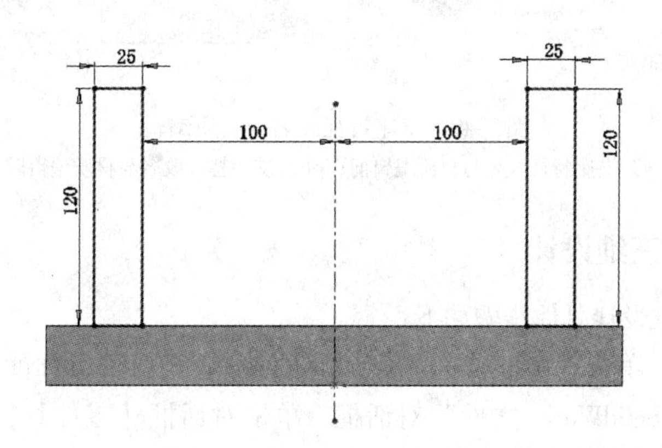

图7-47 支座立板拉伸特征草图

（5）支座立板拉伸特征。点选设计树中【草图2】/特征【拉伸凸台】，出现“凸台-拉伸2”属性管理器对话框，【方向1】终止条件选【给定深度】，【深度】输入【130】mm，【方向2】终止条件选【给定深度】，【深度】输入【130】mm。完成对话框选择，点选绘图区右上角【 】确定，完成凸台拉伸特征，如图7-48所示。

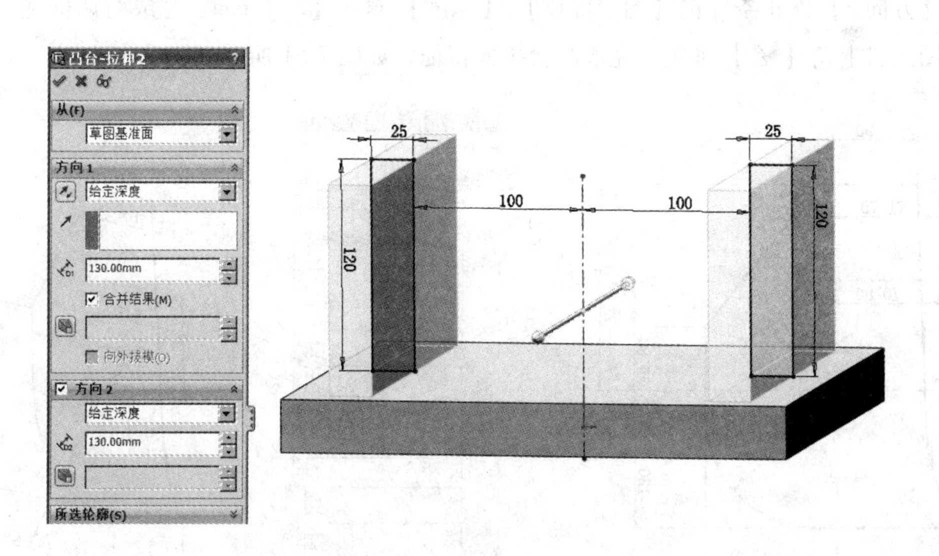

图7-48 支座立板拉伸特征

（6）支座特征改名与材质编辑。特征【凸台-拉伸1】改为【拉伸1-底板】，【凸台-拉伸2】改为【凸台-拉伸1-立板】，材质编辑选【碳钢板】，如图7-49所示。

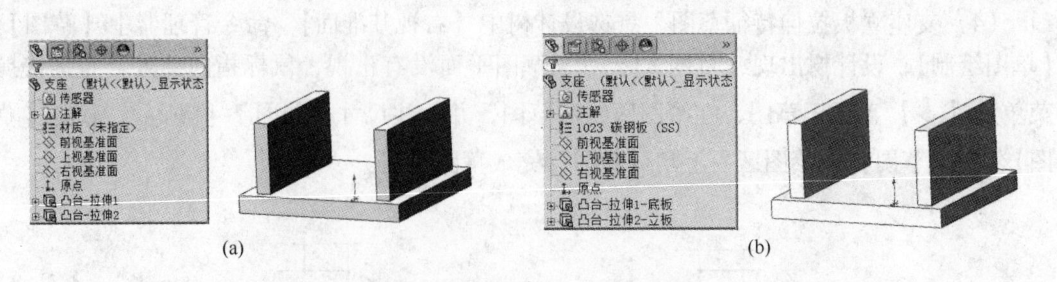

图7-49 支座特征改名与材质编辑

(a) 支座特征改名与材质编辑前；(b) 支座特征改名与材质编辑后

7.9 铁水包吊耳三维设计

铁水包吊耳三维设计具体步骤如下：

(1) 新建文件。单击菜单中【文件】/【新建】命令，或单击标准工具栏上新建按钮【 】，出现“新建 SolidWorks 文件”对话框，单击对话框【零件】/【确定】图标，命名文件名【吊耳】，选择路径，保存。

(2) 吊耳立板拉伸特征草图。点选设计树中【前视基准面】/命令管理器中【草图】/【草图绘制】，设计树出现【草图1】，如果草图平面没有正视，鼠标指向此处，右键快捷菜单选【 】正视于草图，在绘图区绘制草图，并标注尺寸，如图7-50 所示。点击【草图】/【退出草图】或绘图区右上角【 】，完成草图绘制。

(3) 吊耳立板拉伸特征。点选设计树中【草图1】/特征【拉伸凸台】，出现“凸台-拉伸1”属性管理器对话框，【方向1】终止条件选【给定深度】，【深度】输入【20】mm，【方向2】终止条件选【给定深度】，【深度】输入【20】mm。完成对话框选择，点选绘图区右上角【 】确定，完成凸台拉伸特征，如图7-51 所示。

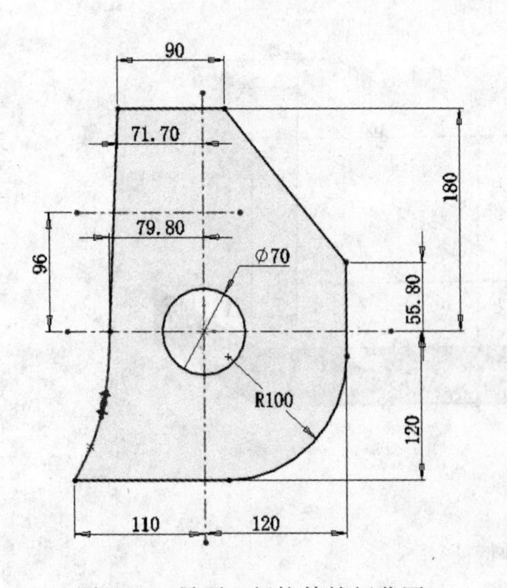

图7-50 吊耳立板拉伸特征草图

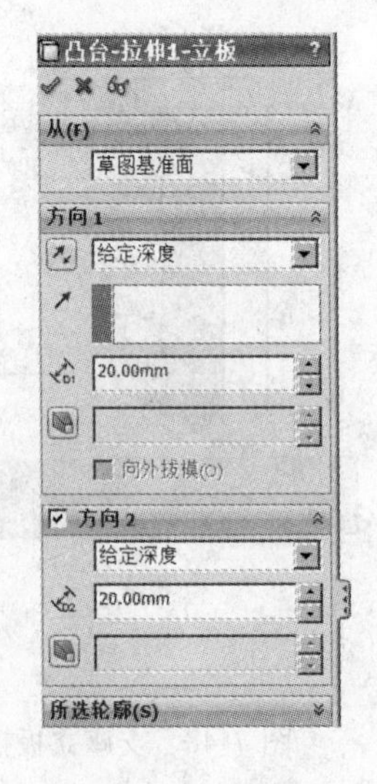

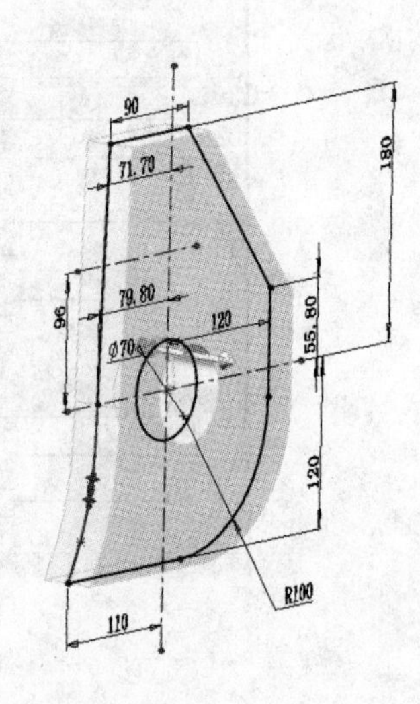

图7-51 吊耳立板拉伸特征

(4) 建立基准面1。单击工具栏【参考几何体】/【基准面】，出现“基准面1”属性管理器对话框，【第一参考】点选绘图区展开设计树中的【上视基准面】，【距离】输入【98】mm，点选绘图区右上角【✔】确定，或点选“基准面1”属性管理器上方【✔】确定，完成基准面特征，如图7-52所示。

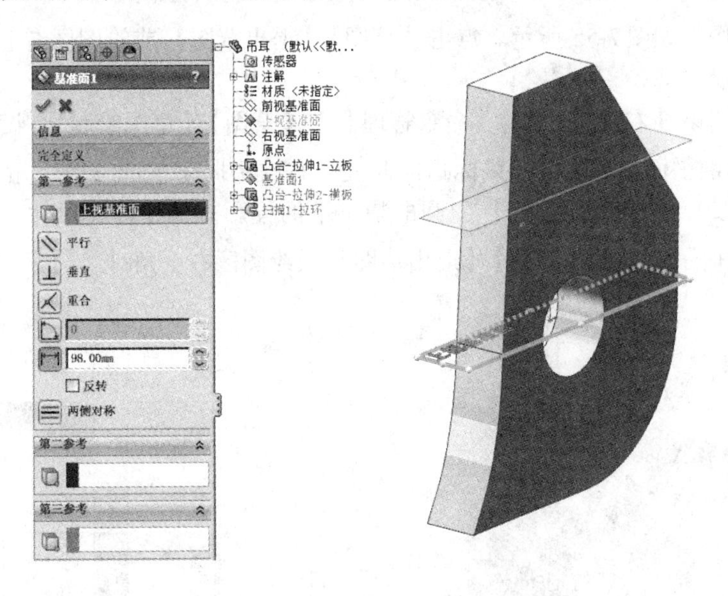

图7-52 建立基准面1

(5) 横板拉伸特征草图。点选设计树中【基准面1】/命令管理器中【草图】/【草图绘制】，设计树出现【草图3】，如果草图平面没有正视，鼠标指向此处，右键快捷菜单选【⊥】正视于草图，在绘图区绘制草图，并标注尺寸，如图7-53所示。点击【草图】/【退出草图】或绘图区右上角【✎】，完成草图绘制。

(6) 横板拉伸特征。点选设计树中【草图3】/特征【拉伸凸台】，出现“凸台-拉伸2”属性管理器对话框，【方向1】终止条件选【给定深度】，【深度】输入【30】mm，【合并结果】选中。完成对话框选择，点选绘图区右上角【✔】确定，或点选“凸台-拉伸2”属性管理器上方【✔】确定，完成凸台拉伸特征，如图7-54所示。

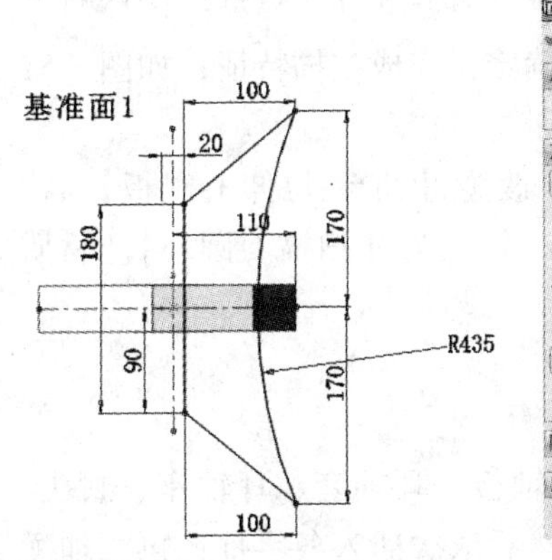

图7-53 横板拉伸特征草图

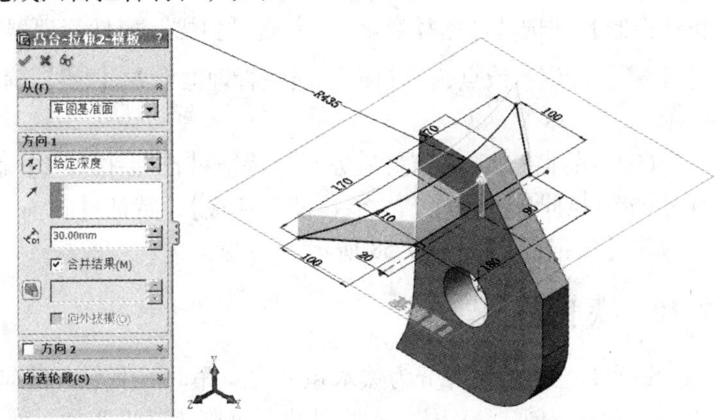

图7-54 横板拉伸特征

（7）拉环扫描特征轮廓与路径草图。点选设计树中【前视基准面】/命令管理器中【草图】/【草图绘制】，设计树出现【草图4】，如果草图平面没有正视，鼠标指向此处，右键快捷菜单选【】正视于草图，在绘图区绘制 $\phi40$，距离原点5mm，并标注尺寸，此图为轮廓草图，如图7-55所示。点击【草图】/【退出草图】或绘图区右上角【】，完成轮廓草图绘制。

点选设计树中【右视基准面】/命令管理器中【草图】/【草图绘制】，设计树出现【草图5】，如果草图平面没有正视，鼠标指向此处，右键快捷菜单选【】正视于草图，在绘图区绘制 $\phi220$，穿过【草图4】中圆的最下端的投影点，并标注尺寸，此图为路径草图，如图7-56所示。点击【草图】/【退出草图】或绘图区右上角【】，完成路径草图绘制。

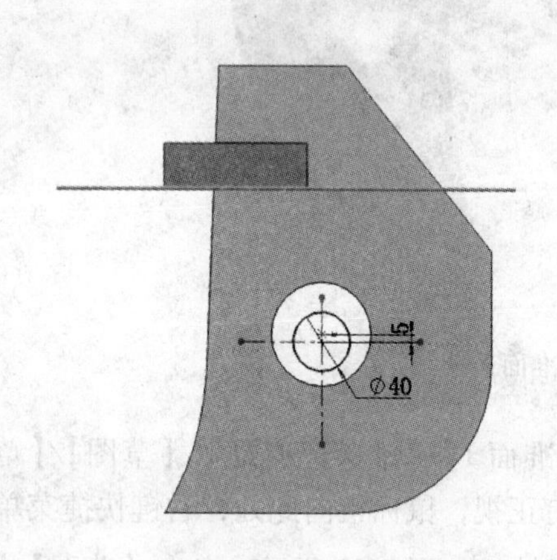

图7-55 轮廓草图

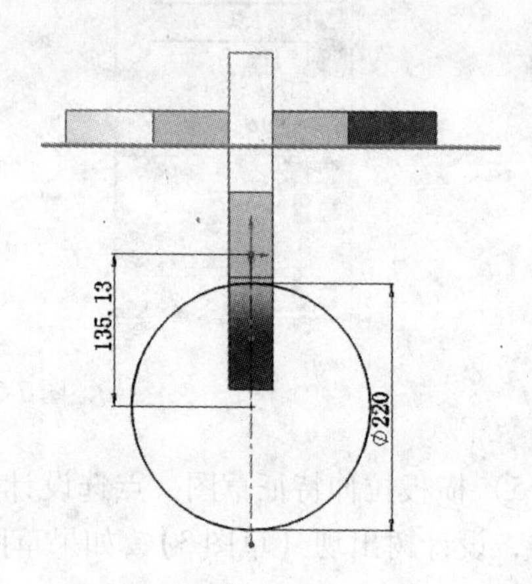

图7-56 路径草图

（8）拉环扫描特征。点选设计树中【草图4】和【草图5】/命令管理器中【特征】/【扫描】，出现“扫描”属性管理器对话框，【轮廓和路径】选项中【轮廓】已自动选中【草图4】，【路径】选项中已自动选中【草图5】。如果没有先选中设计树中【草图4】和【草图5】而点选命令管理器中【特征】/【扫描】，【轮廓和路径】选项中为空，此时需点开绘图区设计树，再在【轮廓】选中【草图4】，【路径】选项中选中【草图5】。【方向/扭转控制】项选【随路径变化】。完成“扫描”属性管理器对话框选择，点选绘图区右上角【】确定，或点选“扫描”属性管理器上方【】确定，完成扫描特征，如图7-57所示。

（9）吊耳特征改名与材质编辑。特征【凸台-拉伸1】改为【凸台-拉伸1-立板】，特征【凸台-拉伸2】改为【凸台-拉伸2-横板】，特征【扫描1】改为【扫描1-圆环】。材质编辑选【碳钢板】，如图7-58所示。

7.10 铁水包的装配

铁水包已建模零件分为铁水包外壳、吊耳、耳轴、耳轴板、耳轴套、耳轴座、封头、锁母、支座。创建装配体，选择铁水包外壳为基准零件，然后依次插入各零件，再添加配合关系，具体步骤如下：

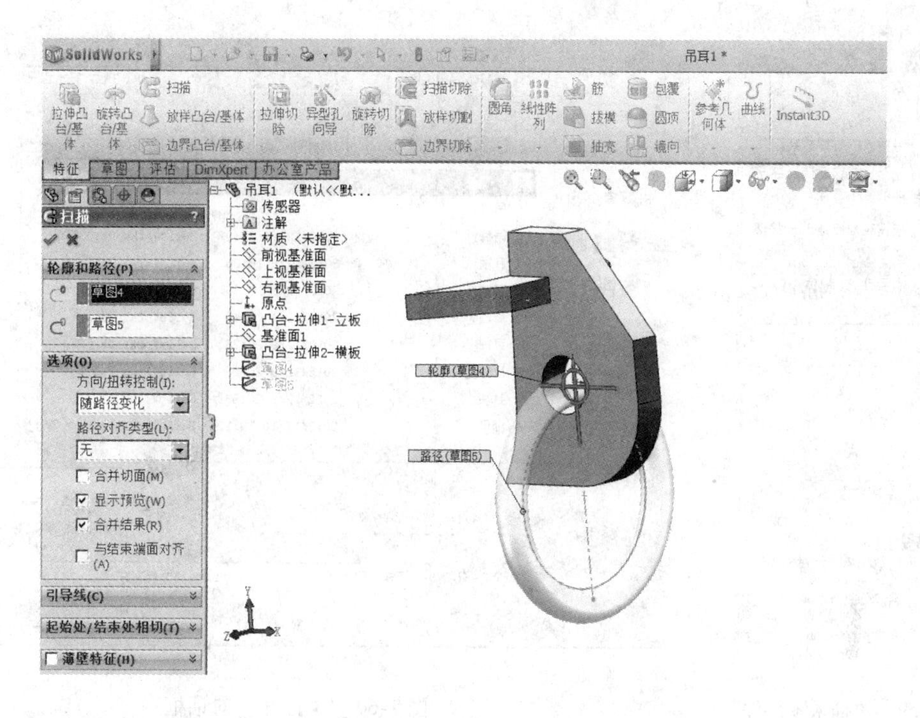

图 7-57 拉环扫描特征

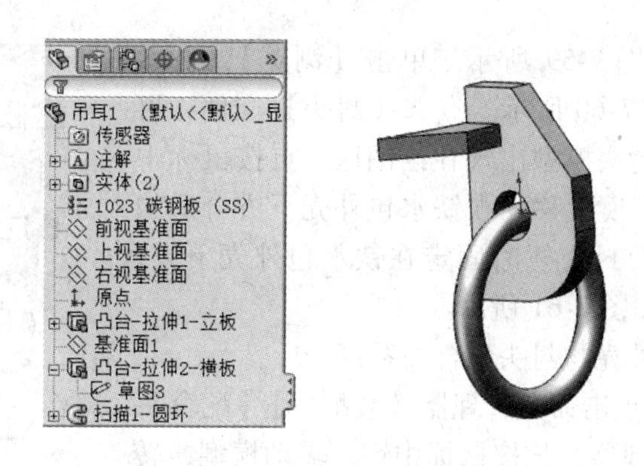

图 7-58 吊耳特征改名与材质编辑

（1）新建文件。单击菜单中【文件】/【新建】命令，或单击标准工具栏上新建按钮【 】，出现“新建 SolidWorks 文件”对话框，单击对话框【装配体】/【确定】图标，如图 4-1 所示，命名文件名【铁水包装配体】，选择路径，保存。

（2）选择装配体基准零件。点击命令管理器【装配体】/【插入零件】，出现“插入零部件”属性管理器，如图 7-59 所示。单击【浏览】，显示“打开”对话框，如图 7-60 所示。点选【铁水包外壳】文件，再点击【打开】按钮，铁水包外壳模型出现在绘图区，随鼠标移动，点击“插入零部件”属性管理器上部【 】确定，或点击选绘图区右上角【 】确定，完成装配体基准零件插入。

（3）插入装配零件封头。点击命令管理器【装配体】/【插入零件】，出现“插入零部

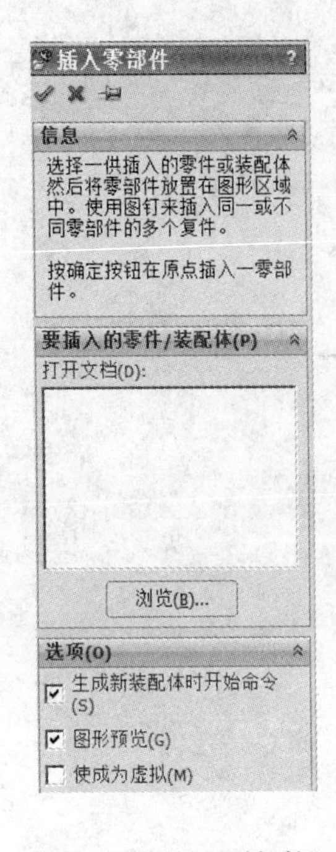

图 7-59 “插入零部件”属性管理器

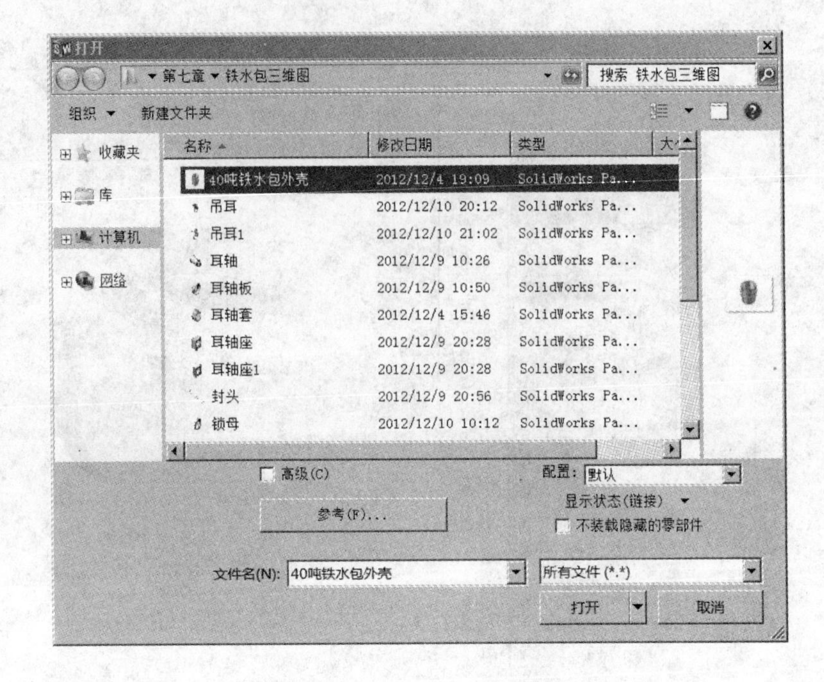

图 7-60 “打开”对话框

件”属性管理器，如图 7-59 所示。单击【浏览】，显示“打开”对话框，如图 7-60 所示。点选【封头】文件，再点击【打开】按钮，封头模型出现在绘图区，点按鼠标中键，旋转模型，把封头模型移动在铁水包外壳下方合适的位置，点击鼠标左键，封头暂时固定在铁水包外壳下方，完成装配零件插入，如图 7-61 所示。

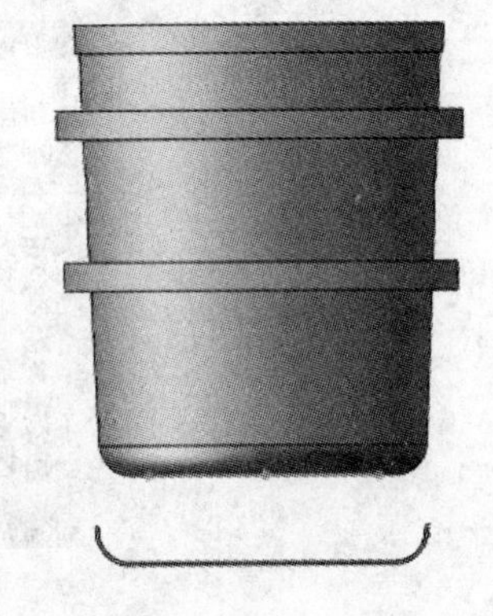

图 7-61 插入装配零件封头

（4）添加铁水包外壳与封头配合关系：

1）面重合配合。点击命令管理器【装配体】/【配合】，出现“配合”属性管理器，长按鼠标中键，转动模型，转动鼠标转轮放大模型，分别点选铁水包外壳下部平面和封头内平面，点击“配合”属性管理器“要配合的实体”对话框中出现【面 <1>@铁水包外壳】和【面 <2>@封头 1】；“标准配合”对话框选中【重合】，同时铁水包外壳与封头以此面为基准，重合在一起，如图 7-62 所示，点击【标准装配】工具栏 中【✓】确定，确定【重合】配合关系。

2）同轴心配合。添加铁水包外壳和封头平面重合配合后，二者在轴向方向已被约束，在径向方上任然可以移动和转动，需添加【同轴心】配合，此时“配合”属性管理器对话框没有关闭，点按鼠标中键旋转模型，点选铁水包外壳外圆面和封头内圆面，配合关系选择【同轴心】，如图 7-63 所示。点击【标准装配】工具栏 中【✓】确定，确定【同轴心】配合关系。

图 7-62 面重合配合

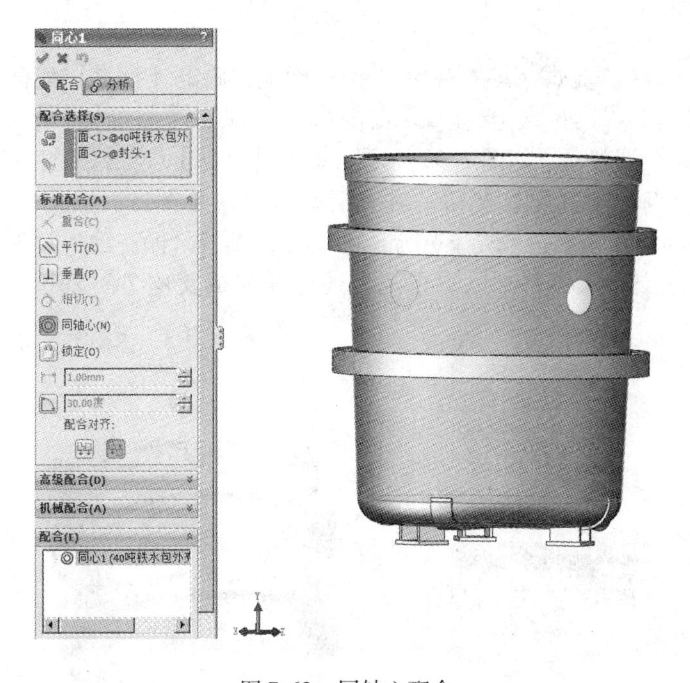

图 7-63 同轴心配合

3）封头 2 配合。插入封头 2，重复上两步 1）面重合配合和 2）同轴心配合。

4）封头 1 和封头 2 垂直配合。点击命令管理器【装配体】/【配合】，出现“配合”属性管理器，按鼠标中键，转动模型，转动鼠标转轮放大模型，分别点选封头 1 端面和封头 2 端面，“配合”属性管理器“要配合的实体”对话框中出现【面 <1 >@ 铁水包外壳】和【面 <2 >@ 封头 1】；“标准配合”对话框选中【垂直】，如图 7-64 所示，点击【标准

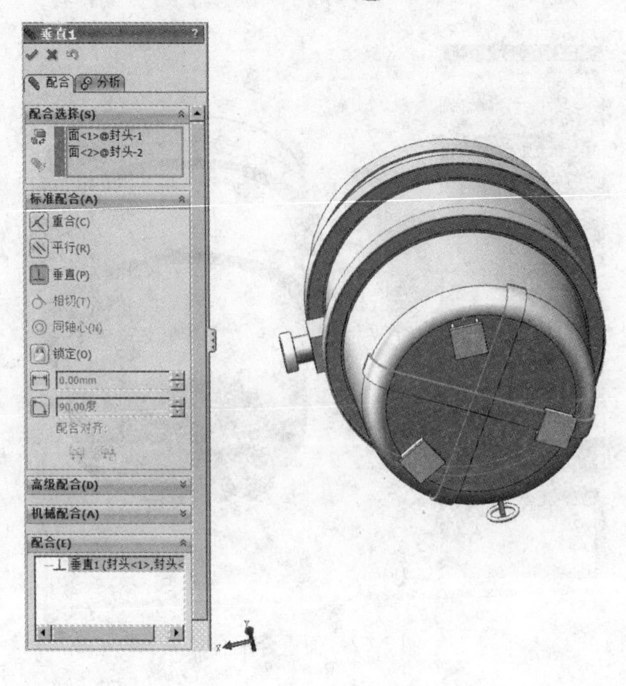

图 7-64　垂直配合

装配】工具栏中【】确定，确定【垂直】配合关系。

（5）插入支座 1、支座 2、支座 3。点击命令管理器【装配体】/【插入零件】，出现“插入零部件”属性管理器，如图 7-65 所示。单击【浏览】，显示“打开”对话框，点选【支座】文件，再点击【打开】按钮，封头模型出现在绘图区，点按鼠标中键，旋转模型，把封头模型移动在铁水包外壳下方合适的位置，点击鼠标左键，封头暂时固定在铁水包外壳下方，完成支座 1 零件插入。重复上述操作完成支座 2、支座 3 零件插入，如图 7-65所示。

图 7-65　插入支座 1、支座 2、支座 3

（6）添加支座1、支座2和支座3与铁水包外壳配合关系：

1）面重合配合。点击命令管理器【装配体】/【配合】，出现“配合”属性管理器，按鼠标中键，转动模型，转动鼠标转轮放大模型，分别点选铁水包外壳下部平面和支座上平面，“配合”属性管理器“要配合的实体”对话框中出现【面<1>@铁水包外壳】和【面<2>@支座】；“标准配合”对话框选中【重合】，同时铁水包外壳与支座以此面为基准，重合在一起，点击【标准装配】工具栏 中【】确定，确定【重合】配合关系。重复上述步骤，完成支座2、支座3与铁水包下平面重合配合，如图7-66所示。

图7-66 支座与铁水包底面重合配合

2）支座间隔120°分布配合。点击命令管理器【装配体】/【配合】，出现“配合”属性管理器，按鼠标中键，转动模型，转动鼠标转轮放大模型，分别点选铁水包外壳下部草图中3条120°分布的一条线和支座上平面一边线，点选“配合”属性管理器“要配合的实体”对话框中出现【直线1@草图5@铁水包外壳】和【边线<1>@支座-3】；点选“标准配合”对话框选中【平行】，【距离】对话框输入【100】mm，点击【标准装配】工具栏中【】确定，确定“距离”配合关系。重复上述步骤，完成其他两个支座与铁水包配合，如图7-67所示。

（7）添加耳轴、耳轴板、耳轴座、锁母1、锁母2装配零件。点击命令管理器【装配体】/【插入零件】，出现“插入零部件”属性管理器，单击【浏览】，显示“打开”对话框，点选【耳轴】文件，再点击【打开】按钮，耳轴模型出现在绘图区，点按鼠标中键，旋转模型，把封头模型移动在铁水包外壳右方合适的位置，点击鼠标左键，完成耳轴零件插入。重复上述操作完成耳轴板、耳轴座、锁母1、锁母2零件插入，如图7-68所示。

（8）耳轴部分装配：

图 7-67 支座间隔 120°分布配合

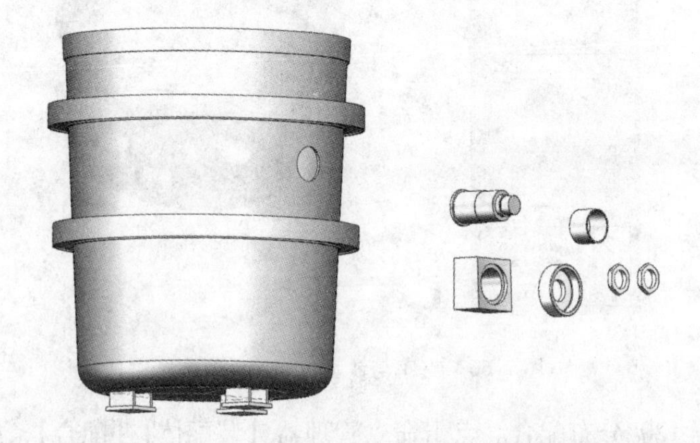

图 7-68 添加耳轴、耳轴板、耳轴座、锁母 1、锁母 2 装配零件

1）耳轴与耳轴座装配。点击耳轴座，右键快捷菜单【以三重轴移动】，如图 7-69 所示，转动耳轴座方向和耳轴装配方向一致。点击命令管理器【装配体】/【配合】，出现“配合”属性管理器，“配合选择”对话框中分别选择【耳轴第二段外圆面】和【耳轴座内孔面】，【标准配合】选【同轴心】，如图 7-70 所示，点击【标准装配】工具栏 中【】确定，继续在“配合选择”对话框中分别选择【耳轴第一段外经右面台阶面】和【耳轴座内沉孔面】，如图 7-71 所示，【标准配合】选【重合】，如图 7-72 所示。点击【标准装配】工具栏 中【】确定，确定【重合】配合关系。

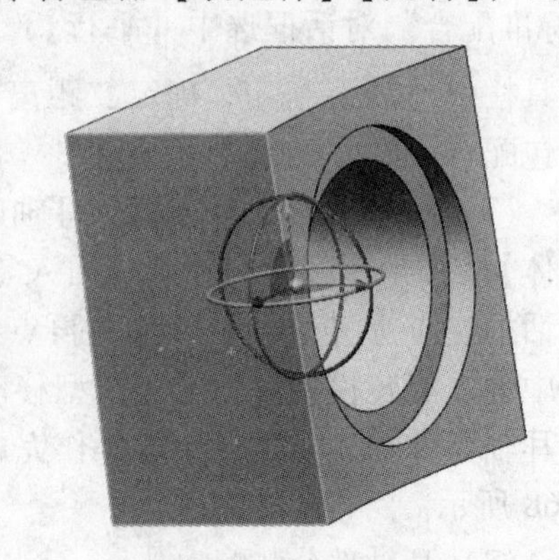

图 7-69 以三重轴移动

2）耳轴与铁水包上耳轴孔同轴心配合。点击命

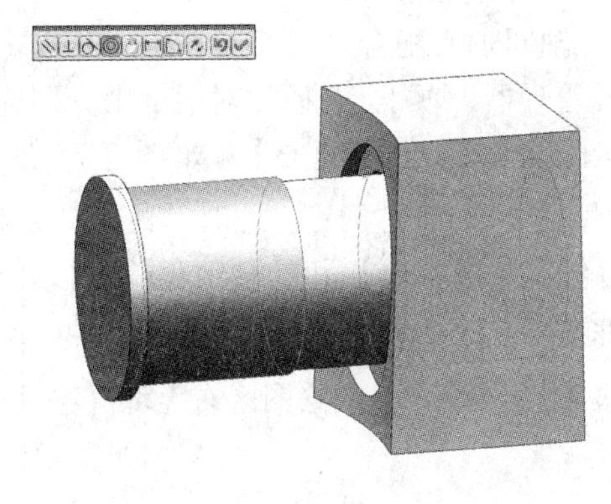

图 7-70 同轴心配合

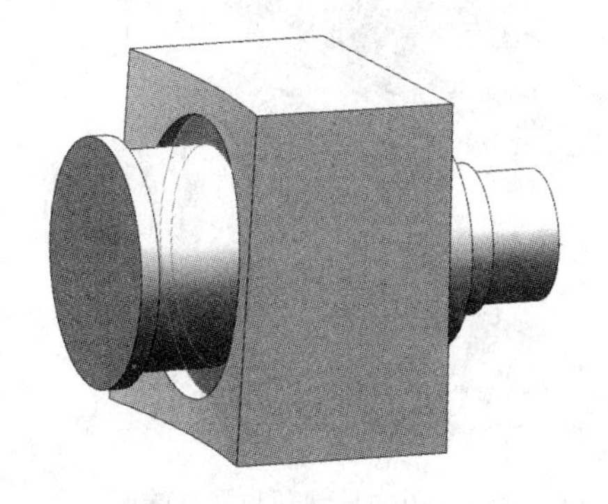

图 7-71 端面重合选择

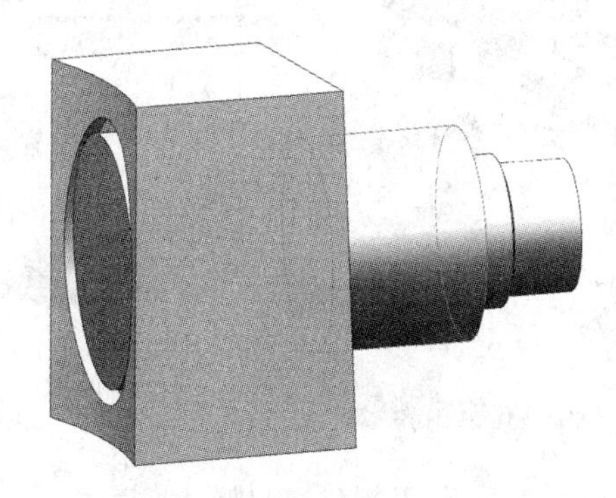

图 7-72 端面重合配合

令管理器【装配体】/【配合】，出现“配合”属性管理器，“配合选择”对话框中分别选择步骤 1）装配体的【耳轴外圆面】和【铁水包上耳轴孔内孔面】，【标准配合】选【同轴心】，如图 7-73 所示，点击【标准装配】工具栏 中【】确定。

3）耳轴座侧面圆弧与铁水包外圆面同轴心配合。点击命令管理器【装配体】/【配合】，出现“配合”属性管理器，“配合选择”对话框中分别选择【耳轴座侧面圆弧】和【铁水包外圆面】，【标准配合】选【同轴心】，如图 7-74 所示，点击【标准装配】工具栏

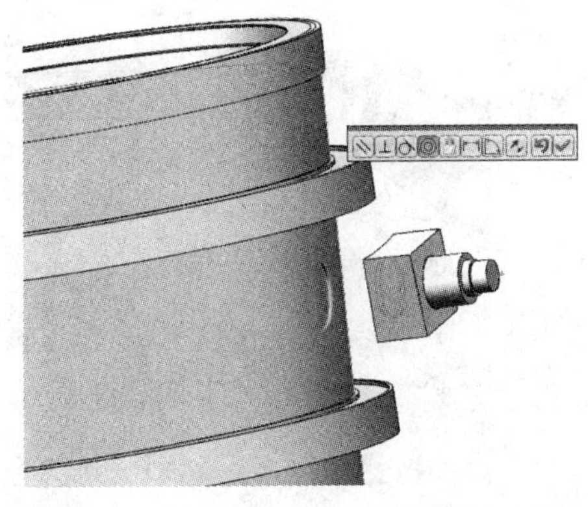

图 7-73 耳轴与铁水包上耳轴孔同轴心配合

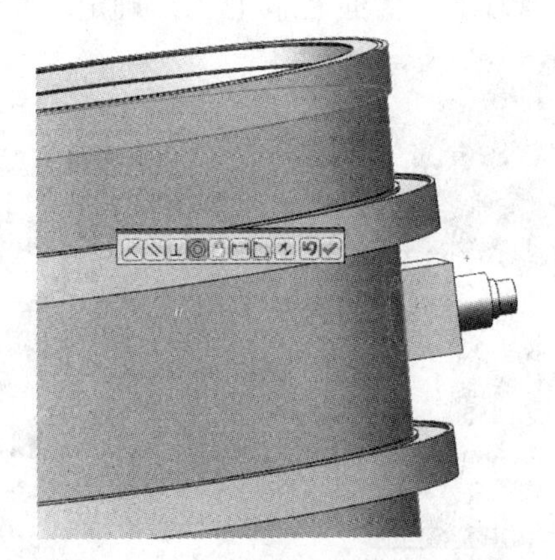

图 7-74 耳轴座侧面圆弧与铁水包外圆面同轴心配合

中【】确定。

4）耳轴套与耳轴同轴心配合、端面对齐配合。点击命令管理器【装配体】/【配合】，出现“配合”属性管理器，“配合选择”对话框中分别选择【耳轴外圆面】和【耳轴套内圆面】，【标准配合】选【同轴心】，如图 7-75 所示，点击【标准装配】工具栏中【】确定。此时“配合”对话框没有关闭，“配合选择”对话框中分别选择【耳轴第二段端面】和【耳轴套端面】，【标准配合】选【重合】，如图7-76所示，点击【标准装配】工具栏中【】确定。点选“配合”属性管理器对话框上部【】确定，或绘图区右上部【】确定，关闭“配合”属性管理器对话框。

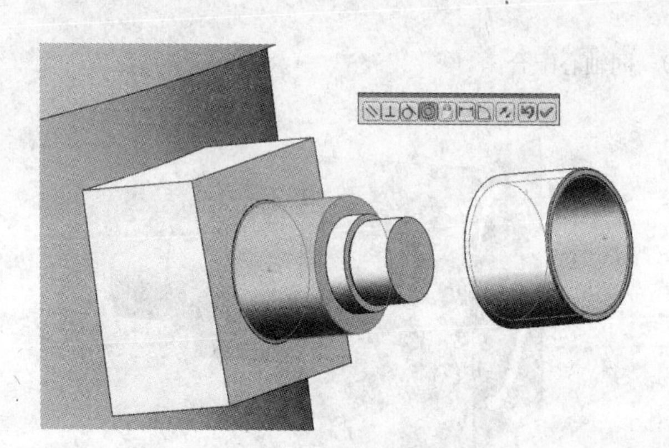

图 7-75 耳轴套与耳轴同轴心配合

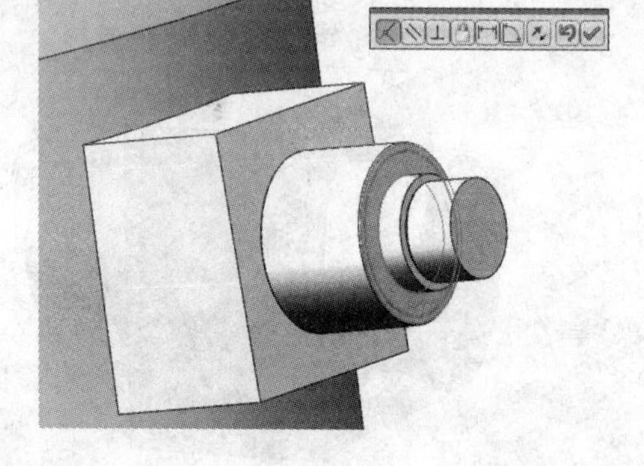

图 7-76 耳轴套与耳轴端面对齐配合

5）耳轴板与耳轴同轴心配合、端面对齐配合。点击命令管理器【装配体】/【配合】，出现“配合”属性管理器，“配合选择”对话框中分别选择【耳轴外圆面】和【耳轴板内圆面】，【标准配合】选【同轴心】，如图 7-77 所示，点击【标准装配】工具栏中【】确定。此时“配合”对话框没有关闭，“配合选择”对话框中分别选择【耳轴第二段端面】和【耳轴板右端面】，【标准配合】选【重合】，如图 7-78 所示，点击【标准装配】工具栏中【】确定。点选“配合”属性管理器对话框上部【】确定，或绘图区右上部【】确定，关闭“配合”属性管

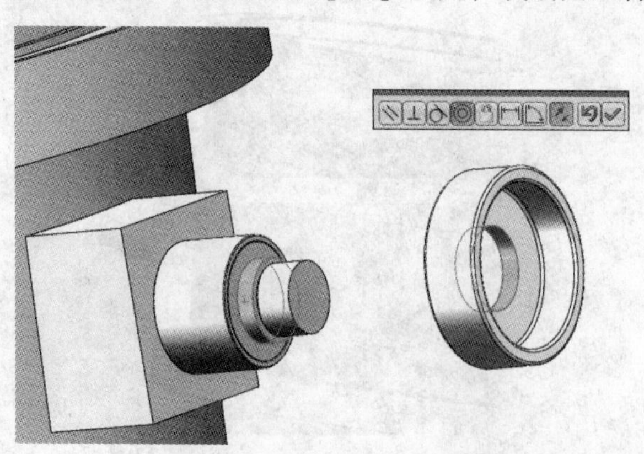

图 7-77 耳轴板与耳轴同轴心配合

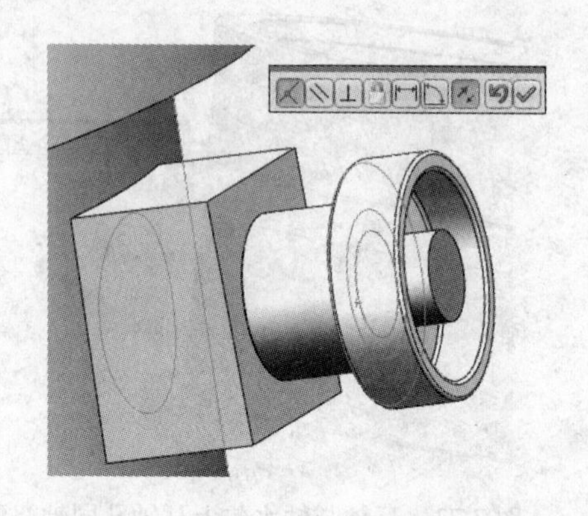

图 7-78 耳轴板与耳轴端面对齐配合

理器对话框。

6）锁母与耳轴同轴心配合、端面对齐配合。点击命令管理器【装配体】/【配合】，出现“配合”属性管理器，“配合选择”对话框中分别选择【耳轴外圆面】和【锁母内圆面】，【标准配合】选【同轴心】，如图 7-79 所示，点击【标准装配】工具栏中【✓】确定。此时“配合”对话框没有关闭，“配合选择”对话框中分别选择【耳轴板内端面】和【锁母左端面】，【标准配合】选【重合】，如图 7-80 所示，点击【标准装配】工具栏中【✓】确定。点选“配合”属性管理器对话框上部【✓】确定。重复上述步骤完成第二锁母装配，如图 7-81 所示。点选“配合”属性管理器对话框上部【✓】确定，或绘图区右上部【✓】确定，关闭“配合”属性管理器对话框。

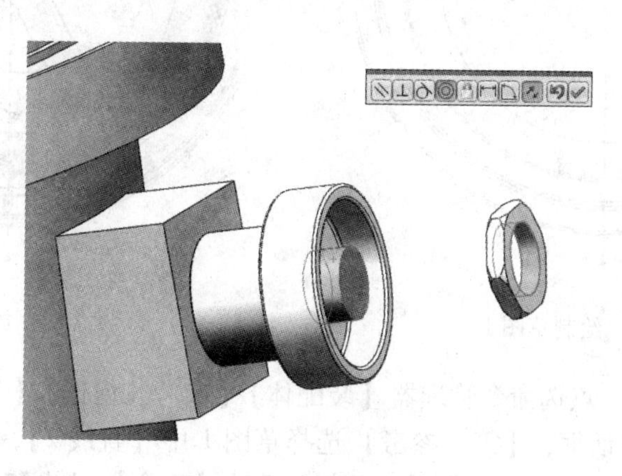

图 7-79　锁母与耳轴同轴心配合

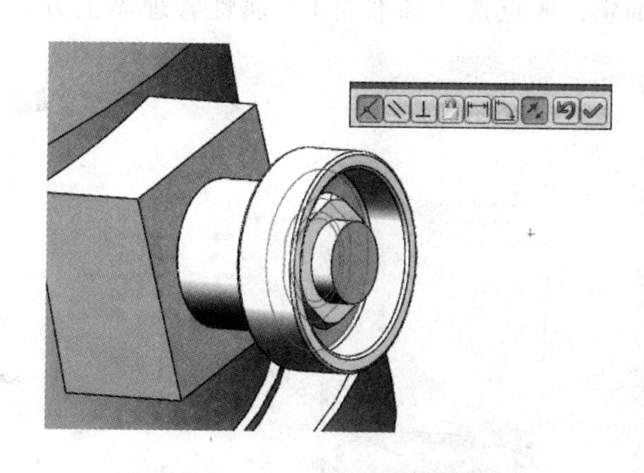

图 7-80　锁母与耳轴端面对齐配合

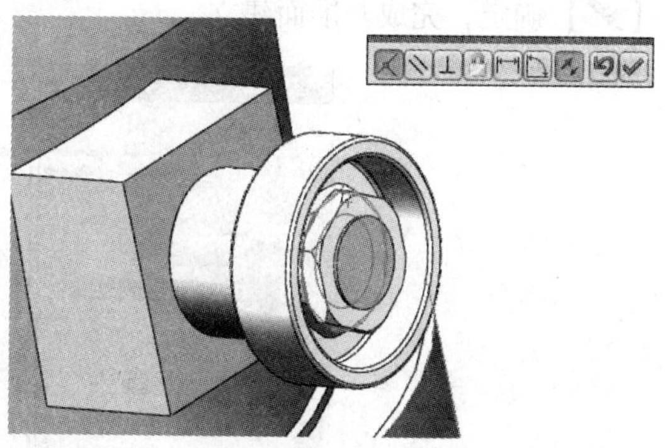

图 7-81　第二锁母与耳轴同轴心、端面对齐配合

（9）镜向另一侧耳轴装配体：

1）绘制草图 1。点选【铁水包外壳上沿口平面】/命令管理器中【草图】/【草图绘制】，设计树出现【草图 1】，鼠标指向此处，右键快捷菜单选【 】正视于草图，在绘图区绘制草图。注意，【线条属性】选【☑ 作为构造线(C)】作为构造线，如图 7-82 所示。

2）绘制草图 2。点选【铁水包外壳底部平面】/命令管理器中【草图】/【草图绘制】，设计树出现【草图2】，鼠标指向此处，右键快捷菜单选【 】正视于草图，在绘图区绘制草图。注意，【线条属性】选【☑ 作为构造线(C)】作为构造线，如图7-83所示。

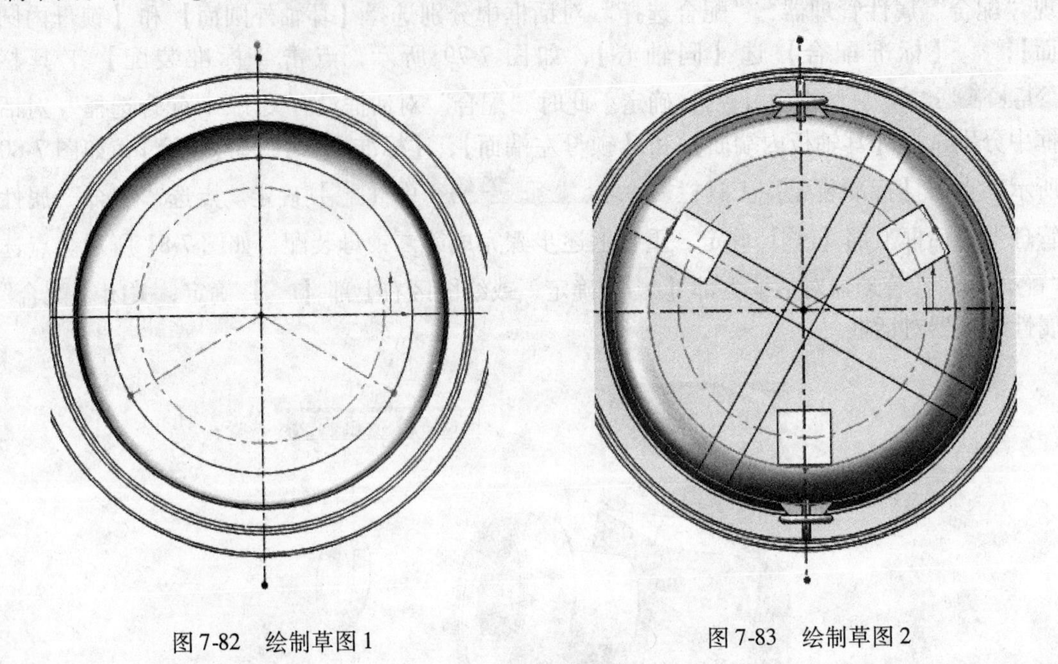

图7-82 绘制草图1　　　　图7-83 绘制草图2

3）建立基准面。点选命令管理器【装配体】/【参考几何体】/【基准面】，出现“基准面1”属性管理器对话框，【第一参考】选择草图1中【直线2】，几何关系选【垂直】，【第二参考】选择草图1中【直线1】，几何关系选【重合】，如图7-84所示。完成管理器对话框选择，点选绘图区右上角【 】确定，或点选“基准面1”属性管理器上方【 】确定，完成基准面建立。

图7-84 建立基准面

4）镜向另一侧耳轴。点选命令管理器【装配体】/【镜向零部件】，出现“镜向零部件”属性管理器对话框，【镜向基准面】选择【基准面1】。注意，可以在绘图区模型上点选，也可以点开绘图区设计树，在设计树中点选【基准面1】，【要镜向的零部件】选择已装配好模型中的【耳轴、耳轴套、耳轴座、耳轴板】，如图7-85所示。完成管理器对话框选择，点选绘图区右上角【✔】确定，或点选“镜向零部件”属性管理器上方【✔】确定，完成耳轴镜向。

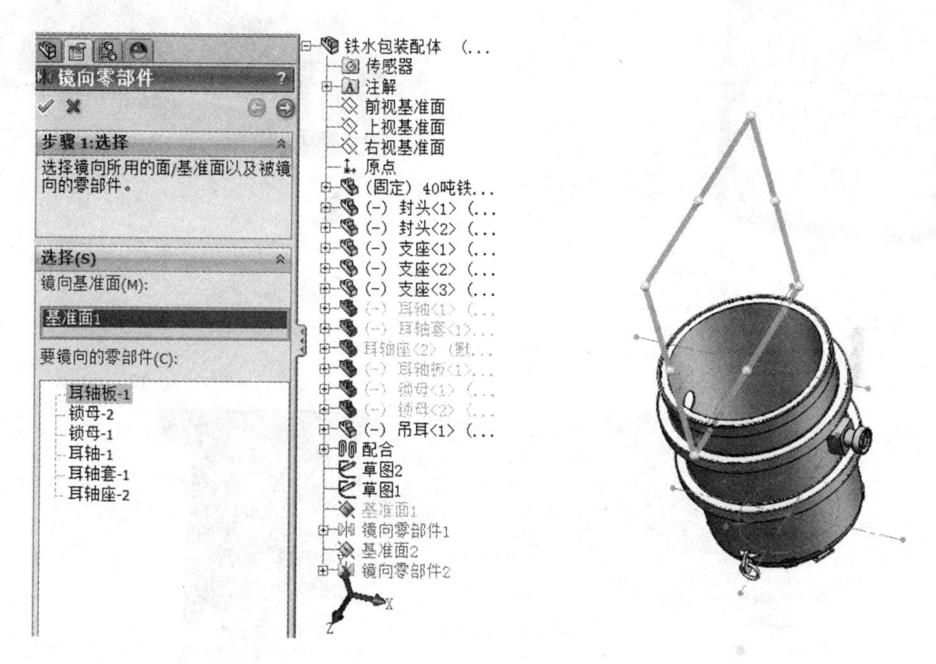

图7-85 镜向另一侧耳轴

（10）吊耳装配：

1）插入吊耳。点击命令管理器【装配体】/【插入零件】，出现【插入零部件】属性管理器，单击【浏览】，显示“打开”对话框，点选【吊耳】文件，再点击【打开】按钮，吊耳模型出现在绘图区，点按鼠标中键，旋转模型，把吊耳模型移动到铁水包外壳右下方合适的位置，点击鼠标左键，吊耳暂时固定在铁水包外壳右下方，完成吊耳零件插入，如图7-86所示。

2）吊耳与铁水包底面距离配合。点击命令管理器【装配体】/【配合】，出现“配合”属性管理器，【配合选择】点选【面<1>@吊耳】和【面<2>@铁水包外壳】，点击“标准配合”对话框下【平行】/【距离】输入【100】mm，点击“距离8”属性管理器对话框上部【✔】确定，或绘图区右上角【✔】确定，完成距离配合，如图7-87所示。

3）吊耳与铁水包重合配合。点击命令管理器【装配体】/【配合】，出现“配合”属性管理器，“配合选择”对话框中分别选择铁水包外圆面【面<1>@铁水包】和吊耳立板与圆弧过渡处【点<1>@吊耳】，【标准配合】选【重合】，如图7-88所示，点击【标准装配】工具栏中【✔】确定。

4）吊耳与铁水包平行配合。点击命令管理器【装配体】/【配合】，出现“配合”属性

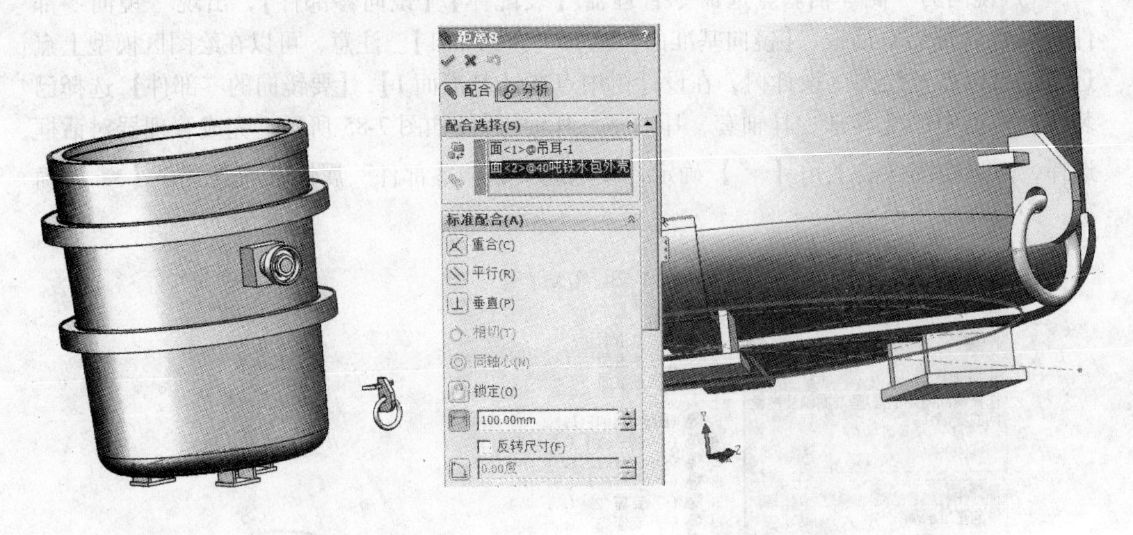

图 7-86 插入吊耳　　　　图 7-87 吊耳与铁水包底面距离配合

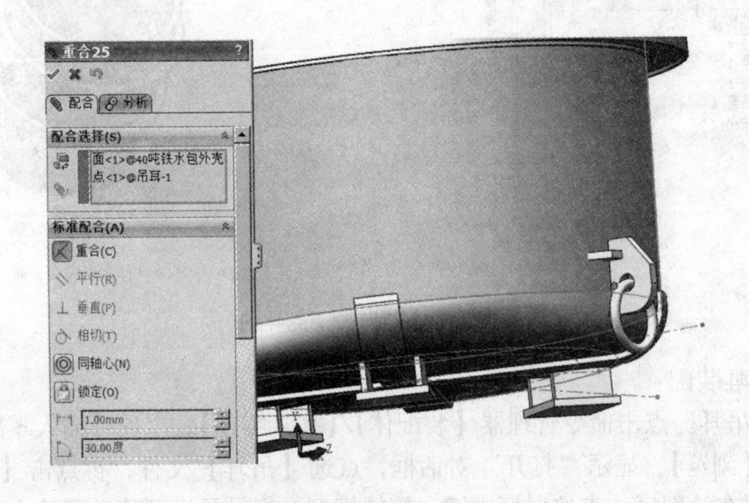

图 7-88 吊耳与铁水包重合配合

管理器，按鼠标中键转动模型，转动鼠标转轮放大或缩小模型，方便点选吊耳和耳轴座角度和方向，分别点选吊耳立板上平面一边线和耳轴座上平面边线，“配合”属性管理器“要配合的实体”对话框中出现【边线<1>@耳轴座-2】和【边线<2>@吊耳-1】，“标准配合”对话框选中【平行】，如图 7-89 所示。点击【标准装配】工具栏中【✔】确定，确定【平行】配合关系。

(11) 镜向零部件——另一侧吊耳装配：

1) 建立基准面 2。点选命令管理器【装配体】/【参考几何体】/【基准面】，出现“基准面 2”属性管理器对话框，【第一参考】选择草图 1 中【直线 1】，几何关系选【垂直】，【第二参考】选择草图 1 中【直线 2】，几何关系选【重合】，如图 7-90 所示。完成管理器对话框选择，点选绘图区右上角【✔】确定，或点选“基准面 1”属性管理器上方

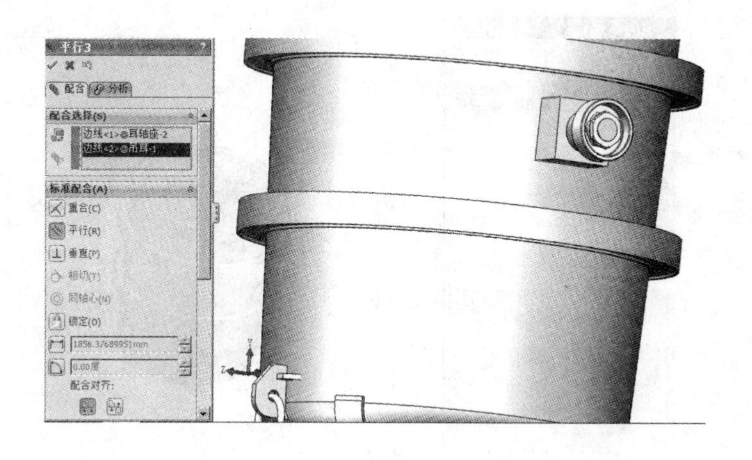

图 7-89 吊耳与铁水包平行配合

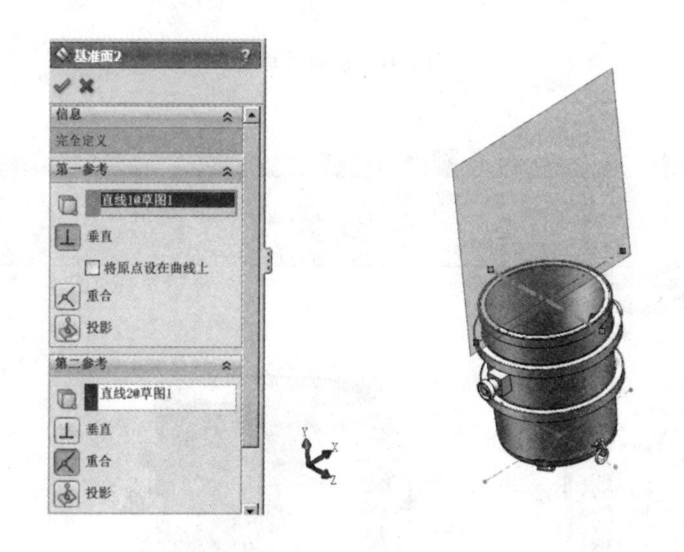

图 7-90 建立基准面 2

【✔】确定，完成基准面 2 建立。

2）镜向另一侧吊耳。点选命令管理器【装配体】/【镜向零部件】，出现“镜向零部件”属性管理器对话框，【镜向基准面】选择【基准面 2】，注意，可以在绘图区模型上点选，也可以点开绘图区设计树，在设计树中点选【基准面 2】，【要镜向的零部件】选择【吊耳】，如图 7-91 所示。完成管理器对话框选择，点选绘图区右上角【✔】确定，或点选“镜向零部件”属性管理器上方【✔】确定，完成吊耳镜向。

（12）装配完成的铁水包。通过以上步骤完成了铁水包装配体如图 7-92 所示。

（13）铁水包装配的剖视图 。点击前到视图工具栏中【剖视图】按钮，管理器窗口弹出“剖面视图”对话框，【工程图剖面视图】名称默认为 A，也可修改，“剖面 1”对话框

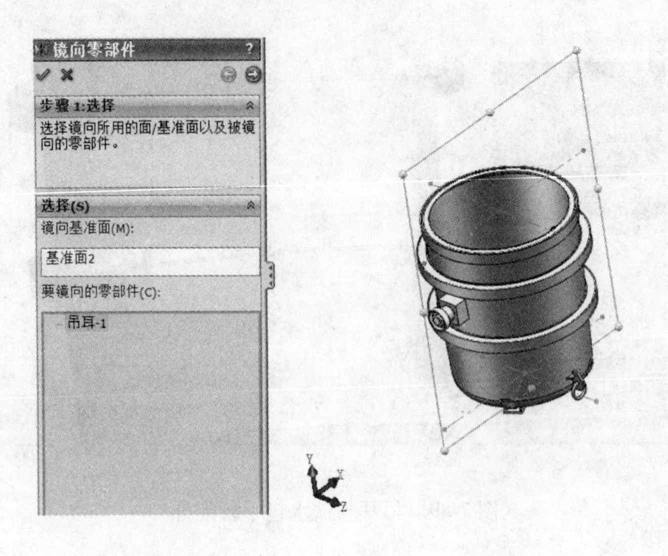

图 7-91　镜向吊耳

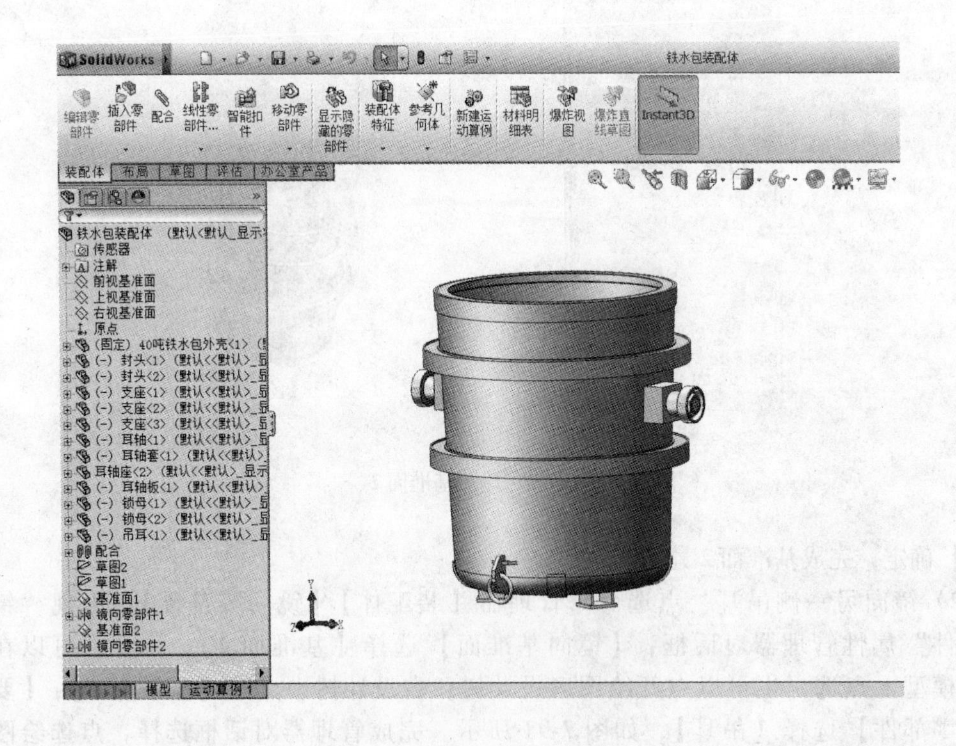

图 7-92　装配完成的铁水包

下选【前视基准面】，【距离】和【角度】默认为“0”，也可输入数值，如图 7-93 所示。点击绘图区右上角【✔】，或“剖面视图”属性管理器对话框上部【✔】确定，剖视图如图 7-94 所示。

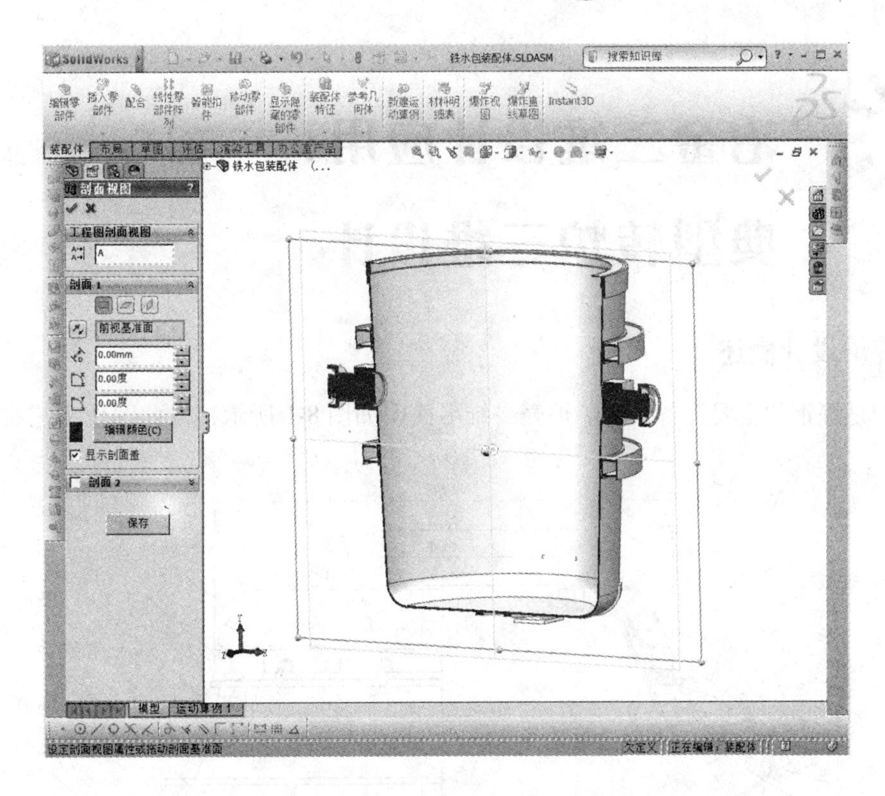

图 7-93 “剖面视图”属性管理器对话框

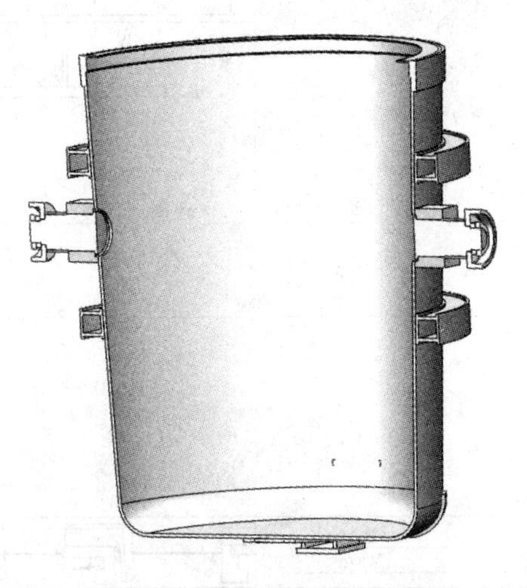

图 7-94 铁水包装配图剖面视图

冶金三维设计应用：典型转炉三维设计

8.1 转炉设计概述

转炉是炼钢的主要设备，转炉炉壳二维平面图如图 8-1 所示，以此图作为三维设计参

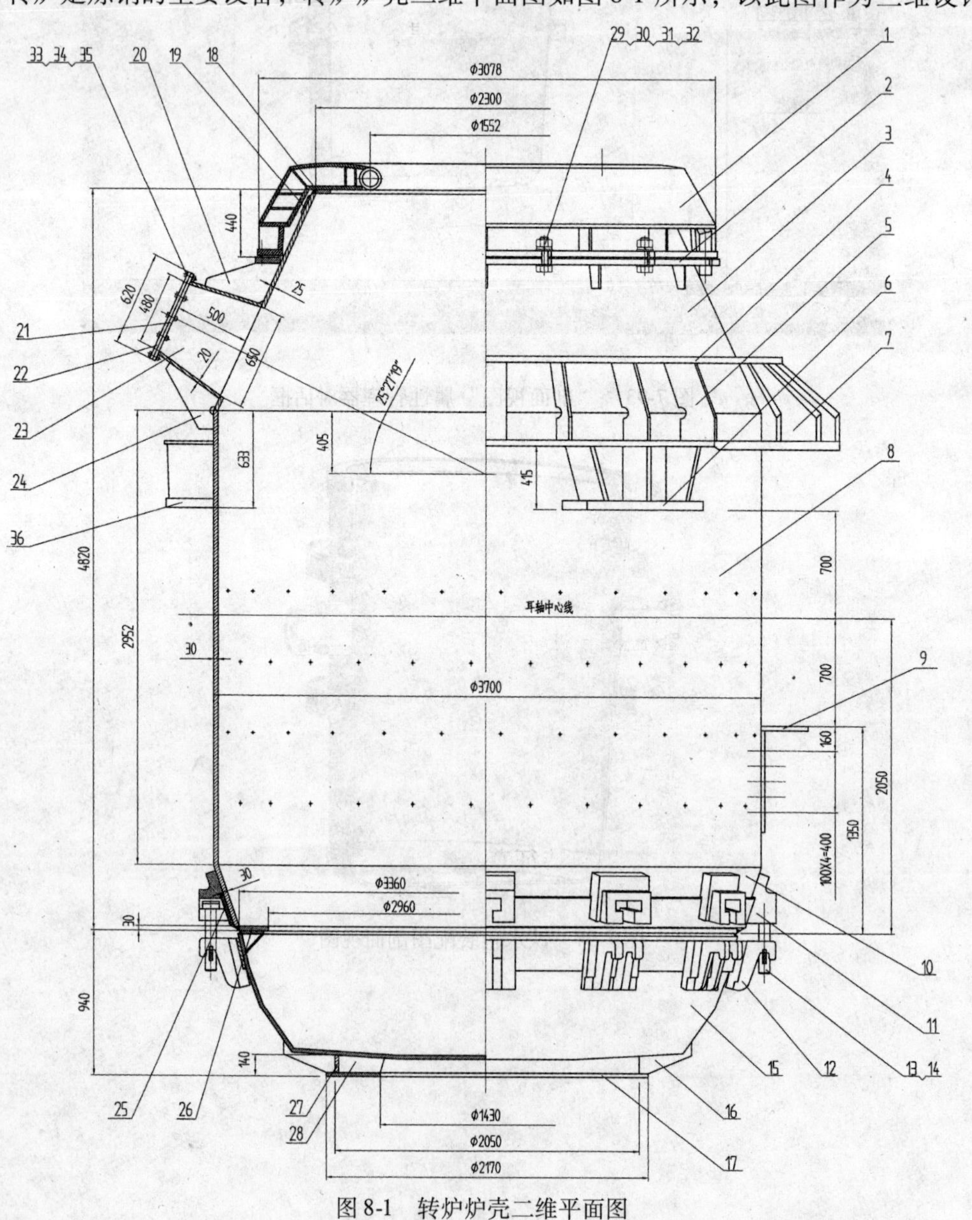

图 8-1　转炉炉壳二维平面图

考依据。

转炉炉壳结构可分水冷炉口部分、炉身部分、炉底部分，以下分别就各部分进行建模设计，然后装配。

8.2 转炉炉身设计

炉身是复杂的钢结构件，为方便造型建为一个模型，可分为以下各部分进行特征建模：炉体旋转凸台特征、水冷炉口连接法兰旋转凸台特征、连接法兰加强筋拉伸及圆周阵列特征、炉体上口加强版旋转凸台特征、炉身支撑法兰加强筋拉伸凸台及圆周阵列特征、出钢口拉伸凸台及抽壳特征、出钢口法兰拉伸凸台特征、出钢口盖板拉伸凸台特征、盖板法兰螺栓连接孔切除拉伸特征。每部分为草图绘制及特征生成操作，具体设计步骤如下：

（1）新建文件。单击菜单中【文件】/【新建】命令，或单击标准工具栏上新建按钮【 】图标，出现“新建SolidWorks 文件”对话框，单击对话框【零件】/【确定】图标，如图 1-13 所示，命名文件名【炉身】，选择路径，保存。

（2）炉身外壳旋转特征草图。点选设计树中【前视基准面】/命令管理器中【草图】/【草图绘制】，或右键快捷菜单中【 】草图绘制图标，设计树出现【草图 1】，鼠标指向此处，右键快捷菜单选【 】正视于草图，在绘图区绘制炉身轴向剖面投影视图，如图 8-2 所示。点击命令管理器【草图】/【退出草图】或绘图区右上角【 】退出草图按钮，完成草图绘制。

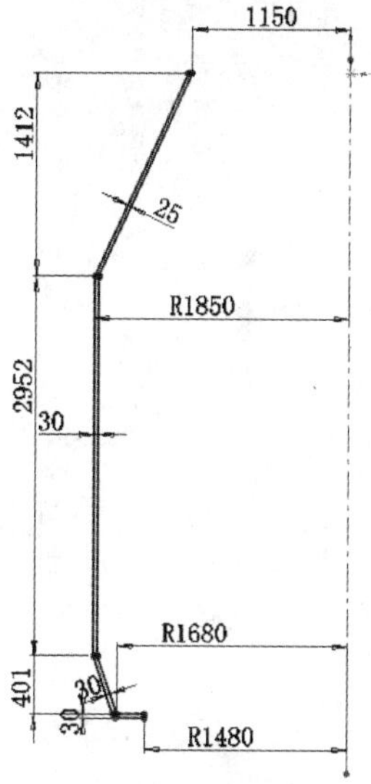

图 8-2 炉身外壳旋转特征草图

（3）炉身外壳旋转凸台特征。点选设计树中【草图 1】/命令管理器中【特征】/【旋转凸台/基体】，出现“旋转 1”属性管理器对话框，旋转轴选【直线 1】，“方向 1”对话框下，【旋转类型】选【给定深度】，【角度】输入【360】度，如果没有先点选设计树中【草图 1】，点开【所选轮廓】选项，选草图中炉壁厚度封闭面积部分，完成“旋转 1”属性管理器对话框选项，点选绘图区右上角【 】确定，或点选“旋转凸台”属性管理器上方【 】确定，完成旋转特征，如图 8-3 所示。

（4）水冷炉口连接法兰旋转凸台特征草图绘制。选择设计树中【前视基准面】/命令管理器中【草图】/【草图绘制】，设计树出现【草图 2】，如果草图平面没有正视，鼠标指向此处，右键快捷菜单选【 】正视于草图，在绘图区绘制连接法兰轴向剖投影图，如图 8-4 所示。点击【草图】/【退出草图】或绘图区右上角【 】退出草图，完成草图绘制。

（5）水冷炉口连接法兰旋转凸台特征。点选【草图 2】/命令管理器中【特征】/【旋转凸台/基体】，出现“旋转”属性管理器对话框，【旋转轴】选中心线【直线 6】，“方向 1”对话框中【旋转类型】选【给定深度】，【角度】输入【360】度，【所选轮廓】选法兰草图，如果先点选过【草图 2】则不需选轮廓，如图 8-5 所示。点选绘图区右上角

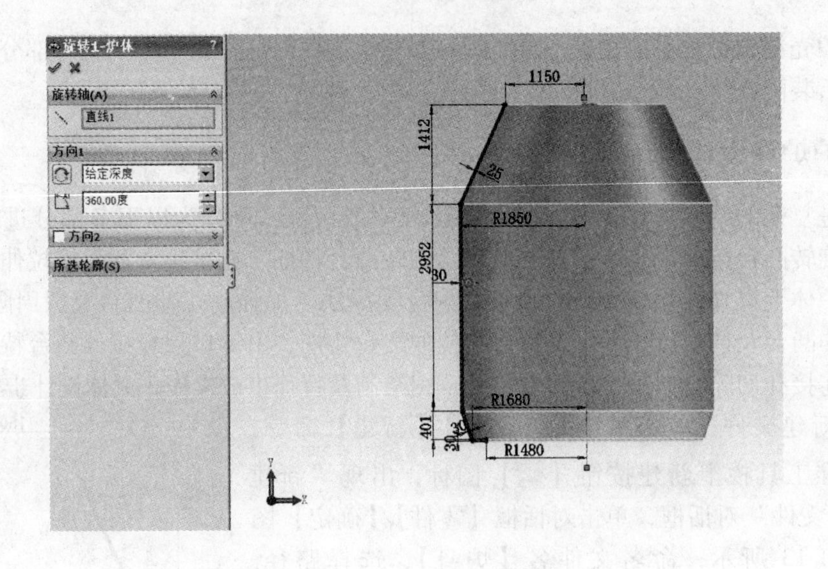

图 8-3　炉身外壳旋转凸台特征

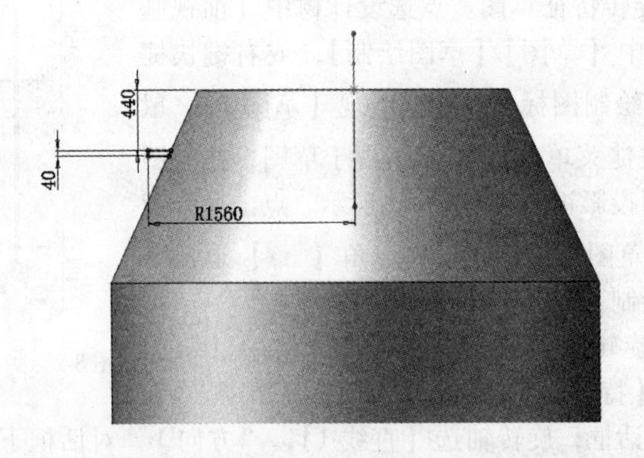

图 8-4　水冷炉口连接法兰旋转凸台特征草图

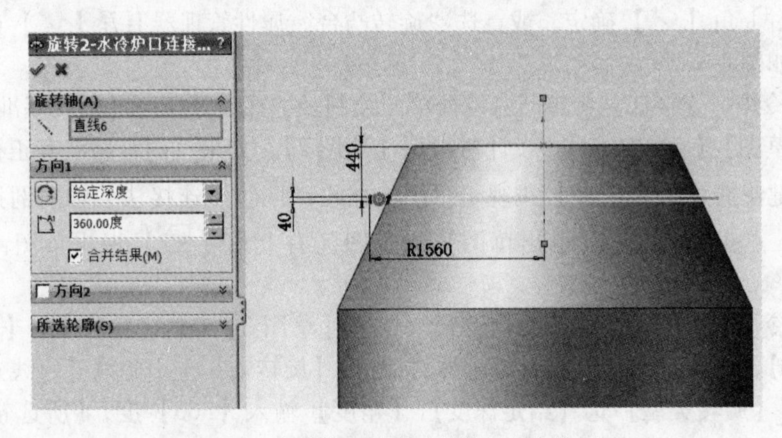

图 8-5　水冷炉口连接法兰旋转凸台特征

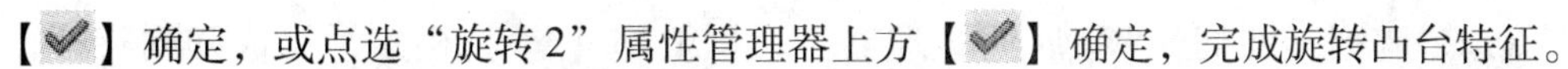

【✔】确定，或点选“旋转2”属性管理器上方【✔】确定，完成旋转凸台特征。

（6）法兰U型槽拉伸切除特征草图。点选法兰上平面/【草图】/【草图绘制】，设计树出现【草图3】，鼠标点选【草图3】/前导视图工具栏视图方向【⊥】，或右键快捷菜单【⊥】正视草图，绘制U型槽草图并标注尺寸，如图8-6所示，点击【草图】/【退出草图】或绘图区右上角【】，完成草图绘制。

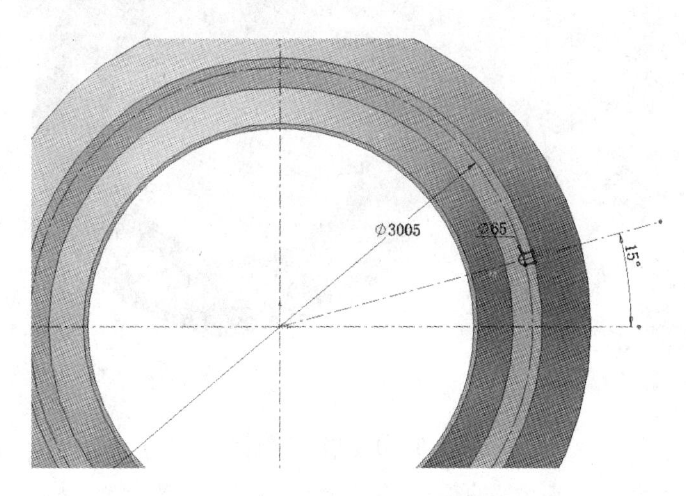

图8-6 法兰U型槽切除特征草图

（7）法兰U型槽切除特征。在设计树中点选U型槽草图【草图3】/命令管理器中【特征】/【拉伸切除】，出现“切除”属性管理器对话框，【方向1】终止条件选【成形到下一面】/点选绘图区右上角【✔】确定，或点选“切除”属性管理器上方【✔】确定，完成切除特征，如图8-7所示。

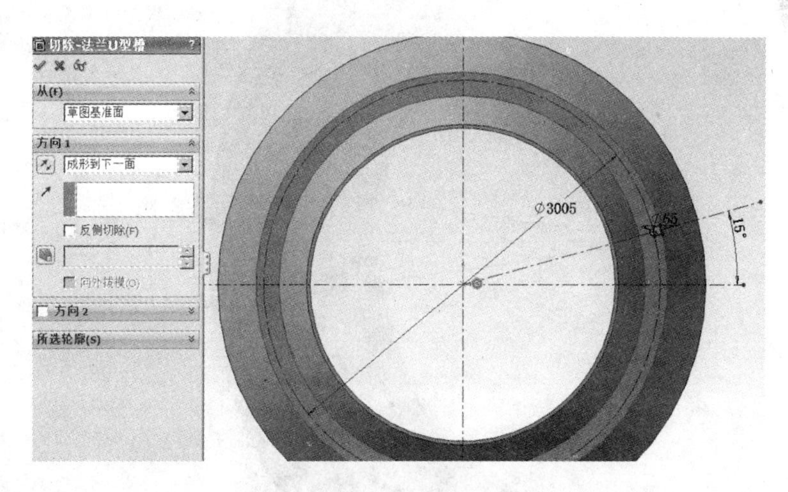

图8-7 法兰U型槽切除特征

（8）U型槽圆周阵列。点选命令管理器【特征】/【圆周阵列】，出现“阵列（圆周）1”属性管理器对话框，【参数】中【阵列轴线】选法兰圆周线，【角度】选【30】度，【实例数】选【12】，【要阵列的特征】选【切除-法兰U型槽】，点选绘图区右上角【✔】

确定，或点选“阵列（圆周）1”属性管理器对话框上部【✓】确定，完成阵列特征，如图 8-8 所示。

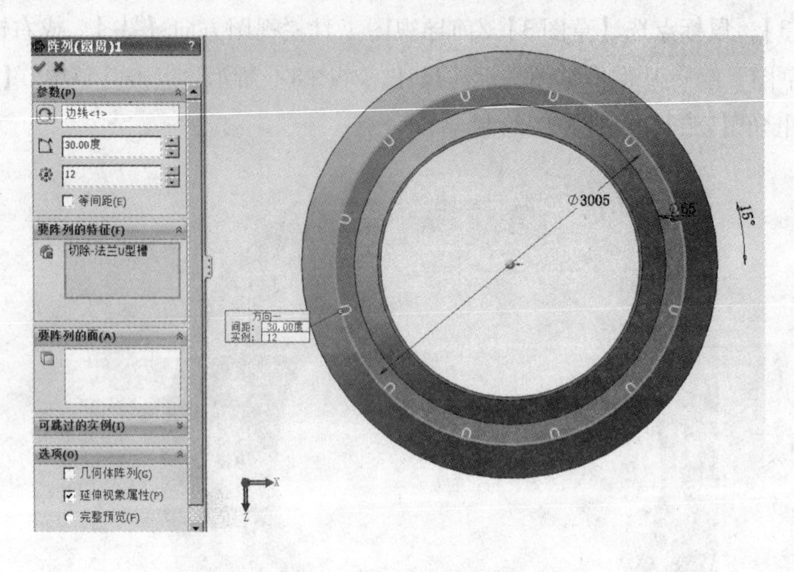

图 8-8 U 型槽圆周阵列

(9) 法兰开口切除特征草图。点选法兰上平面/草图【草图绘制】，设计树出现【草图 4】，点选【草图 3】/前导视图工具栏视图方向【 】正视于，在绘图区绘制法兰上开口草图，如图 8-9 所示。完成草图后，点选命令管理器/草图【 】或绘图区右上角【 】退出草图。注意，本草图有多个封闭区域，切除特征是要注意选择。

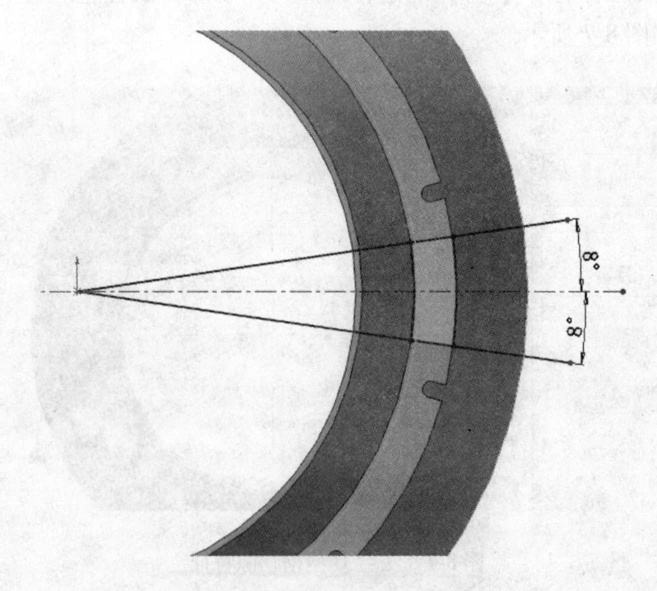

图 8-9 法兰开口切除特征草图

(10) 法兰开口切除特征。点选设计树中【草图 4】/命令管理器【特征】/【拉伸切除】，终止条件选【成形到一面】，【所选轮廓】选择【草图 4-局部范围 <1>】和【草图

4-局部范围 <2 >】，点选绘图区右上角【✓】确定，或点选“切除”属性管理器对话框上部【✓】确定，完成切除特征，如图 8-10 所示。

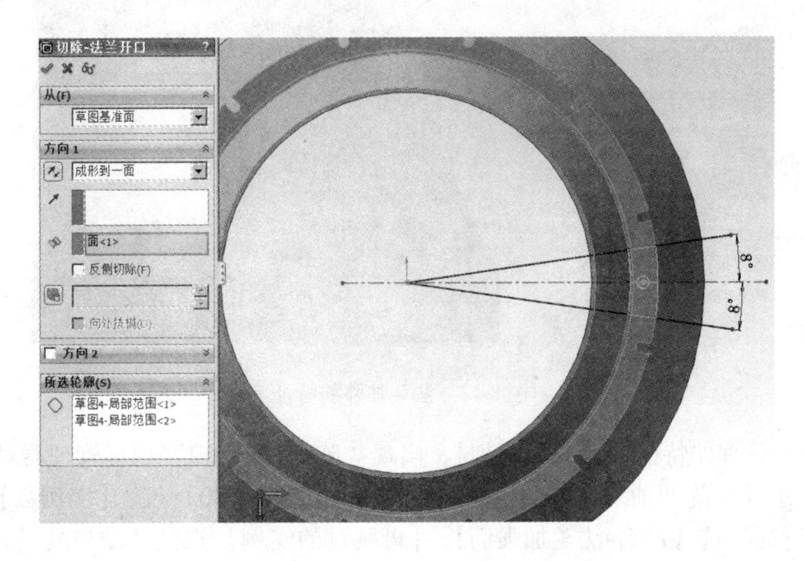

图 8-10 法兰开口切除特征

（11）法兰加强筋草图、特征及阵列。点选设计树中【前视基准面】/命令管理器中【草图】/【草图绘制】，设计树出现【草图 8】，鼠标指向此处，右键快捷菜单选【⊥】正视于草图，绘制加强筋草图，如图 8-11 所示。完成草图后，点选命令管理器/草图【✎】或绘图区右上角【✎】退出草图。

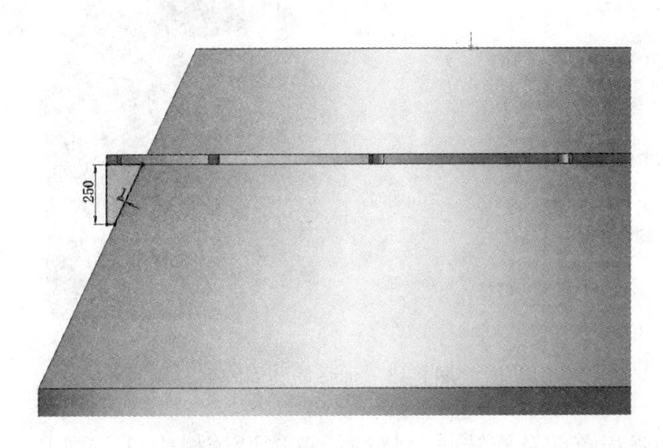

图 8-11 法兰加强筋草图

点选设计树中【草图 8】/特征中【拉伸凸台】，出现“凸台-拉伸”属性管理器，“方向 1”对话框中【终止条件】选【给定深度】，【深度】输入【10】mm，【合并结果】选中；“方向 2”对话框中，【终止条件】选【给定深度】，【深度】输入【10】mm，如图 8-12 所示。点选“凸台-拉伸”属性管理器上部【✓】确定，或绘图区右上角【✓】确定，完成加强筋拉伸特征。

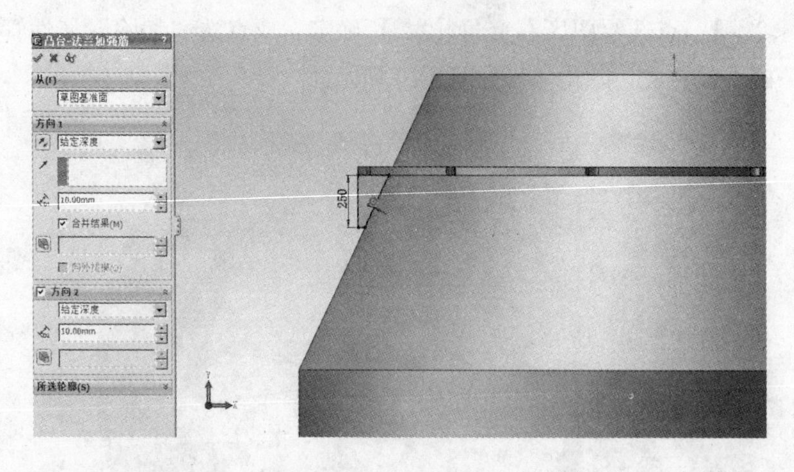

图 8-12 法兰加强筋特征

点选命令管理器特征中【圆周阵列】，出现“阵列(圆周)2”属性管理器对话框，“参数”对话框中【框阵列轴线】选法兰圆周线，【角度】填【30】度，【实例数】填【12】，【要阵列的特征】选【凸台-法兰加强筋】，【可跳过的实例】选法兰缺口处【(7)】，完成“阵列(圆周)2”属性管理器对话框选项，点选绘图区右上角【✔】确定，或点选“阵列”属性管理器上方【✔】确定，完成阵列特征，如图 8-13 所示。

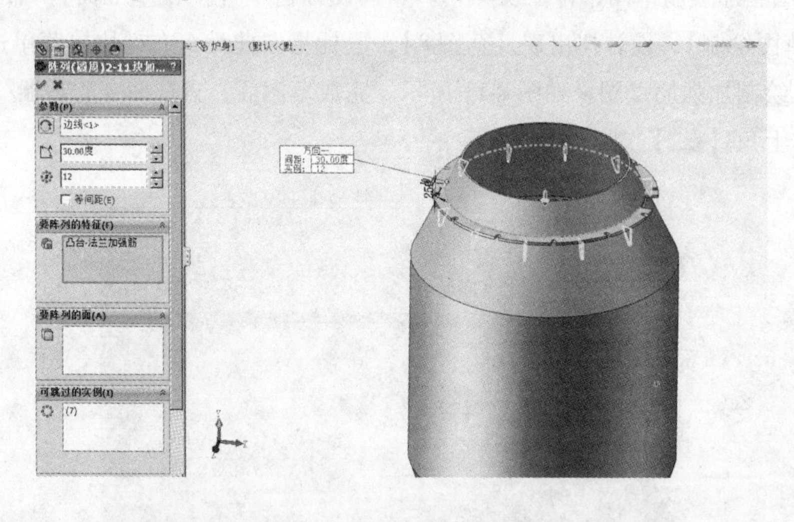

图 8-13 加强筋圆周阵列

（12）炉口加强板草图及旋转凸台特征。点选设计树中【前视基准面】/命令管理器中【草图】/【草图绘制】，设计树出现【草图 5】，鼠标指向此处，右键快捷菜单选【⬇】正视于草图，绘制加强板草图【120×14】，如图 8-14 所示（提示：草图中中心线不能忘记）。完成草图后，点选命令管理器/草图【✎】或绘图区右上角【✎】退出草图。

点选设计树中【草图 5】/命令管理器【特征】/【旋转凸台/基体】，出现“旋转凸台”属性管理器对话框，【旋转轴】选中心线【直线 7】；【旋转类型】选【给定深度】，“方向 1”对话框中【角度】输入【360】度；如果没有先点选【草图 5】，此时在“所选轮廓”对话

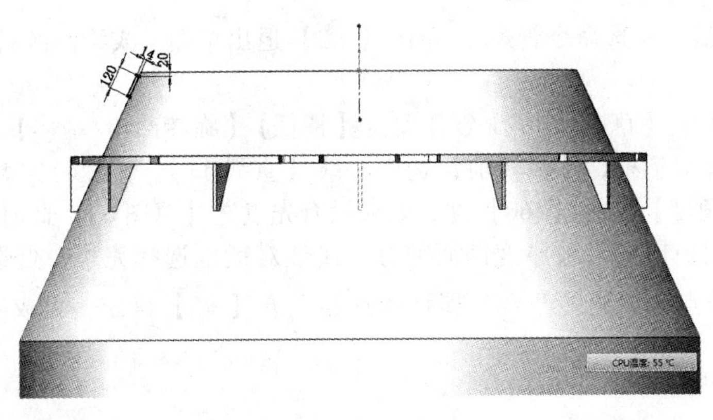

图 8-14 炉口加强板草图

框中选草图炉口加强板厚度面积部分；属性对话框选择完毕，点选绘图区右上角【✔】确定，或点选“旋转凸台”属性管理器上方【✔】确定，完成旋转特征，如图 8-15 所示。

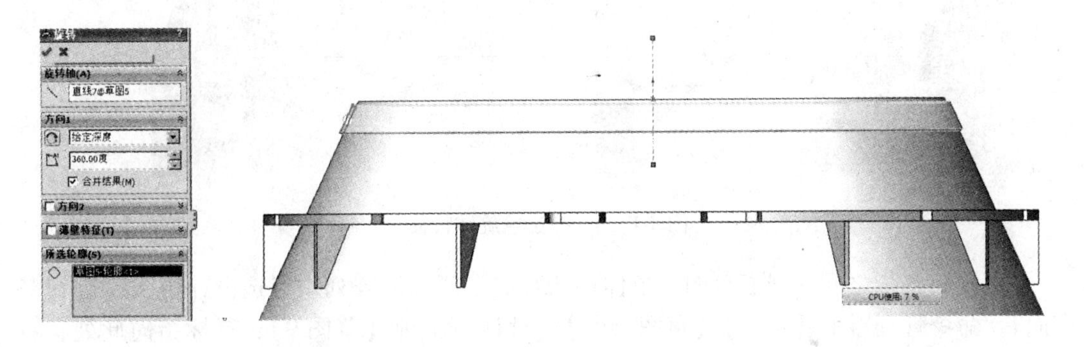

图 8-15 炉口加强板旋转凸台特征

（13）支撑法兰草图及旋转特征。点选设计树中【前视基准面】/命令管理器中【草图】/【草图绘制】，设计树出现【草图 6】，鼠标指向此处，右键快捷菜单选【⇣】正视于草图，开始在绘图区绘制上、下板草图，如图 8-16 所示（提示：草图中中心线不能忘

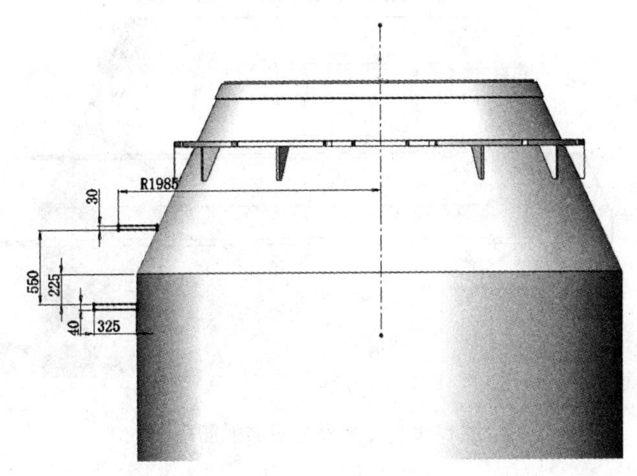

图 8-16 支撑法兰草图

记）。完成草图后，点选命令管理器/草图【】退出草图，或绘图区右上角【】退出草图。

点选设计树中【草图 6】/命令管理器【特征】/【旋转凸台/基体】，出现“旋转凸台”属性管理器对话框，【旋转轴】选中心线【直线 11】，【旋转类型】选【给定深度】，【方向 1 角度】输入【360】度；如果没有先点选【草图 6】，此时在“所选轮廓”对话框中选草图炉口加强板厚度截面部分；属性对话框选择完毕，点选绘图区右上角【】确定，或点选“旋转凸台”属性管理器上方【】确定，完成阵列特征，如图 8-17 所示。

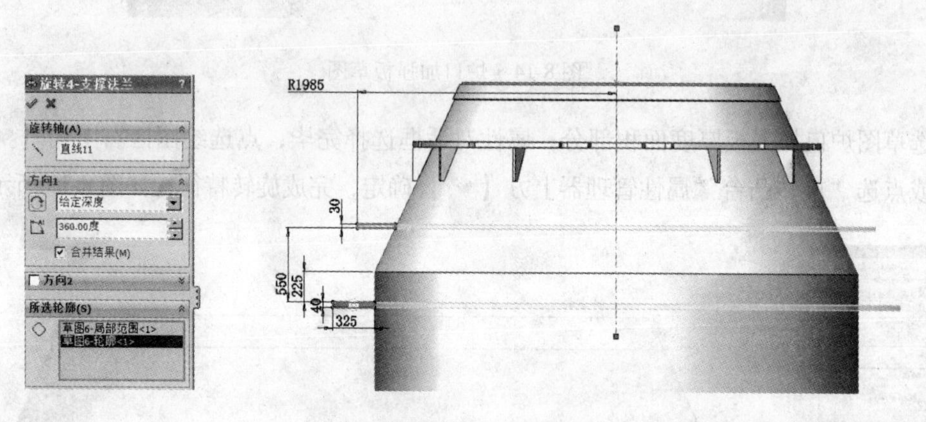

图 8-17　支撑法兰旋转特征

（14）支撑板之间加强筋草图、拉伸特征及加强筋圆周阵列。点选设计树中【前视基准面】/命令管理器中【草图】/【草图绘制】，设计树出现【草图 9】，鼠标指向此处，右键快捷菜单选【】正视于草图，在绘图区绘制上下板之间的筋板正面草图，如图 8-18 所示。完成草图后，点选命令管理器/草图【】退出草图，或绘图区右上角【】退出草图。

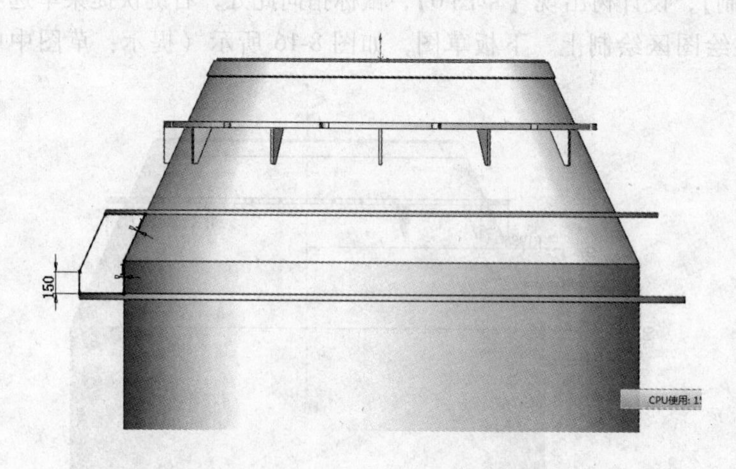

图 8-18　支撑板之间加强筋草图

点选设计树中【草图 9】/命令管理器【特征】/【拉伸凸台】，出现“凸台-拉伸”属性管理器，“方向 1”对话框【终止条件】选【给定深度】，【深度】输入【10】mm，【合并结果】选中；“方向 2”对话框中【终止条件】选【给定深度】，【深度】输入【10】mm，如图8-19所示。点选绘图区右上角【✔】确定，完成拉伸特征。

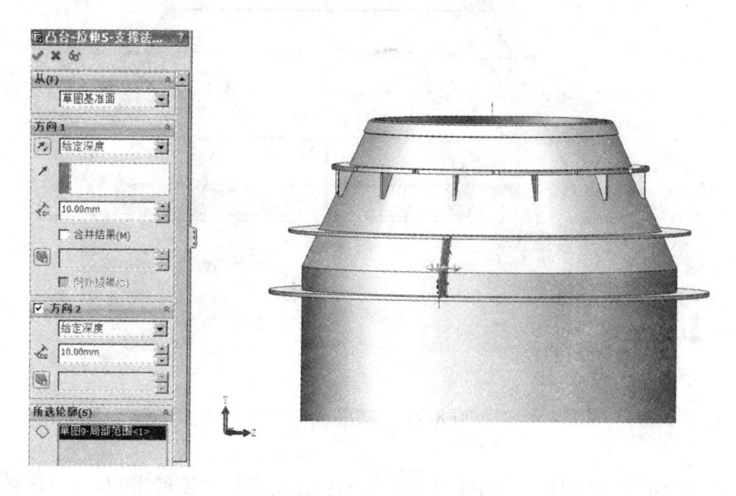

图 8-19 加强筋拉伸特征

点选命令管理器【特征】/【圆周阵列】，系统弹出“圆周阵列”属性管理器对话框，【阵列轴线】选法兰圆周线，【角度】输入【30】度，【实例数】输入【12】，【要阵列的特征】选【凸台-拉伸 5】，【可跳过的实例】不选，完成管理器对话框选择，点选绘图区右上角【✔】确定，或点选“阵列”属性管理器上方【✔】确定，完成阵列特征，如图 8-20 所示。

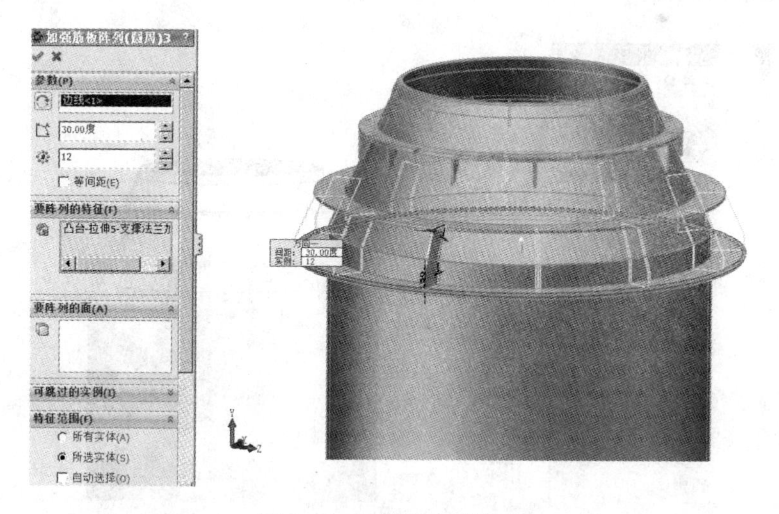

图 8-20 加强筋圆周阵列

（15）出钢口草图及拉伸特征：

1）首先绘制基准面草图。点选设计树中【前视基准面】/命令管理器中【草图】/【草图绘制】，设计树出现【草图 10】，鼠标指向此处，右键快捷菜单选【⬇】正视于草图，在绘图区绘制草图，如图 8-21 所示，提示：所有线条设置为构造线。

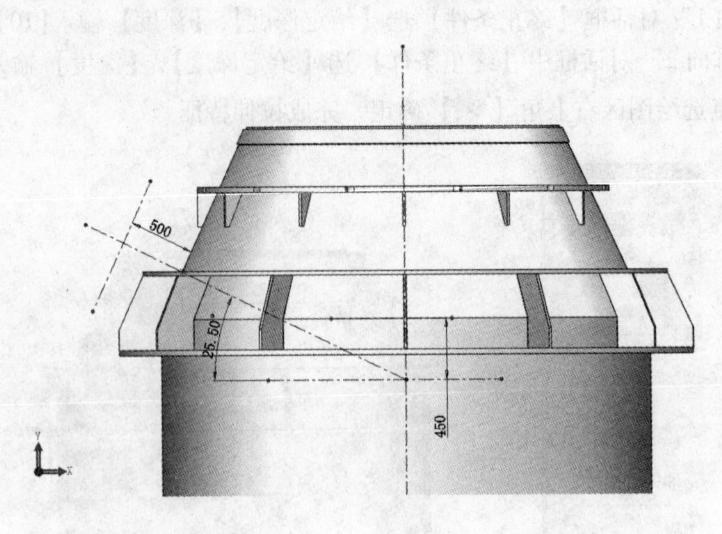

图 8-21　基准面草图

完成草图后，点选命令管理器/草图【】退出草图，或绘图区右上角【】退出草图。

2）建立基准面。点选命令管理器中【特征】/【参考几何体】/【基准面】，出现“基准面 1”属性管理器对话框，【第一参考】选【直线 6】，即从中心向左上 25. 5°斜线，【第二参考】选【直线 5】，即与直线 6 垂直的线，相互关系选垂直，如图 8-22 所示。完成管理器对话框选项，点选绘图区右上角【】确定，或点选“阵列”属性管理器上方【】确定，完成基准面设置。

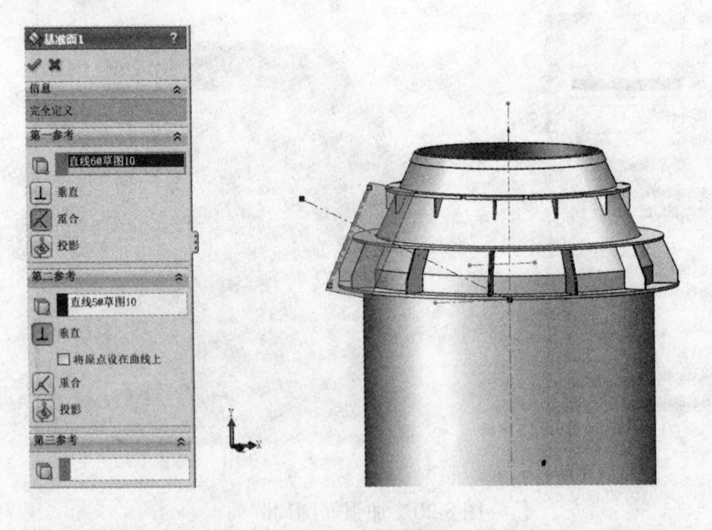

图 8-22　基准面

3）出钢口草图。点选【基准面 1】/命令管理器中【草图】/【草图绘制】，设计树出现【草图 11】，鼠标指向此处，右键快捷菜单选【】正视于草图，在绘图区绘制草图，如图 8-23 所示。完成草图后，点选命令管理器/草图【】退出草图，或绘图区右上角

【 】退出草图。

4）出钢口凸台拉伸特征。点选设计树中【草图11】/特征中【拉伸凸台】，出现“凸台-拉伸”属性管理器，“方向1”对话框【终止条件】选【成形到实体】，在绘图区点选转炉炉体，【拔模开关】点为【☑ 向外拔模(O)】开，角度输入【9】度，选中【向外拔模】，如图8-24所示；如果没有先点选【草图11】，此时在“所选轮廓”对话框中选草图11的封闭区域。点选绘图区右上角【✔】确定，完成拉伸特征。

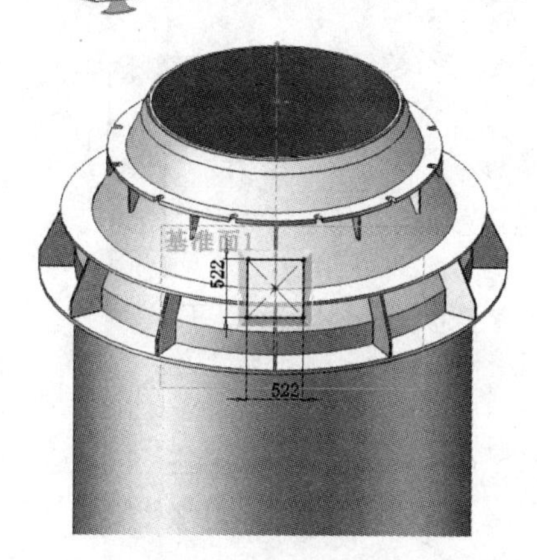

图8-23 出钢口草图

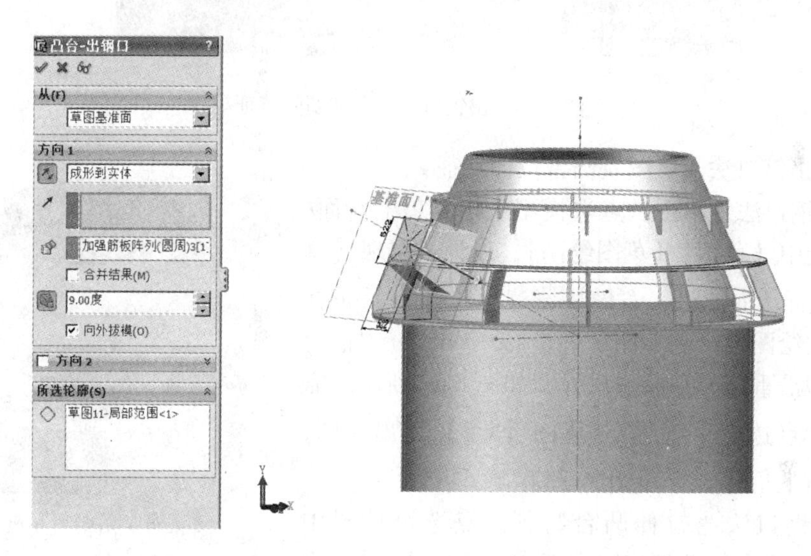

图8-24 出钢口凸台拉伸特征

5）出钢口薄壁拉伸切除特征草图。点选【基准面1】/命令管理器中【草图】/【草图绘制】，设计树出现【草图12】，鼠标指向此处，右键快捷菜单选【 】正视于草图，在绘图区绘制草图，如图8-25所示。完成草图后，点选命令管理器/草图【 】退出草图，或绘图区右上角【 】退出草图。

6）出钢口薄壁特征。点选设计树中【草图12】/特征中【拉伸切除】，出现“切除”属性管理器，【终止条件】选【给定深度】，【深度】输入【830】mm，【拔模开关】点为开，角度输入【9】度，选中【向外拔模】，【特征范围】点选【所选实体】，点选绘图区右上角【✔】确定，完成薄壁拉伸切除特征，如图8-26所示。

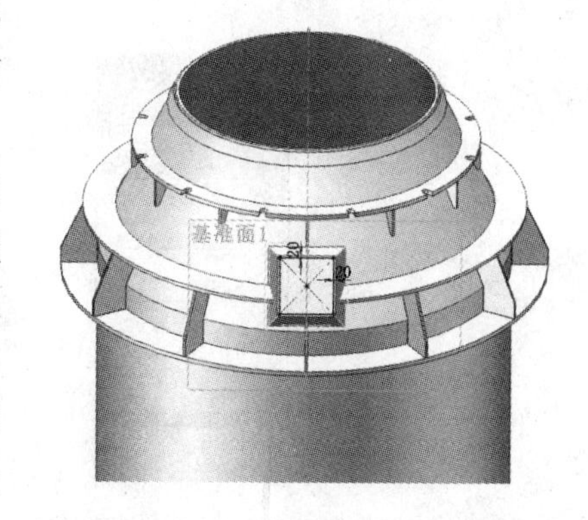

图8-25 出钢口薄壁拉伸切除特征草图

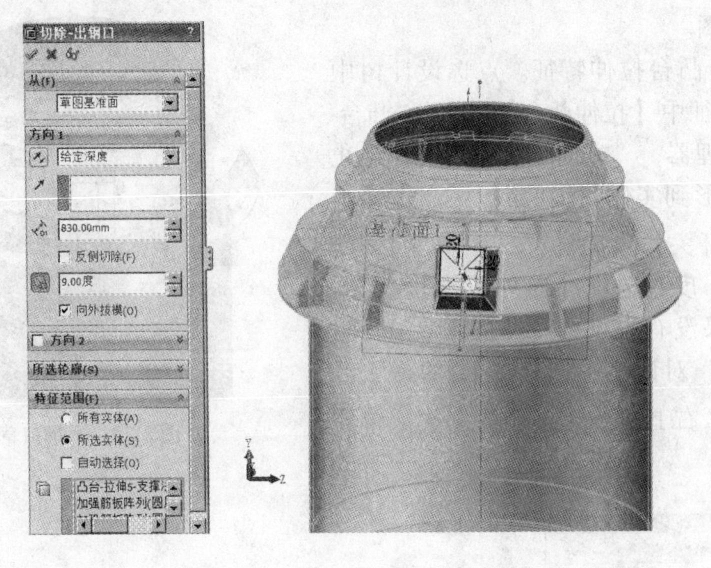

图 8-26 出钢口薄壁拉伸切除特征

（16）出钢口法兰草图及凸台拉伸特征：

1）出钢口法兰草图。点选模型上出钢口上端面/命令管理器中【草图】/【草图绘制】，设计树出现【草图 13】，鼠标指向此处，右键快捷菜单选【 】正视于草图，在绘图区绘制草图，外框 620×620，内框与出钢口外边沿重合，并标注尺寸，如图 8-27 所示。完成草图后，点选命令管理器/草图【 】退出草图，或绘图区右上角【 】退出草图。

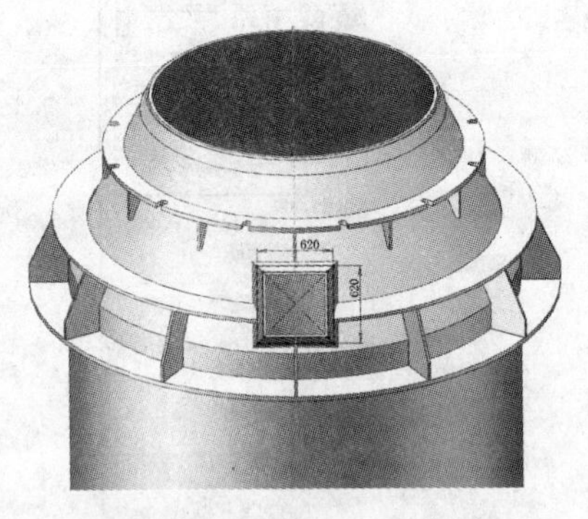

图 8-27 出钢口法兰草图

2）出钢口法兰拉伸凸台特征。点选设计树中【草图 13】/命令管理器中【特征】/【拉伸凸台】，出现“凸台-拉伸”属性管理器，“方向 1”对话框【终止条件】选【给定深度】，【深度】输入【20】mm；如果没有先点选【草图 13】，此时在“所选轮廓”对话框中选草图 13 的封闭区域。点选绘图区右上角【 】确定，完成拉伸特征，如图 8-28 所示。

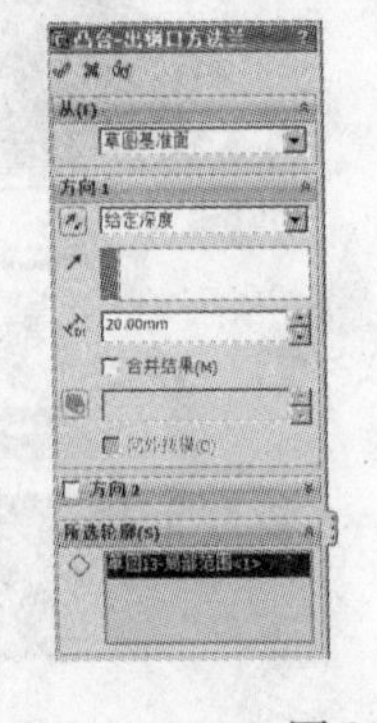

图 8-28 出钢口法兰拉伸凸台特征

（17）出钢口盖板草图及拉伸特征：

1）出钢口盖板草图。点选模型上出钢口法兰上端面/命令管理器中【草图】/【草图绘制】，设计树出现【草图 14】，鼠标指向此处，右键快捷菜单选【 】正视于草图，在绘图区绘制草图，外框 620 × 620，与出钢口法兰外边沿重合，内径圆直径 250mm，并标注尺寸，如图 8-29 所示。完成草图后，点选命令管理器/草图【 】退出草图，或绘图区右上角【 】退出草图。

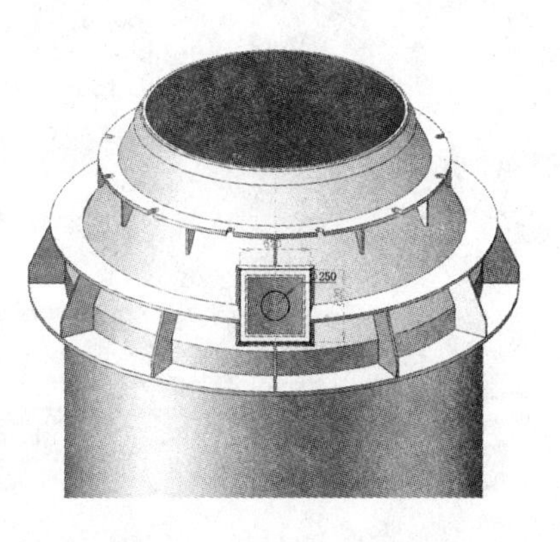

图 8-29 出钢口盖板草图

2）出钢口盖板拉伸特征。点选设计树中【草图 14】/特征中【拉伸凸台】，出现“凸台-拉伸”属性管理器，“方向 1”对话框【终止条件】选【给定深度】，【深度】输入【20】mm。完成“凸台-拉伸”属性管理器对话框选项，点选绘图区右上角【 】确定，完成拉伸特征，如图 8-30 所示。

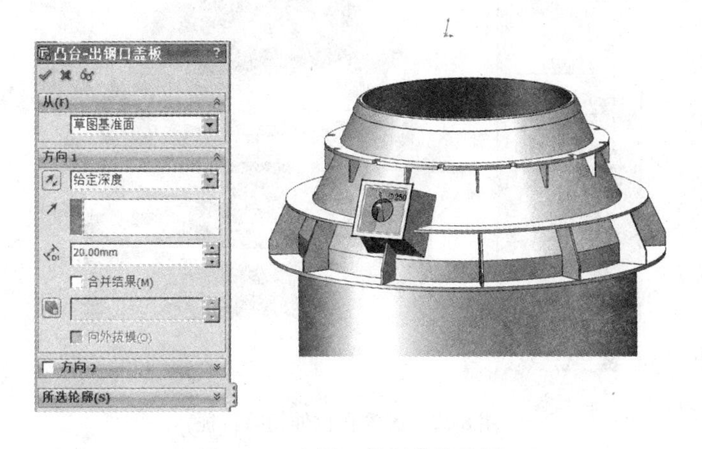

图 8-30 出钢口盖板拉伸特征

（18）出钢口法兰、盖板螺栓孔草图及拉伸切除特征：

1）螺栓孔草图绘制。点选模型上出钢口盖板上端面/命令管理器中【草图】/【草图绘制】，设计树出现【草图 15】，鼠标指向此处，右键快捷菜单选【 】正视于草图，在绘图区绘制草图，沿 572 × 572 构造线均匀分布 16 个直径 21.5mm 圆，可以单个绘制，也可以先绘制左下角一个圆，再通过草图中线性阵列绘制。完成草图后，点选命令管理器/草图【 】退出草图，或绘图区右上角【 】退出草图，如图 8-31 所示。

2）螺栓孔拉伸切除特征。点选设计树中【草图 15】/特征中【拉伸切除】，出现“切除—拉伸”属性管理器对话框，“方向 1”对话框【终止条件】选【给定深度】，【深度】输入【40】mm。完成属性管理器对话框选项，点选绘图区右上角【 】确定，完成切除拉伸特征，如图 8-32 所示。

（19）炉体下口加强板草图及旋转特征：

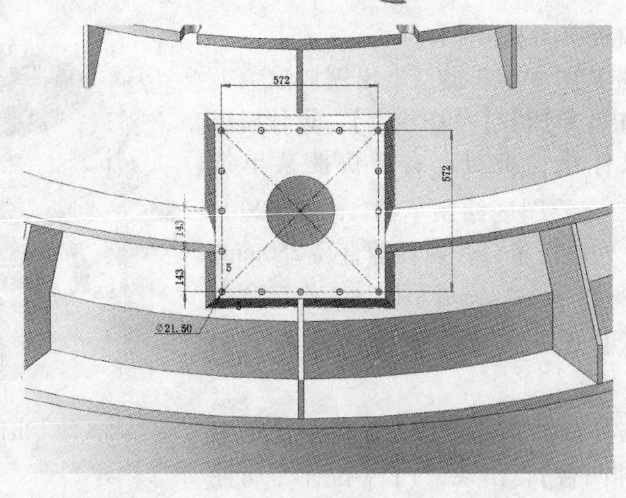

图 8-31 螺栓孔草图

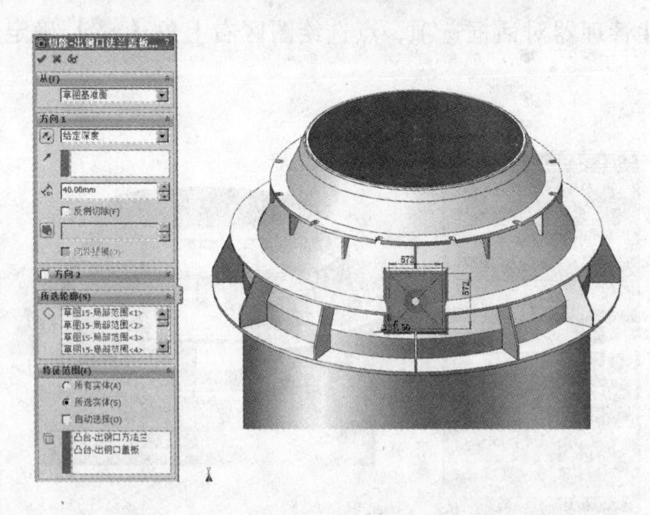

图 8-32 螺栓孔拉伸切除特征

1）炉体下口加强板草图。点选设计树中【前视基准面】/命令管理器中【草图】/【草图绘制】，设计树出现【草图 16】，鼠标指向此处，右键快捷菜单选【】正视于草图，绘制加强板草图，如图 8-33 所示。完成草图后，点选命令管理器/草图【】退出草图，

图 8-33 炉体下口加强板草图

或绘图区右上角【 】退出草图。

2）炉体下口加强板旋转特征。点选设计树中【草图 16】/命令管理器【特征】/【旋转凸台/基体】，出现“旋转凸台”属性管理器对话框，【旋转轴】选中心线【直线 6】；【旋转类型】选【给定深度】，“方向 1”对话框中【角度】输入【360】度；如果没有先点选【草图 5】，此时在“所选轮廓”对话框中选草图炉口加强板厚度面积部分。属性对话框选择完毕，点选绘图区右上角【 】确定，或点选“旋转凸台”属性管理器上方【 】确定，完成阵列特征，如图 8-34 所示。

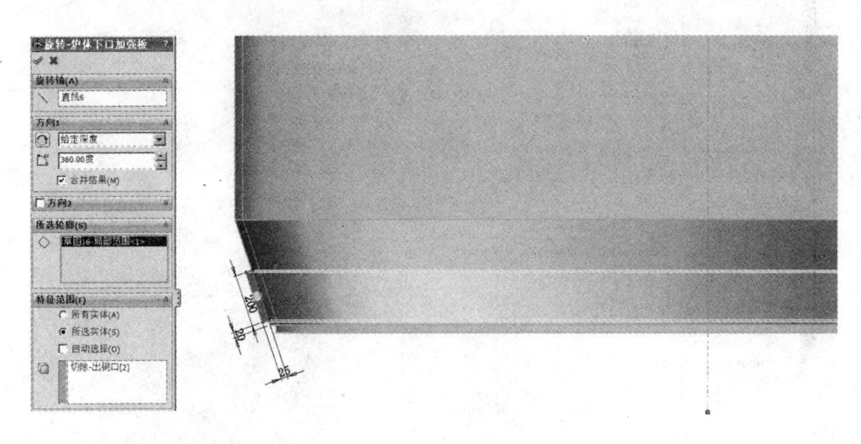

图 8-34　炉体下口加强板旋转特征

（20）销轴上支座拉伸凸台、T 型槽切除、阵列特征：

1）销轴上支座凸台草图。点选设计树中【前视基准面】/命令管理器中【草图】/【草图绘制】，设计树出现【草图 17】，鼠标指向此处，右键快捷菜单选【 】正视于草图，绘制加强板草图，如图 8-35 所示，完成草图后，点选命令管理器/草图【 】退出草图，或绘图区右上角【 】退出草图。

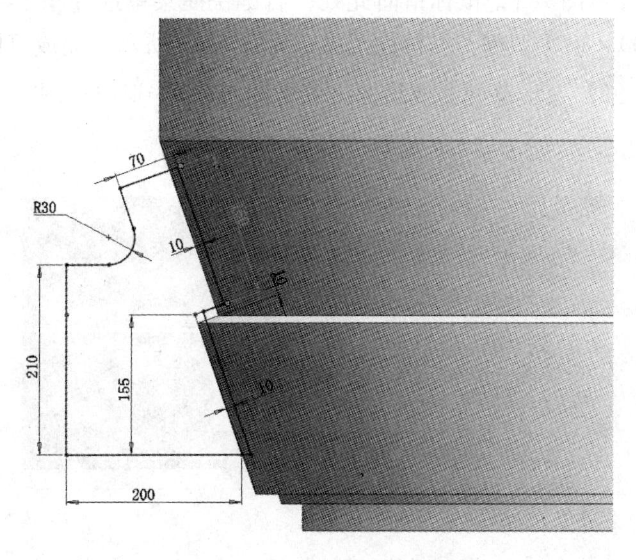

图 8-35　销轴上支座凸台草图

2）销轴凸台拉伸特征。点选设计树中【草图 17】/命令管理器中【特征】/【拉伸凸台】，出现“凸台-拉伸”属性管理器对话框，“方向 1”对话框中【终止条件】选【给定深度】，【深度】输入【180】mm，【合并结果】选中；“方向 2”对话框中【终止条件】选【给定深度】，【深度】输入【180】mm，如图 8-36 所示。点选绘图区右上角【✔】确定，或点选“凸台-拉伸”属性管理器上方【✔】确定，完成拉伸特征。

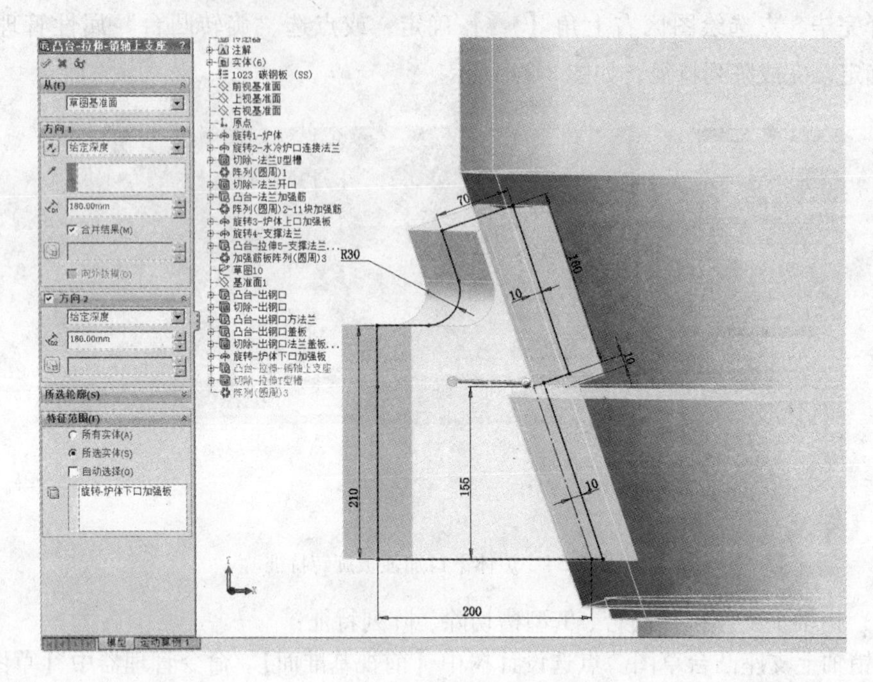

图 8-36 销轴凸台拉伸特征

3）销轴 T 型槽草图。点选模型上销轴【外端面】/命令管理器中【草图】/【草图绘制】，设计树出现【草图 18】，鼠标指向此处，右键快捷菜单选【⇣】正视于草图，在绘图区绘制草图，200×80 T 型槽，并标注尺寸，如图 8-37 所示。完成草图后，点选命令管理器中【草图】/【✎】退出草图，或绘图区右上角【✎】退出草图。

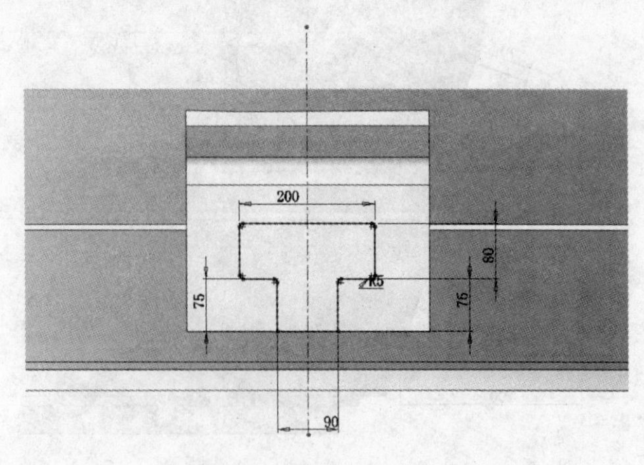

图 8-37 销轴 T 型槽草图

4）销轴T型槽切除特征。点选设计树中【草图18】/命令管理器中【特征】/【拉伸切除】，出现“切除-拉伸”属性管理器对话框，“方向1”对话框【终止条件】选【成形到一面】，在模型上选择炉身下口加强板外圆面。完成属性管理器对话框选项，点选绘图区右上角【✔】确定，完成切除拉伸特征，如图8-38所示。

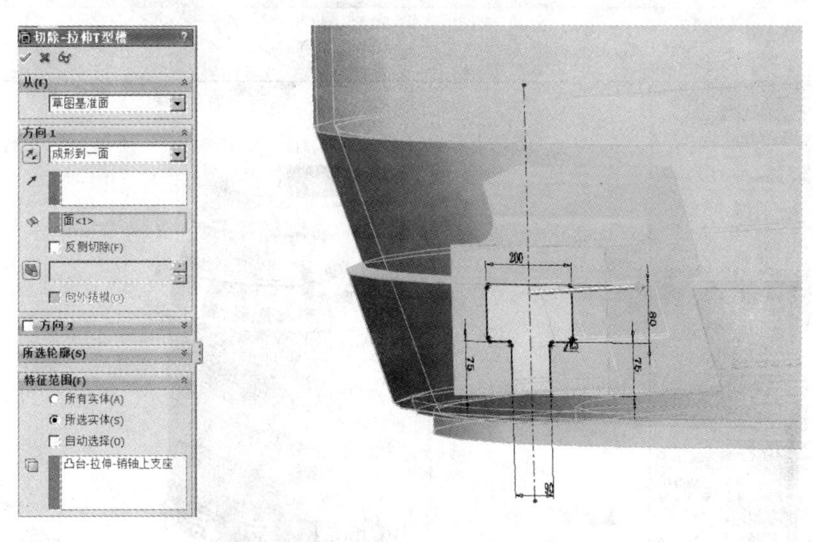

图8-38 销轴T型槽切除特征

5）销轴座阵列特征。首先点选设计树【凸台-拉伸-销轴上支座】和【切除-拉伸T型槽】特征/命令管理器中【特征】/【圆周阵列】，出现“阵列”属性管理器对话框，【阵列轴线】选加强板圆周边线，【总角度】输入【360】度，【实例数】选【12】，【要阵列的特征】中选已默认选项，【可跳过的实例】不选，完成管理器对话框选择项，点选绘图区右上角【✔】确定，或点选“阵列”属性管理器上方【✔】确定，完成阵列特征，如图8-39所示。

图8-39 销轴座阵列特征

（21）转炉炉身特征改名与材质编辑。炉身结构复杂，由二十多个特征构成，在每个特征建立时及时更改名称，以便从特征树中迅速找到每一个特征进行修改编辑。材质编辑选【碳钢板】，如图 8-40 所示。

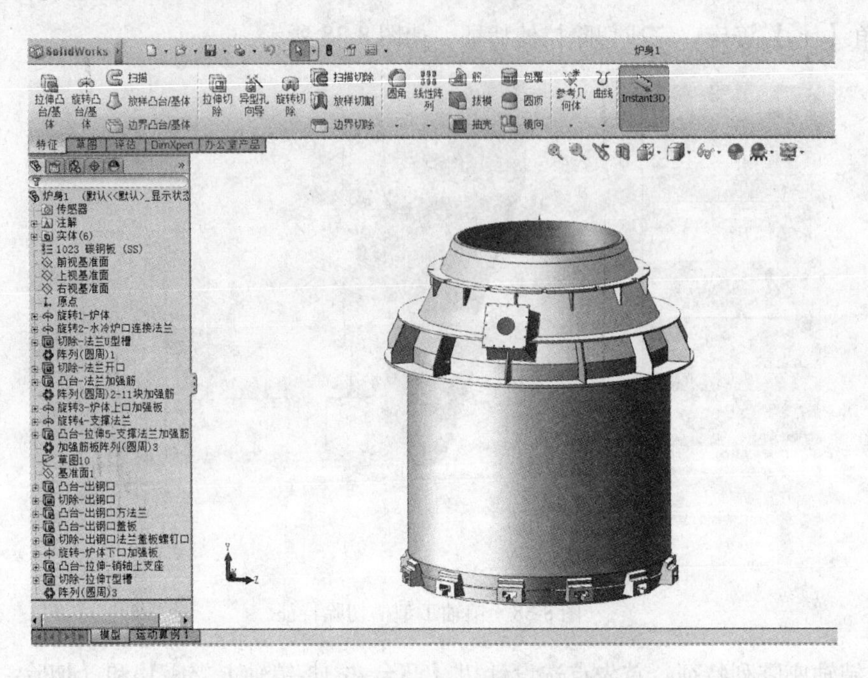

图 8-40 转炉炉身特征改名与材质编辑

8.3 转炉水冷炉口设计

转炉水冷炉口是炉身上部的零件，主要特点是中间是水冷夹层，有进水口和出水口，下部是与炉身连接的法兰，设计为一个模型由数个特征组成，具体步骤如下：

（1）新建文件。单击菜单中【文件】/【新建】命令，或单击标准工具栏上新建按钮 ，出现“新建 SolidWorks 文件”对话框，单击对话框【零件】/【确定】图标，命名文件名【水冷炉口】，选择路径，保存。

（2）水冷炉口整体外壳旋转凸台草图。点选设计树中【前视基准面】/命令管理器中【草图】/【草图绘制】，设计树出现【草图 1】，如果草图平面没有正视，鼠标指向此处，右键快捷菜单选【 】正视于草图，在绘图区绘制水冷炉口整体外壳旋转凸台草图，如图 8-41 所示。点击【草图】/【退出草图】，或绘图区右上角【 】退出草图，完成草图绘制。

（3）水冷炉口整体外壳旋转凸台特征。点选设计树中【草图 1】/特征【旋转凸台/基体】，出现“旋转 1”属性管理器对话框，【旋转轴】选中心线【直线 1】，“方向 1”对话框中【旋转类型】选【给定深度】，【角度】输入【360】度，“所选轮廓”对话框，先点选对话框空白处，再选水冷炉口整体外壳旋转凸台草图各封闭面积部分，完成“旋转 1”属性管理器对话框选择，点选绘图区右上角【 】确定，或点选“旋转凸台”属性管理器上方【 】确定，完成旋转凸台特征，如图 8-42 所示。

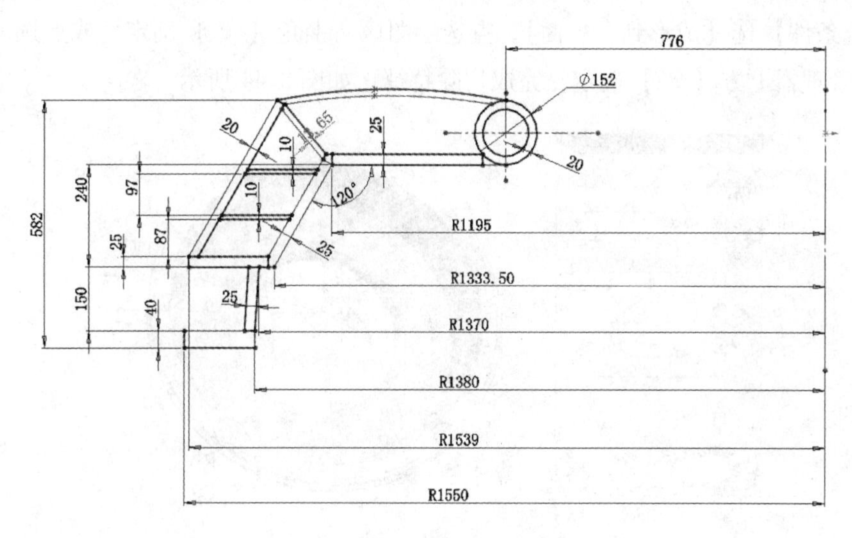

图 8-41 水冷炉口整体外壳旋转凸台草图

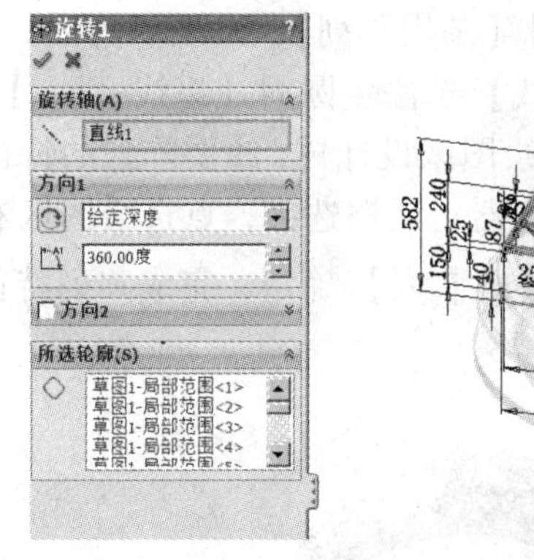

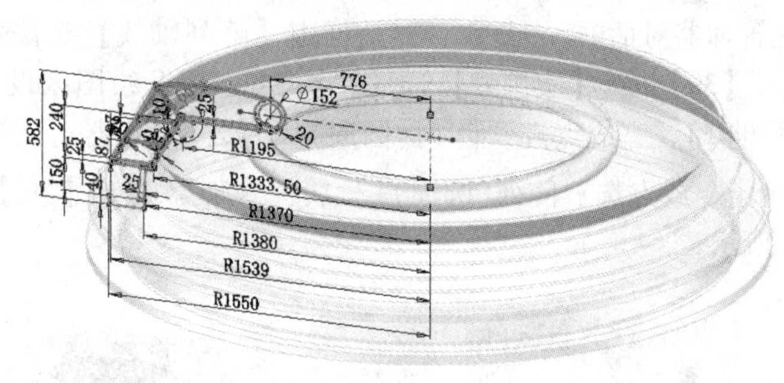

图 8-42 水冷炉口整体外壳旋转凸台特征

(4) 法兰 U 型槽切除特征草图。点选水冷炉口最下方【法兰下平面】/命令管理器中【草图】/【草图绘制】，设计树出现【草图 2】/鼠标点选【草图 2】/前导视图工具栏视图方向【】，或右键快捷菜单【】正视于草图，绘制 U 型槽草图并标注尺寸，如图8-43 所示，点击【草图】/【退出草图】，或绘图区右上角【】，完成草图绘制。

(5) 法兰 U 型槽切除特征。在设计树中点选 U 型槽草图【草图 2】/命令管理器中【特征】/【拉伸切除】，出现“切除-拉伸 1”属性管理器对话框，“方向 1”对话

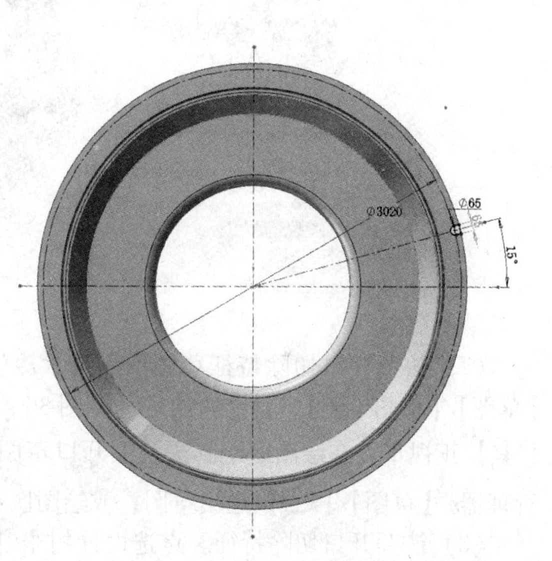

图 8-43 法兰 U 型槽切除特征草图

框，【终止条件】选【成形到下一面】，点选绘图区右上角【✔】确定，或点选“拉伸切除”属性管理器上方【✔】确定，完成切除特征，如图8-44所示。

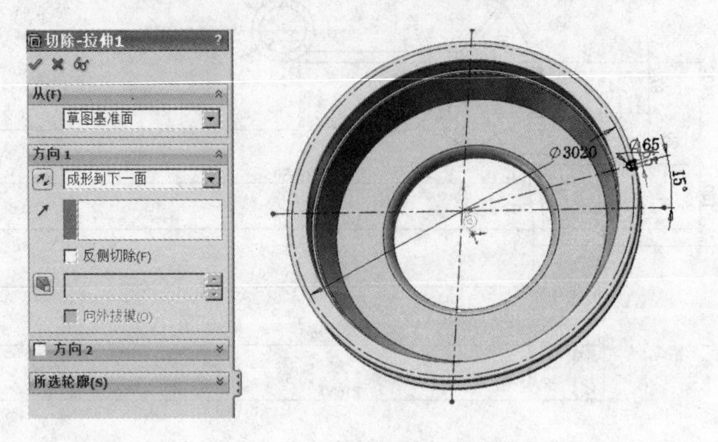

图8-44 法兰U型槽切除特征

（6）U型槽圆周阵列。点选命令管理器【特征】/【圆周阵列】，出现“阵列（圆周）1”属性管理器对话框，“参数”对话框中【阵列轴线】选法兰圆周【边线 <1 >】，【角度】输入【30】度，【实例数】选【12】，点选展开绘图区设计树，【要阵列的特征】选【切除-拉伸1】，完成点选“阵列(圆周)1”属性管理器对话框选择，点选绘图区右上角【✔】确定，或点选“阵列(圆周)1”属性管理器上方【✔】确定，完成阵列特征，如图8-45所示。

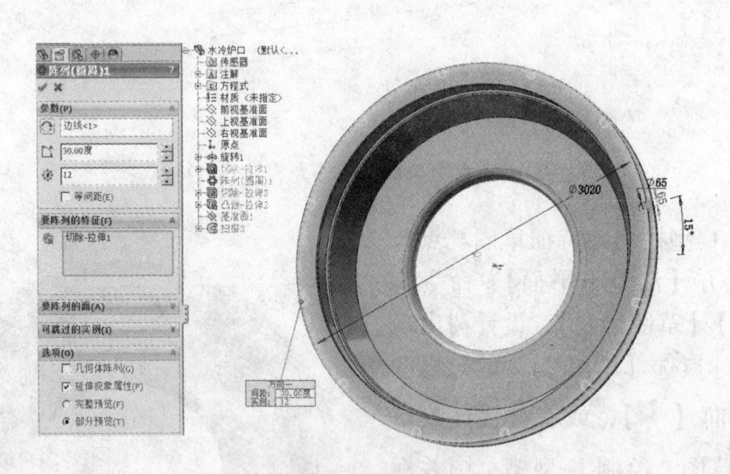

图8-45 U型槽圆周阵列

（7）法兰开口切除特征草图。点选水冷炉口最下方【法兰下平面】/命令管理器中【草图】/【草图绘制】，设计树出现【草图3】，点选【草图3】/前导视图工具栏视图方向【⊥】正视于，在绘图区绘制法兰上开口草图，如图8-46所示。完成草图后，点选命令管理器/【草图】/【✎】退出草图，或绘图区右上角【✎】退出草图。

（8）法兰开口切除特征。点选设计树中【草图3】/命令管理器中【特征】/【拉伸切除】，出现“切除-拉伸2”属性管理器对话框，“方向1”对话框，【终止条件】选【成形

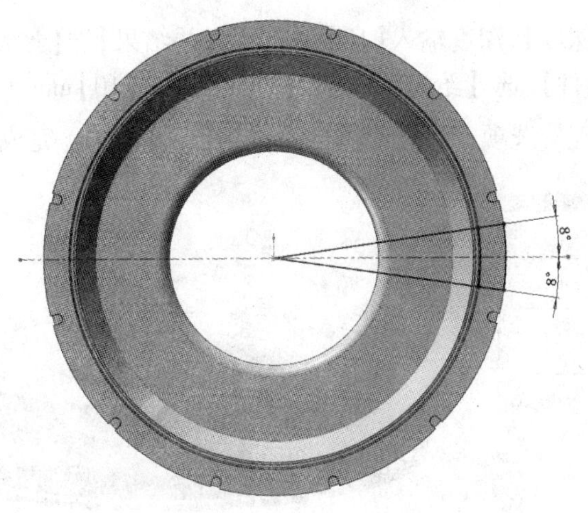

图 8-46 法兰开口切除特征草图

到一面】,【所选轮廓】选择【草图3-局部范围<1>】和【草图3-局部范围<2>】,完成“切除-拉伸2”属性管理器对话框,点选绘图区右上角【✔】确定,完成切除特征,如图8-47所示。

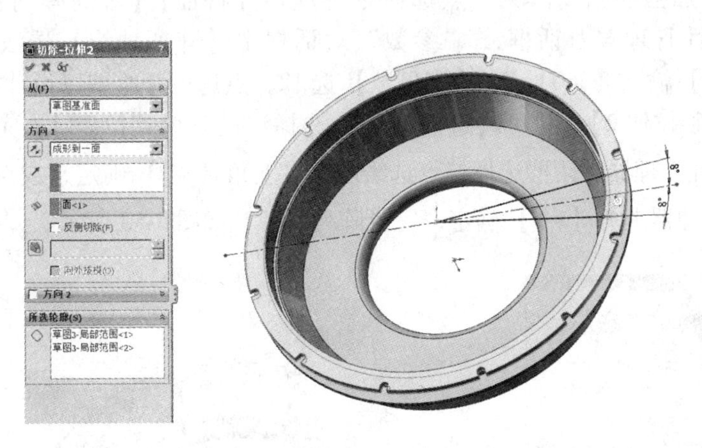

图 8-47 法兰开口切除特征

(9)法兰加强筋拉伸特征草图。点选设计树中【前视基准面】/命令管理器中【草图】/【草图绘制】,设计树出现【草图4】,鼠标指向此处,右键快捷菜单选【↥】正视于草图,绘制加强板草图,如图8-48所示,完成草图后,点选命令管理器/【草图】/【✎】退出草图,或绘图区右上角【✎】退出草图。

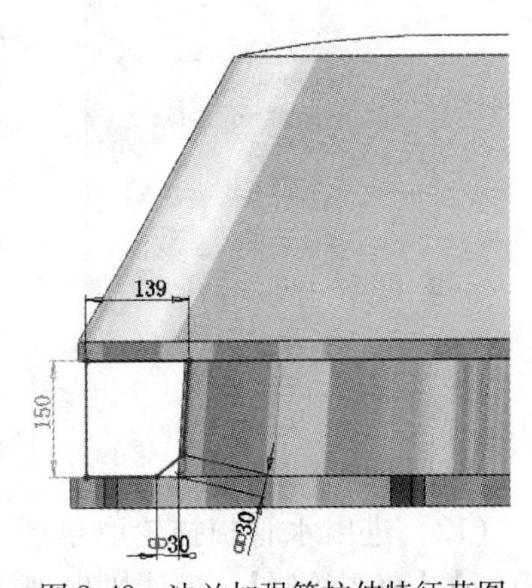

图 8-48 法兰加强筋拉伸特征草图

(10)法兰加强筋拉伸特征。点选设计树中【草图4】/命令管理器中【特征】/【拉伸凸台】,出现“凸台-拉伸2”属性管理器,“方向1”对话框中

【终止条件】选【给定深度】,深度输入【10】mm，【合并结果】选【☑ 合并结果(M)】中；“方向2”对话框中【终止条件】选【给定深度】，【深度】输入【10】mm，如图 8-49 所示。完成“凸台-拉伸 2”属性管理器选项，点选绘图区右上角【✔】确定，完成拉伸特征。

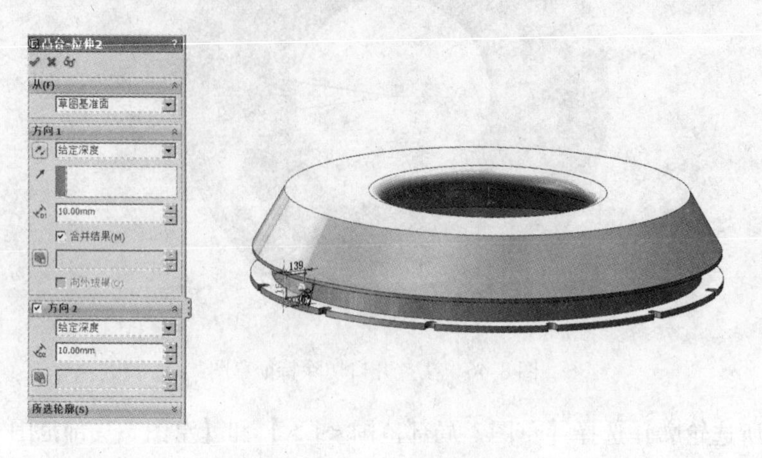

图 8-49　法兰加强筋拉伸特征

（11）法兰加强筋圆周阵列。点选命令管理器【特征】/【圆周阵列】，出现“阵列（圆周）1”属性管理器对话框，“参数”对话框中【阵列轴线】选法兰圆周【边线<1>】,【角度】输入【360】度,【实例数】选 12，点选展开绘图区设计树,【要阵列的特征】选【切除-拉伸 2】，【可跳过的实例】选择法兰开口处【(7)】，完成点选“阵列（圆周）1”属性管理器对话框选择，点选绘图区右上角【✔】确定，或点选“阵列（圆周）1”属性管理器上方【✔】确定，完成阵列特征，如图 8-50 所示。

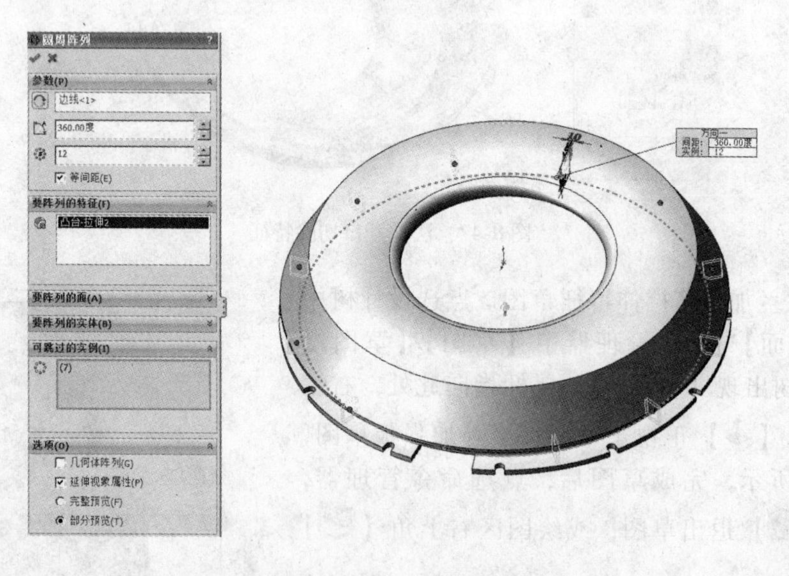

图 8-50　法兰加强筋圆周阵列

（12）进出水管扫描轮廓草图。点选水冷炉口最下方【法兰下平面】/命令管理器中【草图】/【草图绘制】，设计树出现【草图 5】，点选【草图 5】/前导视图工具栏视图方向

【】正视于，在绘图区绘制进出水管径草图，如图 8-51 所示。完成草图后，点选命令管理器/【草图】/【】退出草图，或绘图区右上角【】退出草图。

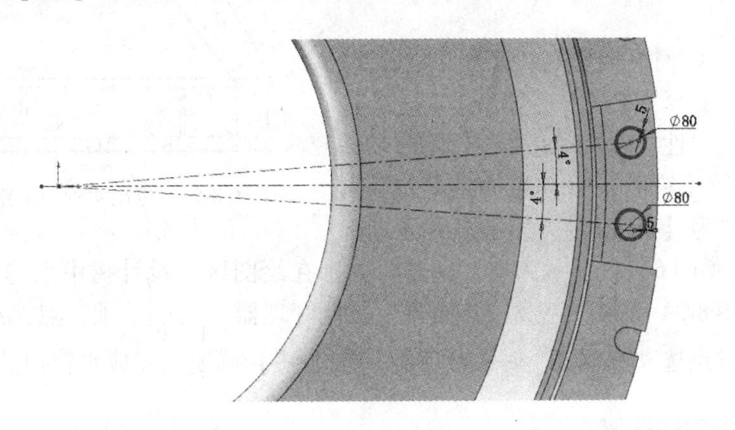

图 8-51 进出水管扫描轮廓草图

（13）建立基准面 1。点选命令管理器【特征】/【参考几何体】/【基准面】，出现“基准面 1”属性管理器对话框，“第一参考”对话框，【第一参考】点选模型中【草图 5 中直线 2】，几何关系选【重合】，“第二参考”对话框，【第二参考】点选模型中法兰下平面，几何关系选【垂直】，完成“基准面 1”属性管理器对话框选择，点选绘图区右上角【】确定，或点选“基准面 1”属性管理器上方【】确定，完成基准面建立，如图 8-52 所示。

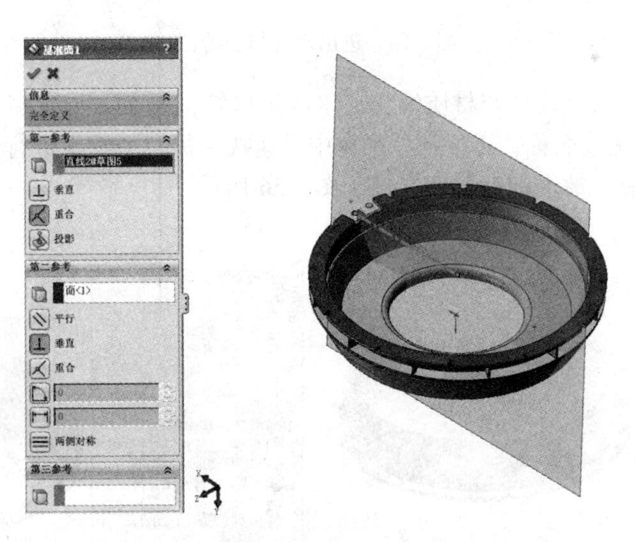

图 8-52 建立基准面 1

（14）进出水管扫描路径草图。点选【基准面 1】/命令管理器中【草图】/【草图绘制】，设计树出现【草图 6】，点选【草图 6】/前导视图工具栏视图方向【】正视于，在绘图区绘制进出水管路径，起点与草图 5 中圆的最下端重合，终点为水套夹层中间位置，为了显示夹层空间，需先在绘图区最上部【显示样式】中选择【隐藏线可见】，如图

8-53 所示。完成草图后，点选命令管理器/草图【】退出草图，或绘图区右上角【】退出草图。

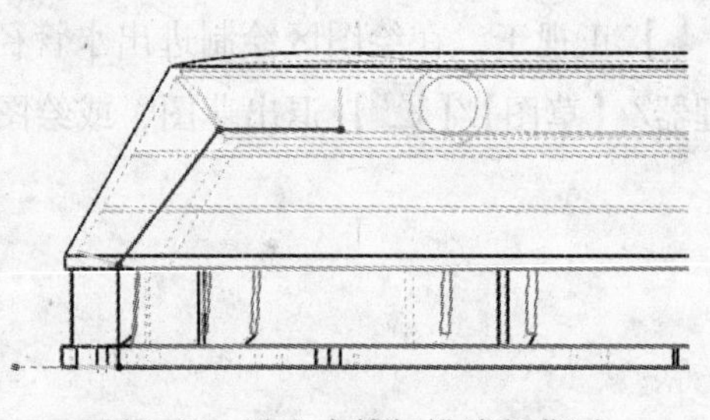

图 8-53　进出水管扫描路径草图

（15）进出水管扫描特征。点选【草图 5】和【草图 6】/命令管理器中【特征】/【扫描】，出现“扫描 3”属性管理器对话框，“轮廓和路径”对话框中，【轮廓】自动选为【草图 5】，【路径】自动选为【草图 6】，如果没有先点选【草图 5】和【草图 6】处显示为空，则需要分别在绘图区的设计树中点选【草图 5】和【草图 6】，如图 8-54 所示。完成“扫描 3”属性管理器对话框选项，点选绘图区右上角【】确定，或点选“扫描 3”属性管理器上方【】确定，完成水管扫描特征。

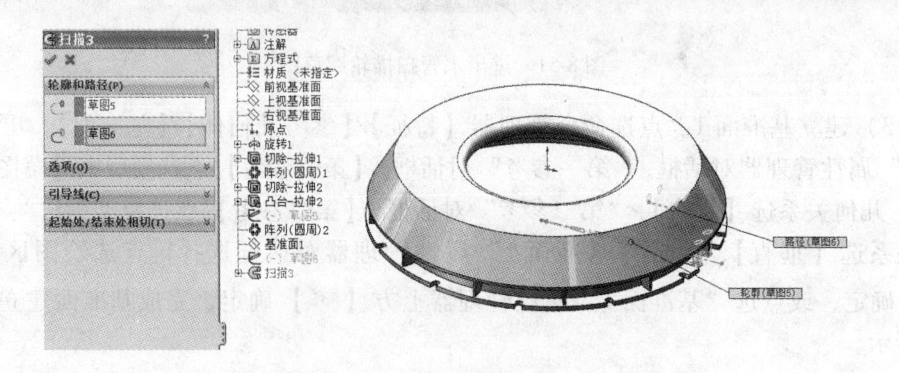

图 8-54　进出水管扫描特征

（16）水冷炉口特征改名与材质编辑。水冷炉口结构复杂，由十多个特征构成，在每个特征建立时及时更改名称，以便从特征树中迅速找到每一个特征进行修改编辑。材质编辑选【碳钢板】，特征改名前后如图 8-55、图 8-56 所示。

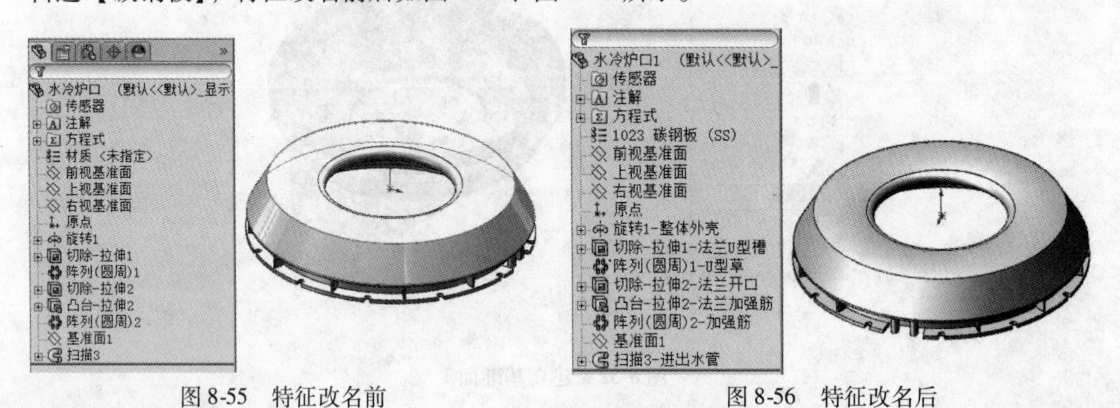

图 8-55　特征改名前　　　　图 8-56　特征改名后

8.4　转炉炉底设计

转炉炉底是炉身下部的一个部件，与炉身用销轴连接，设计为一个模型由多个特征组成，具体步骤如下：

（1）新建文件。单击菜单中【文件】/【新建】命令，或单击标准工具栏上新建按钮【】，出现“新建 SolidWorks 文件”对话框，单击对话框【零件】/【确定】图标，命名文件名【炉底】，选择路径，保存。

（2）炉底外壳旋转特征草图。点选设计树中【前视基准面】/命令管理器中【草图】/【草图绘制】，设计树出现【草图 1】，如果草图平面没有正视，鼠标指向此处，右键快捷菜单选【】正视于草图，在绘图区绘制炉底外壳旋转凸台草图，如图 8-57 所示。点击【草图】/【退出草图】，或绘图区右上角【】退出草图，完成草图绘制。

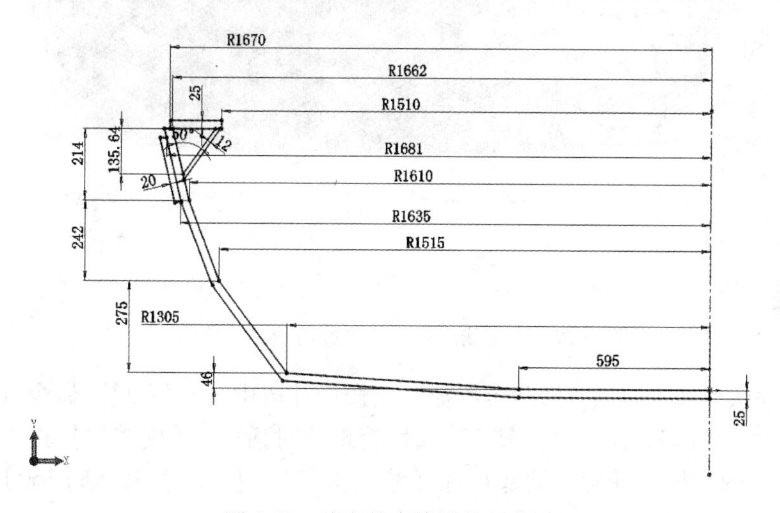

图 8-57　炉底外壳旋转特征草图

（3）炉底旋转特征。点选设计树中【草图 1】/命令管理器中【特征】/【旋转凸台/基体】，出现“旋转”属性管理器对话框，【旋转轴】选中心线【直线 1】，“方向 1”对话框中【旋转类型】选【给定深度】，【角度】输入【360】度，“所选轮廓”对话框，先点选对话框空白处，再选水冷炉口整体外壳旋转凸台草图各封闭面积部分，完成“旋转”属性管理器对话框选择，点选绘图区右上角【】确定，或点选“旋转凸台”属性管理器上方【】确定，完成旋转凸台特征，如图 8-58 所示。

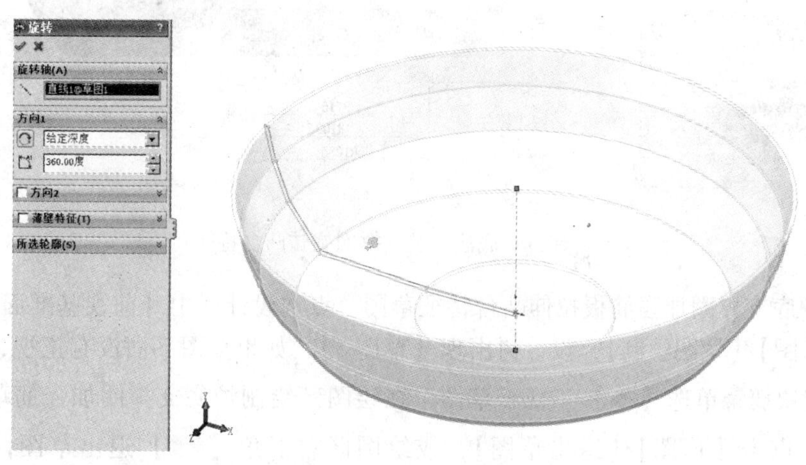

图 8-58　炉底旋转凸台特征

（4）炉底法兰及支撑圈旋转凸台特征草图。点选设计树中【前视基准面】/命令管理器中【草图】/【草图绘制】，设计树出现【草图 2】，如果草图平面没有正视，鼠标指向此处，右键快捷菜单选【】正视于草图，在绘图区绘制炉底支撑圈旋转凸台草图，如图 8-59 所示。点击【草图】/【退出草图】，或绘图区右上角【】退出草图，完成草图绘制。

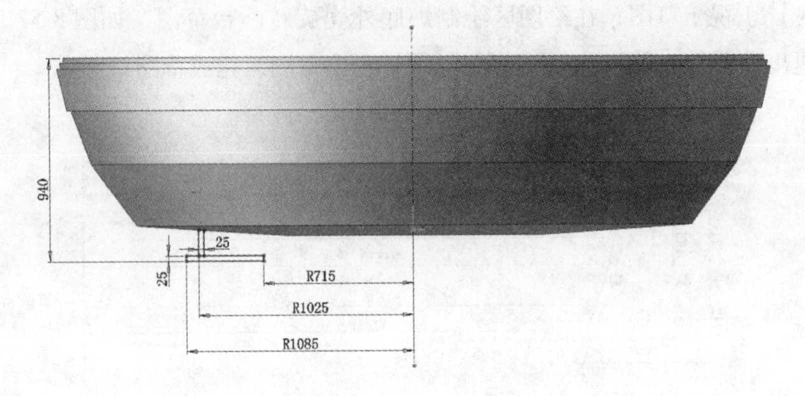

图 8-59 炉底法兰及支撑圈旋转凸台特征草图

（5）炉底法兰及支撑圈旋转凸台特征。点选设计树中【草图 2】/命令管理器中【特征】/【旋转凸台/基体】，出现“旋转 2”属性管理器对话框，【旋转轴】选中心线【直线 1】，“方向 1”对话框中【旋转类型】选【给定深度】，【角度】输入【360】度，【合并结果】选【合并结果(M)】中，“所选轮廓”对话框，先点选对话框空白处，再选草图各封闭面积部分，完成“旋转 2”属性管理器对话框选择，点选绘图区右上角【】确定，或点选“旋转凸台”属性管理器上方【】确定，完成旋转凸台特征，如图 8-60 所示。

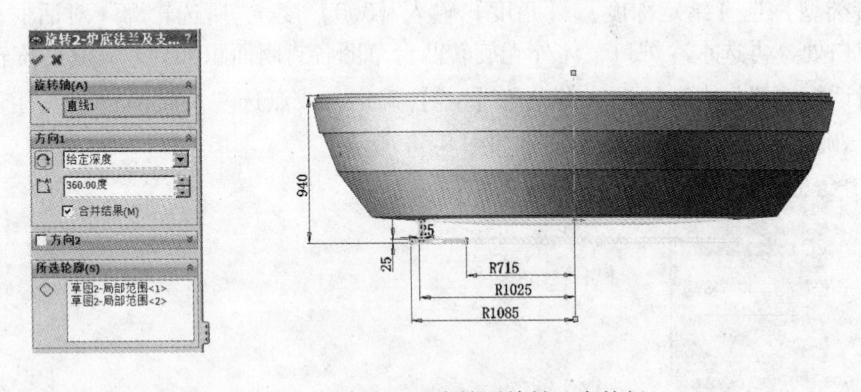

图 8-60 炉底法兰及支撑圈旋转凸台特征

（6）炉底支撑圈加强筋板拉伸凸台特征草图。点选设计树中【前视基准面】/命令管理器中【草图】/【草图绘制】，设计树出现【草图 3】，如果草图平面没有正视，鼠标指向此处，右键快捷菜单选【】正视于草图，在绘图区绘制炉底支撑圈加强筋草图，如图 8-61 所示。点击【草图】/【退出草图】，或绘图区右上角【】退出草图，完成草图绘制。

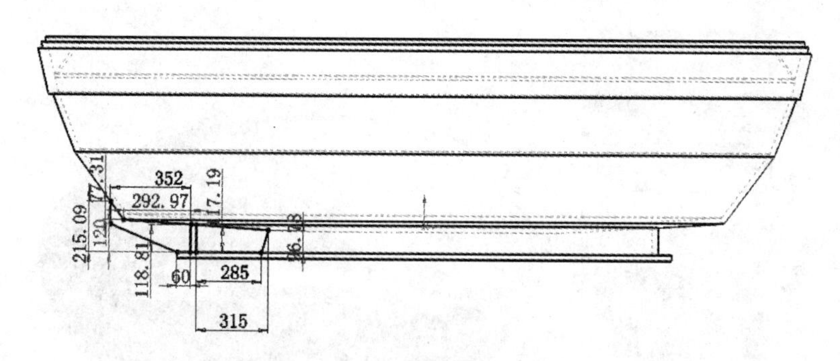

图 8-61 炉底支撑圈加强筋草图

（7）炉底支撑圈加强筋板拉伸凸台特征。点选设计树中【草图 3】/命令管理器中【特征】/【拉伸凸台】，出现“凸台-拉伸 2”属性管理器，“方向 1”对话框中【终止条件】选【给定深度】，深度输入【10】mm，【合并结果】选【☑ 合并结果(M)】中；“方向 2”对话框中【终止条件】选【给定深度】，深度输入【10】mm，“所选轮廓”对话框，先点选对话框空白处，再选草图各封闭面积部分，如图 8-62 所示。完成“凸台-拉伸 2”属性管理器选择，点选绘图区右上角【✔】确定，完成拉伸特征。

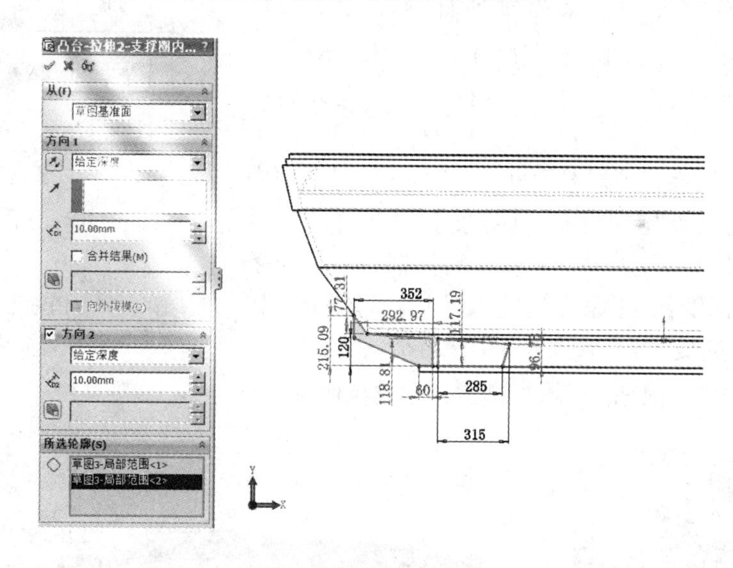

图 8-62 炉底支撑圈加强筋板拉伸凸台特征

（8）炉底支撑圈加强筋板圆周阵列。点选命令管理器【特征】/【圆周阵列】，出现“阵列（圆周）3”属性管理器对话框，“参数”对话框中，【阵列轴线】选法兰圆周【边线 <1 >】，【角度】输入【30】度，【实例数】选【13】，点选绘图区设计树展开，【要阵列的实体】选【支撑圈内外筋板】，完成“阵列（圆周）3”属性管理器对话框选择，点选绘图区右上角【✔】确定，或点选“阵列（圆周）3”属性管理器上方【✔】确定，完成阵列特征，如图 8-63 所示。

（9）销轴下支座凸台拉伸特征草图。点选设计树中【前视基准面】/命令管理器中【草图】/【草图绘制】，设计树出现【草图 4】，鼠标指向此处，右键快捷菜单选【⊥】正

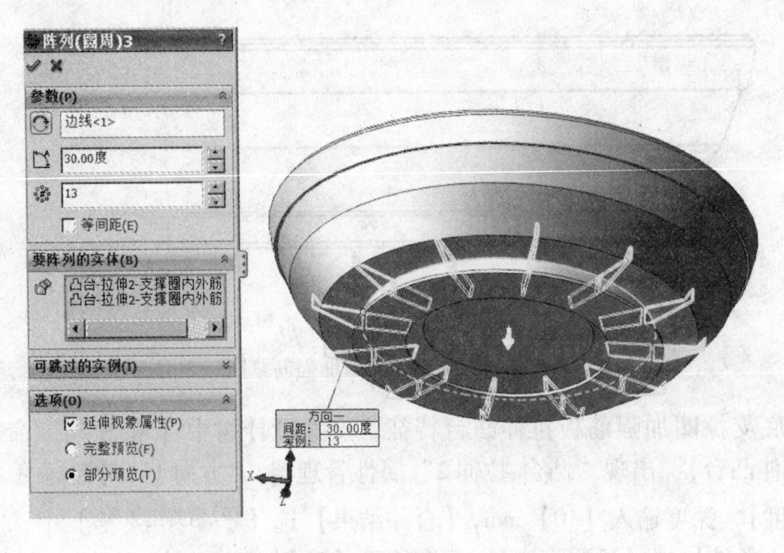

图 8-63 炉底支撑圈加强筋板圆周阵列

视于草图，绘制销轴下支座凸台拉伸特征草图，如图 8-64所示，完成草图后，点选命令管理器【草图】/【】退出草图，或绘图区右上角【】退出草图。

(10) 销轴下支座凸台拉伸特征。点选设计树中【草图 4】/命令管理器中【特征】/【拉伸凸台】，出现“凸台-拉伸 3”属性管理器对话框，“方向 1”对话框中【终止条件】选【给定深度】，【深度】输入【197.5】mm，【合并结果】不选；“方向 2”对话框中【终止条件】选【给定深度】，【深度】输入【197.5】mm，如图 8-65 所示。完成“凸台-拉伸 3”属性管理器对话框选项，点选绘图区右上角【】确定，完成拉伸特征。

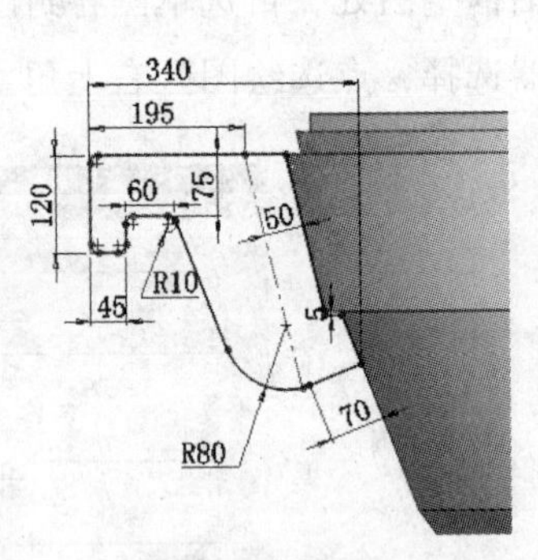

图 8-64 销轴下支座凸台拉伸特征草图

图 8-65 销轴下支座凸台拉伸特征

(11) 销轴钩切除拉伸特征草图。点选模型中销轴凸台外端面【面 1】/命令管理器中

【草图】/【草图绘制】，设计树出现【草图 5】，鼠标指向此处，右键快捷菜单选【 】正视于草图，绘制销轴钩切除拉伸特征草图，如图 8-66 所示。完成草图后，点选命令管理器/【草图】/【 】退出草图，或绘图区右上角【 】退出草图。

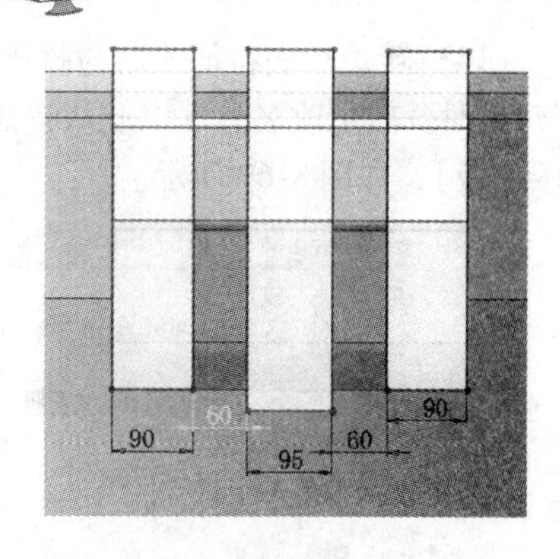

图 8-66 销轴钩切除拉伸特征草图

（12）销轴钩切除拉伸特征。点选设计树中【草图 5】/命令管理器中【特征】/【拉伸切除】，出现“切除-拉伸 1”属性管理器对话框，“方向 1”对话框【终止条件】选【给定深度】，【深度】输入【195】mm，完成“切除-拉伸 1”属性管理器对话框选项。点选绘图区右上角【 】确定，完成拉伸特征，如图 8-67 所示。

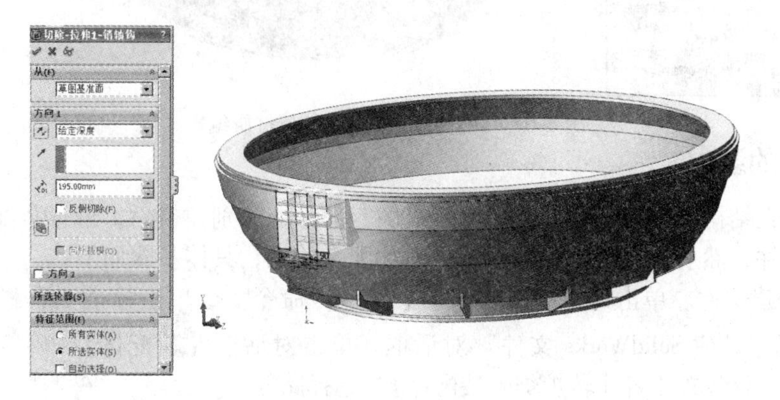

图 8-67 销轴钩切除拉伸特征

（13）销轴下支座圆周阵列。首先点选设计树【切除-拉伸 1】和【凸台-拉伸 3】特征/命令管理器中【特征】/【圆周阵列】，出现对话框“阵列（圆周）4”属性管理器对话框，“参数”对话框中【阵列轴线】选炉底圆周边线【边线 <1 >】，【角度】输入【30】度，【实例数】输入【12】，【要阵列的实体】默认选中。完成管理器对话框选项，点选绘图区右上角【 】确定，或点选“阵列（圆周）4”属性管理器上方【 】确定，完成阵列特征，如图 8-68 所示。

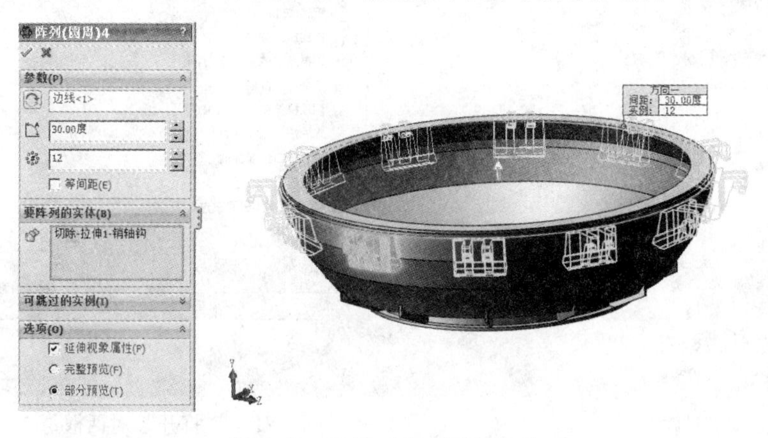

图 8-68 销轴下支座圆周阵列

（14）转炉炉底特征改名与材质编辑。炉底结构较复杂，由七个特征构成，在每个特征建立时及时更改名称，以便从特征树中迅速找到每一个特征进行修改编辑。材质编辑选【碳钢板】，如图 8-69 所示。

图 8-69 转炉炉底特征改名与材质编辑

8.5 转炉的装配

转炉炉壳结构可分水冷炉口、炉身、炉底三部分，分别建模后，进行装配，先创建一个装配体文件，然后依次插入各零件，再添加配合关系，具体步骤如下：

（1）新建文件。单击菜单中【文件】/【新建】命令，或单击标准工具栏上新建按钮【 】，出现“新建 SolidWorks 文件”对话框，单击对话框【装配体】/【确定】图标，如图 4-1 所示，命名文件名【转炉炉壳装配体】，选择路径，保存。

（2）选择装配体基准零件。点击命令管理器【装配体】/【插入零件】，出现“插入零部件”属性管理器，如图 8-70 所示，单击【浏览】，显示“打开”对话框，如图 8-71 所

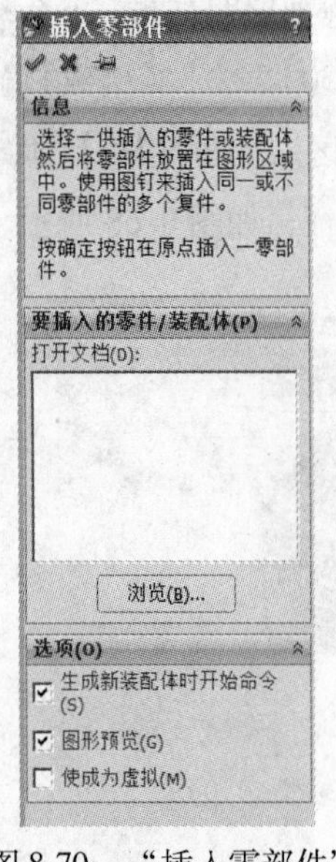

图 8-70 “插入零部件”属性管理器

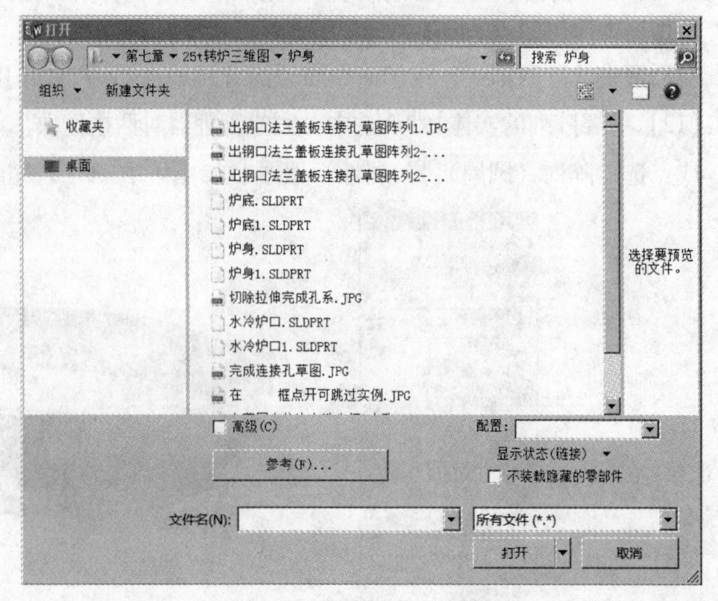

图 8-71 “打开”对话框

示。点选【炉底】文件，再点击【打开】按钮，炉底模型出现在绘图区，随鼠标移动，点击“插入零部件”属性管理器上部【】确定，或点击选绘图区右上角【】确定，完成装配体基准零件插入。

（3）插入装配零件炉身。点击命令管理器【装配体】/【插入零件】，出现“插入零部件”属性管理器对话框，单击【浏览】，显示“打开”对话框，点选【炉身】文件，再点击【打开】按钮，炉底模型出现在绘图区，点按鼠标中键，旋转模型，把炉身模型移动在炉底上方合适的位置，点击鼠标左键，炉身暂时固定在炉底上方，完成装配零件插入，如图8-72所示。

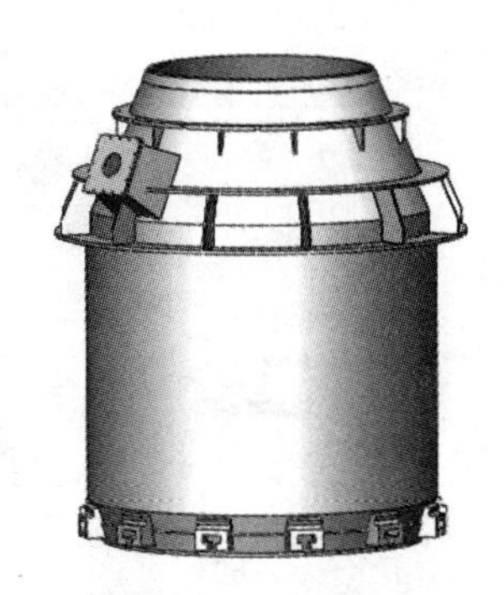

图8-72　插入零件炉身

（4）插入零件水冷炉口。点击命令管理器【装配体】/【插入零件】，出现“插入零部件”属性管理器，单击【浏览】，显示“打开”对话框，点选【水冷炉口】文件，再点击【打开】按钮，炉底模型出现在绘图区，点按鼠标中键，旋转模型，把水冷炉口模型移动在炉身上方合适的位置，点击鼠标左键，水冷炉口暂时固定在炉身上方。完成装配零件插入，如图8-73所示。

（5）添加炉身与炉底配合关系：

1）面重合配合。点击命令管理器【装配体】/【配合】，出现“配合”属性管理器对话框，按鼠标中键，转动模型，转动鼠标转轮放大模型，点选炉身下部法兰面，“配合”属性管理器“要配合的实体”对话框中出现【面<1>@炉身-1】，如图8-74所示。

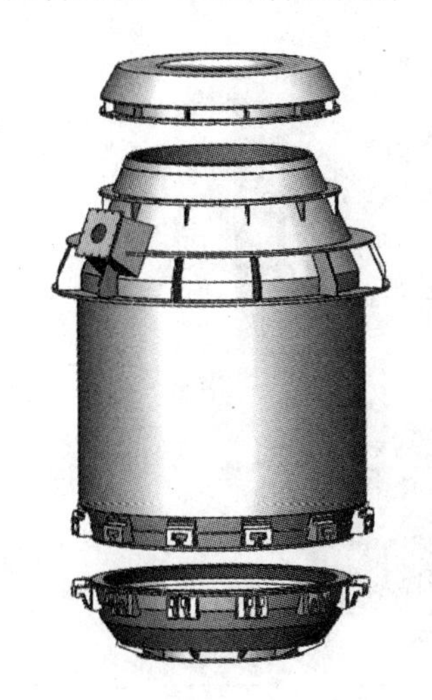

图8-73　插入零件水冷炉口

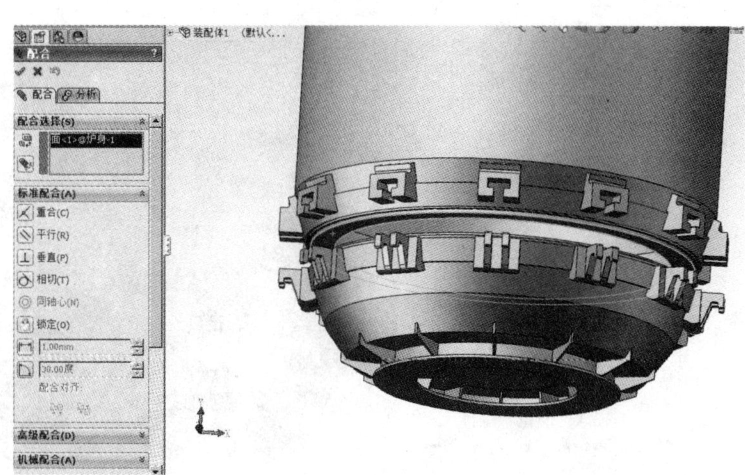

图8-74　点选炉身配合面

点按鼠标中键，旋转模型，点选炉底上部法兰平面，“配合”属性管理器“要配合的实体”对话框中出现【面<2>@炉底-2】，“标准配合”对话框自动选中【重合】，同时炉身和炉底以此面为基准，重合在一起，如图8-75所示，点击【标准装配】工具栏中【】确定，确定【重合】配合关系。

2）同轴心配合。添加炉底上平面和炉身下平面重合配合后，二者在轴向方向已被约

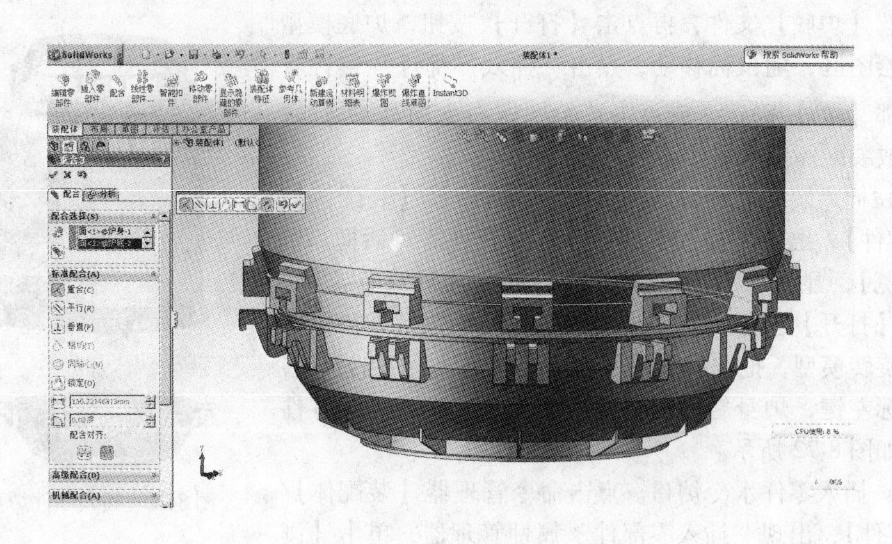

图 8-75　炉底配合面重合

束，在径向方上仍然可以移动，需添加【同轴心】配合，此时“配合”属性管理器对话框没有关闭，点按鼠标中键旋转模型，点选炉身下部法兰外圆面和炉底上部法兰外圆面，配合关系自动选择【同轴心】，如图 8-76 所示。点击【标准装配】工具栏 中【 】确定，确定【同轴心】配合关系。

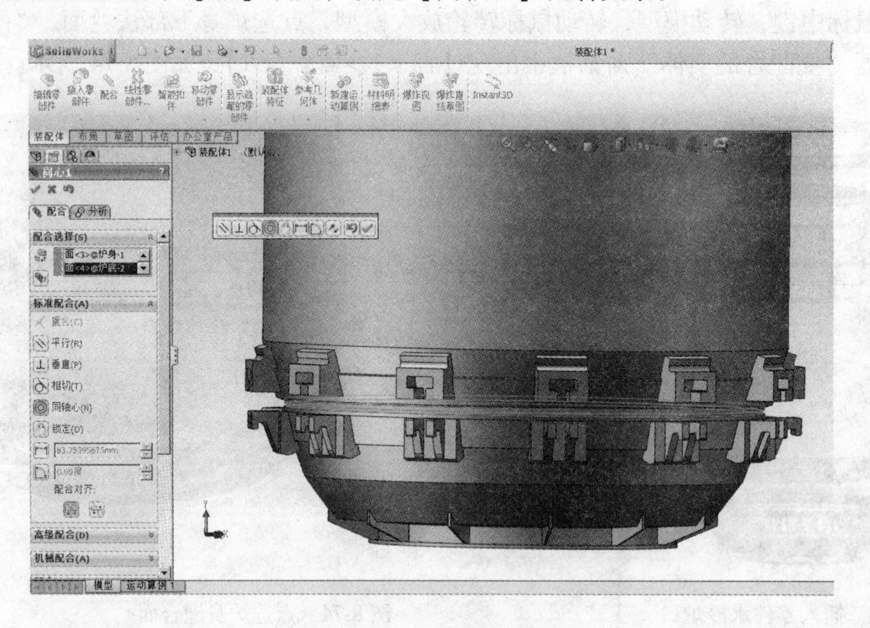

图 8-76　同轴心配合

3）销轴支座对齐配合。按鼠标中键旋转模型，转动鼠标转轮放大或缩小模型，点选销轴支座 T 型槽内平面角度，点选炉身销轴支座一内平面和炉底销轴支座一内平面，【标准配合】点选【平行】，上下销轴支座对齐。点击【标准装配】工具栏 中【 】确定，确定销轴对齐配合关系，如图 8-77 所示。

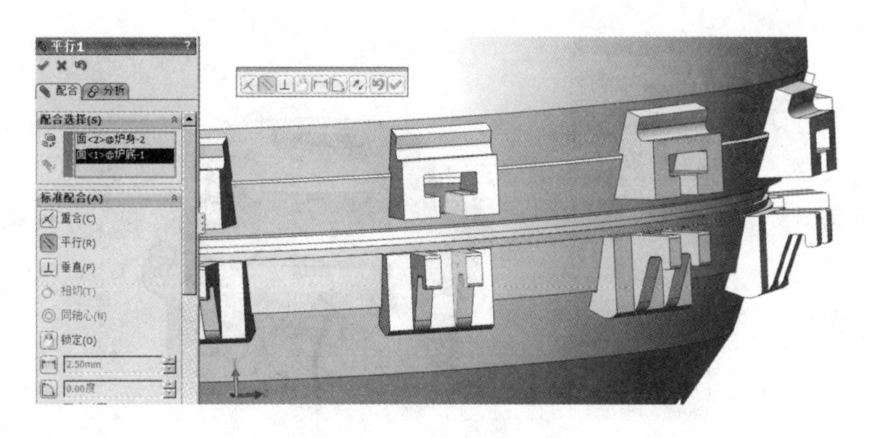

图 8-77　销轴支座对齐配合

4）完成配合。完成上述 3 种配合关系后，“配合”属性管理对话框显示 3 种配合关系，点选每一个配合右键快捷菜单可进入配合编辑状态，如图 8-78 所示。点选“配合”属性管理对话框上部【✓】确定，或绘图区右上角【✓】确定，完成炉身和炉底配合关系。

图 8-78　3 种配合关系

（6）添加水冷炉口与炉身配合关系：

1）面重合配合。点击命令管理器【装配体】/【配合】，出现“配合”属性管理器，按鼠标中键转动模型，转动鼠标转轮放大或缩小模型，点选炉身上部法兰面和炉口下部法兰面，分别点选炉口下部法兰面和炉身上部法兰面，“配合”属性管理器“要配合的实体”对话框中出现【面 <1 >@ 炉身-1】和【面 <2 >@ 水冷炉口-1】，“标准配合”对话框选中【重合】，如图 8-79 所示。点击【标准装配】工具栏中【✓】确定，

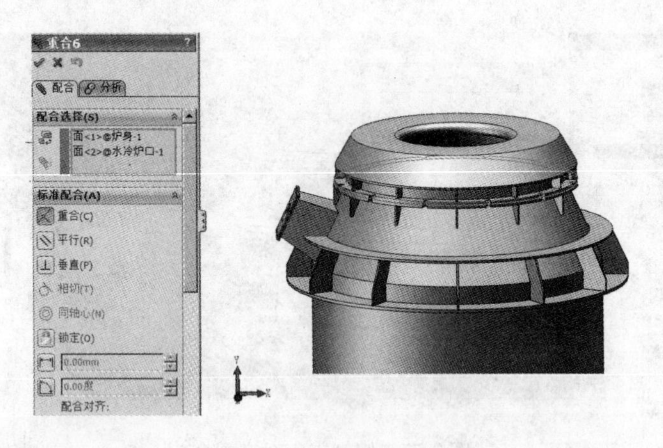

图 8-79　面重合配合

确定【重合】配合关系。

2）同轴心配合。添加炉口下平面和炉身上平面重合配合后，二者在轴向方向已被约束，在径向方上仍然可以移动和转动，需添加【同轴心】配合，此时“配合”属性管理器对话框没有关闭，点按鼠标中键旋转模型，点选炉身上部法兰外圆面和炉口下部法兰外圆面，配合关系选择【同轴心】，如图 8-80 所示。点击【标准装配】工具栏中【】确定，确定【同轴心】配合关系。

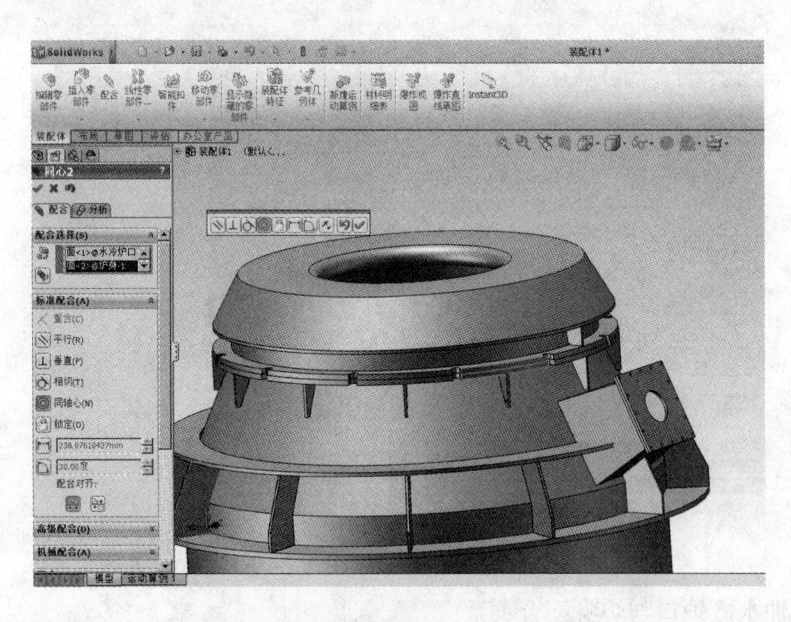

图 8-80　同轴心配合

3）法兰开口对齐配合。按鼠标中键旋转模型，转动鼠标转轮放大或缩小模型，点选法兰开口槽内端面角度，点选炉口法兰开口处一内端面和炉身法兰开口处一内端面，【标准配合】点选【平行】，上下销轴支座对齐。点击【标准装配】工具栏中【】确定，或点选“配合”属性管理器对话框上部【】确定完成对齐配合关系，如图 8-81 所示。

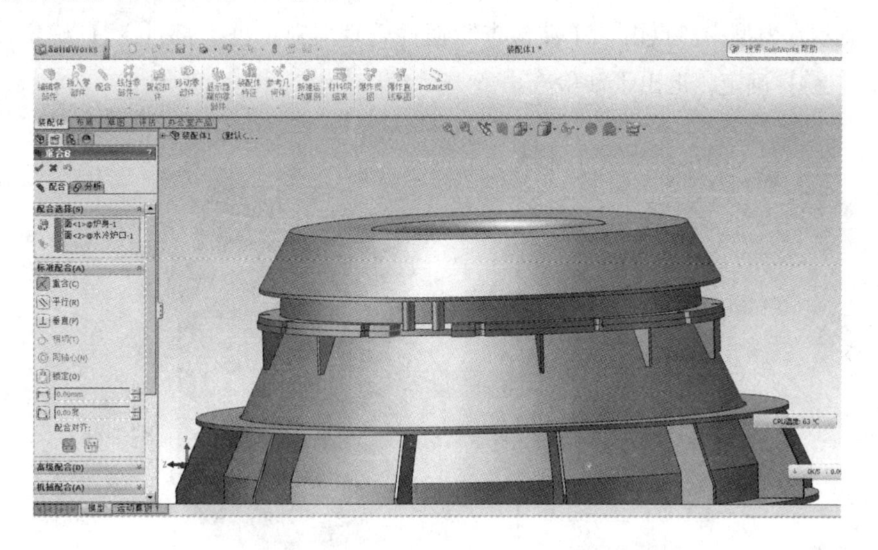

图 8-81 法兰开口对齐配合

4）完成配合。完成上述 3 种配合关系后，“配合”属性管理对话框显示 3 种配合关系，点选每一个配合，属性管理对话框上部“要配合的实体”对话框显示配合的两个面，可进行编辑或改变选择配合面，如图 8-82 所示。点选“配合”属性管理对话框上部【✓】确定，或绘图区右上角【✓】确定，完成炉身和水冷炉口配合关系。

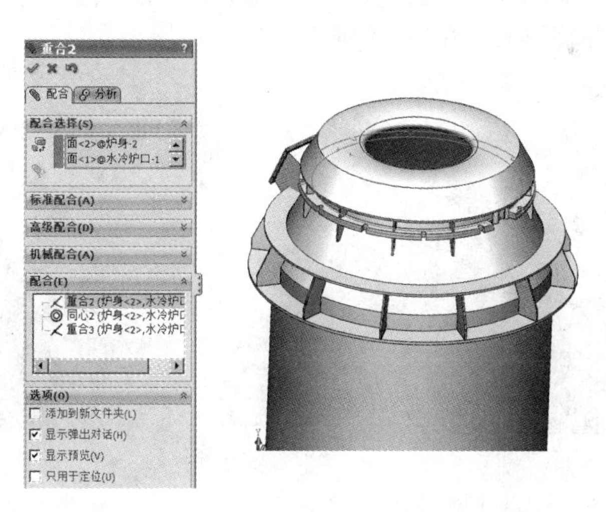

图 8-82 配合关系

（7）装配分析：

1）干涉检查。点选命令管理器中【评估】/【干涉检查】，出现“干涉检查”属性管理器对话框，【所选零部件】框自动选中【转炉炉壳装配体】，干涉检查对象将是整个装配体中的模型，也可以删除【转炉炉壳装配体】，分别点模型中选炉口和炉身，干涉检查只检查选择的炉口和炉身，不包括炉身和炉底。然后单击计算，“结果”对话框显示计算结果，如图 8-83 所示，显示 3 处干涉，点击每个【干涉】，如【干涉 1】，干涉处会以加亮线条方式显示在模型中。点击“干涉检查”属性管理器对话框上部【✓】确定，或绘图区右上角【✓】确定，退出干涉检查。

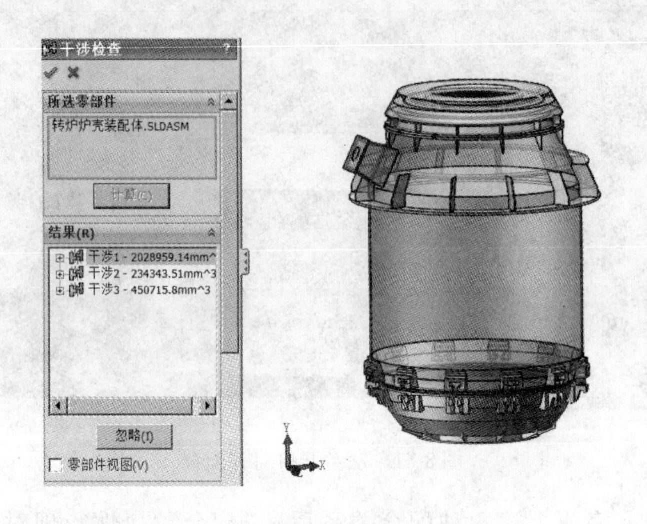

图 8-83 干涉检查

2）装配体剖面视图。为了进一步分析干涉的原因，把装配体进行轴向剖切，显示剖面状况，点击前导视图工具栏中【▣】剖面视图，模型显示如图 8-84 所示，旋转放大，发现水冷炉口零件和炉身结合面应该在炉身最上端面和炉口水冷平面夹层下平面，不是之前【重合配合】的两个端面，如图 8-85 所示。

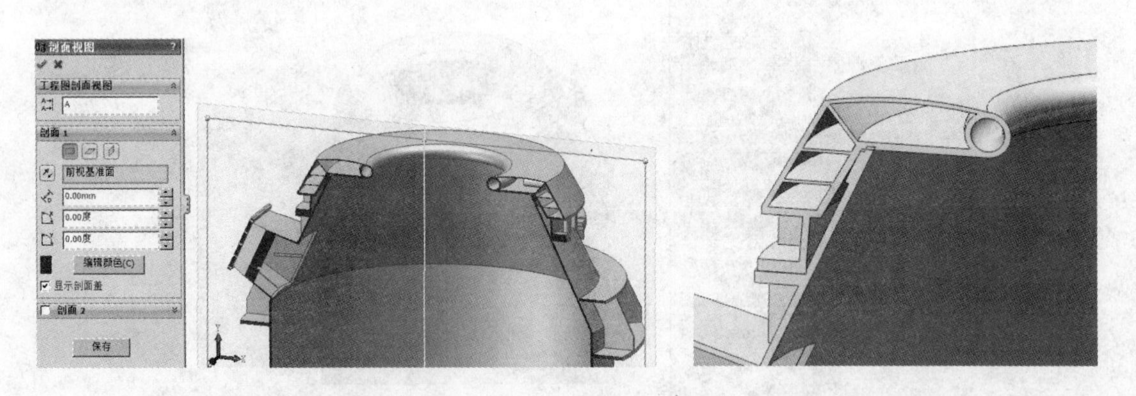

图 8-84 装配体剖面视图　　图 8-85 干涉处剖面

3）编辑配合。编辑炉口和炉身重合配合 6，点选设计树中配合中【重合 6】/右键快捷菜单【编辑配合】，出现“重合 6”属性管理器对话框，点击“标准配合”对话框下【平行】/【距离】输入【10】mm，此时“重合 6”属性管理器对话框变为“距离 1”属性管理器对话框。点击“距离 1”属性管理器对话框上部【✓】确定，或绘图区右上角【✓】确定，完成配合修改，如图 8-86 所示。

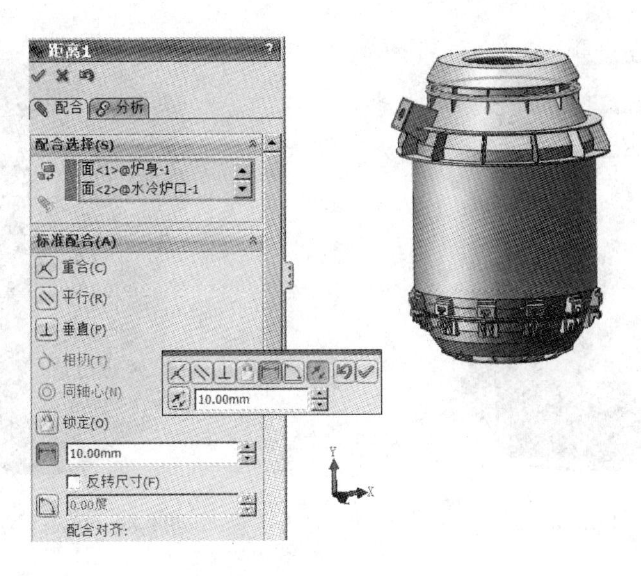

图 8-86 配合修改

（8）装配体的渲染（显示方式）。本书在第6章中介绍了SolidWorks的三种渲染方式，也可以称为显示方式。第一种是基本建模过程中显示的上色线框图，如图8-87所示，图中显示为带边线上色样式，材质为普通碳钢，背景、光源为默认状态；第二种渲染是RealView图形，是硬件（专业图形卡）支持的实时高级上色图形，单击菜单中【视图】/【显示】/【RealView 图形】打开，或单击前导视图工具栏中【视图设定】/【RealView 图形】，打开，如图8-88所示；第三种是专业的PhotoView 360插件完成的逼真的渲染，如图8-89所示。

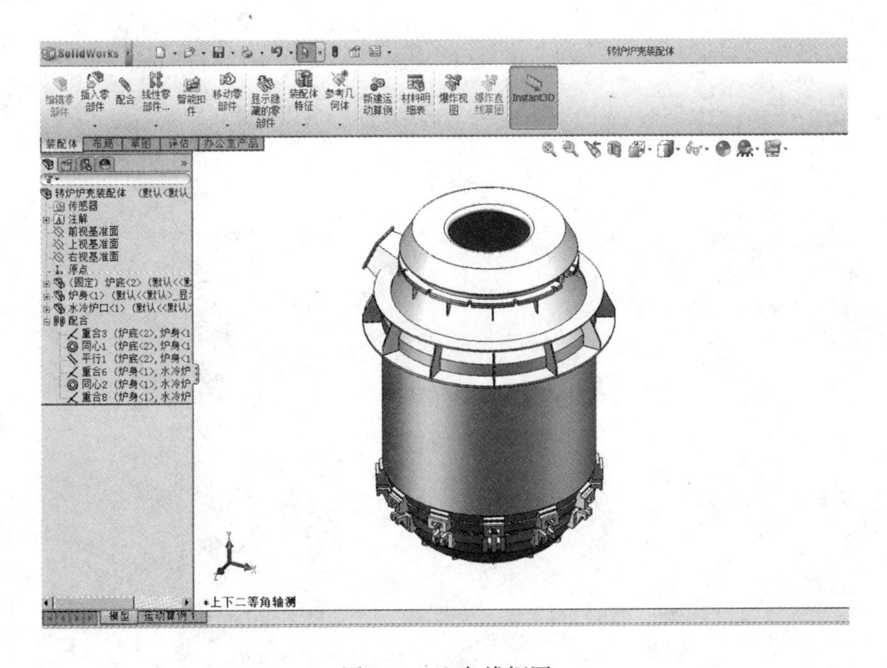

图 8-87 上色线框图

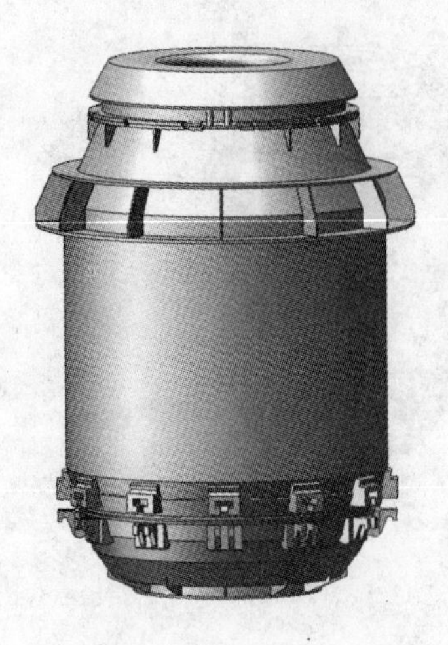

图 8-88 RealView 图形

图 8-89 PhotoView 360 渲染

参 考 文 献

[1] 童秉枢，等．三维实体设计培训教程[M]．北京：清华大学出版社，2004：1.
[2] 王大康，等．计算机辅助设计及制造技术[M]．北京：机械工业出版社，2005.
[3] 陈伯雄．三维设计是 CAD 技术应用的必然趋势[J]．计算机辅助设计与制造，2000，(8)：11.
[4] 慕乾华．计算机图形学在实践中的应用[J]．价值工程，2010，(9)：22.
[5] 二代龙震工作室．SolidWorks 2011 基础设计[M]．北京：清华大学出版社，2011.
[6] 赵罘，等．SolidWorks 2011 应用大全[M]．北京：科学出版社，2011.
[7] 陈超祥，叶修梓．SolidWorks 零件与装配体教程[M]．2011 版．北京：机械工业出版社，2011.
[8] 三味书屋，董荣荣，等．SolidWorks 2011 中文版工业设计案例实战[M]．北京：机械工业出版社，2011.
[9] 江洪，等．SolidWorks 2005 基础教程[M]．北京：机械工业出版社，2005.
[10] 邢启恩，等．从二维到三维：SolidWorks 2008 三维设计基础与典型范例[M]．北京：电子工业出版社，2008.
[11] 霍从浩，等．中文版 SolidWorks 2008 零件 + 模具设计技法与典型实例[M]．北京：电子工业出版社，2009.
[12] 曹岩，等．SolidWorks 工程应用教程[M]．西安：西北工业大学出版社，2010.
[13] 隋高，等．SolidWorks 三维建模技术及在模具设计中的应用[M]．北京：机械工业出版社，2011.
[14] 陈超祥，叶修梓．SolidWorks 工程图教程[M]．2010 版．北京：机械工业出版社，2010.
[15] 二代龙震工作室．SolidWorks 2011 高级设计[M]．北京：清华大学出版社，2011.
[16] 安吉尔．OpenGL 编程基础 [M]．北京：清华大学出版社，2008.
[17] 傅自钢．基于工程图的三维形体重建方法研究[D]．长沙：中南大学，2011.
[18] 童秉枢，等．工程图学中引入三维几何建模的情况综述与思考[J]．工程图学学报，2005，(4)：130.
[19] 郭伟．SolidWorks 渲染的艺术 [R]．烟台：烟台昭阳网络技术服务有限公司，2009.
[20] 魏茜茹．推动三维设计实现设计手段飞跃——计算机辅助设计三维设计是方向[J]．信息化建设，2009，(11)：32.
[21] 续丹．3D 机械制图 [M]．北京：机械工业出版社，2002.
[22] 王建涛，等．应用三维设计推进冶金工程设计的尝试及探讨[J]．工程建设与设计，2009，(02)：95.

冶金工业出版社部分图书推荐

书　　名	定价(元)
SolidWorks 2006 零件与装配设计教程	29.00
中文 Solidworks 2005 应用实例教程	35.00
SolidWorks 2000 高级应用教程	28.00
CAXA 2007 机械设计绘图实例教程	32.00
UG NX7.0 三维建模基础教程	42.00
3ds max 7 三维动画基础与实例教程	20.00
AutoCAD 2010 基础教程	27.00
中文 AutoCAD 应用基础教程(2007 版)	28.00
AutoCAD 机械制图测绘项目实训	29.00
中文 AutoCAD 建筑设计案例教程	25.00
中文 AutoCAD 2005 机械设计实例教程	30.00
Mastercam 3D 设计及模具加工高级教程	69.00
Mastercam 9 模具设计与制造	49.00
CATIA V5R17 工业设计高级实例教程	39.00
中文 Pro/Engineer Wildfire 2.0 设计教程	45.00
Pro/E Wildfire 中文版模具设计教程	39.00
UG NX7.0 产品造型设计应用实例	48.00
现代机械设计方法	22.00
机械制造工艺及专用夹具设计指导	20.00
机械优化设计方法	29.00
机械设计基础	29.00
金属压力加工车间设计	28.00
炼铁厂设计原理	38.00
有色冶金炉设计手册	199.00
高炉炼铁设计原理	28.00
铝型材挤压模具设计、制造、使用及检修	59.00
面向对象分析与设计	39.00
钢铁工业给水排水设计手册	248.00
冶金单元设计	35.00

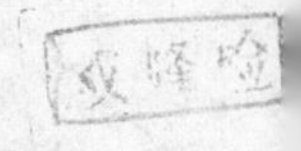